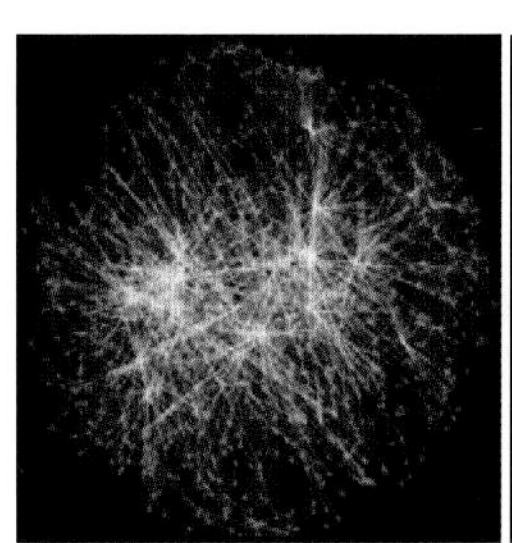

a) 应用“spring–embedded”布局描绘的原始维基百科“Liancourt–Rocks”图[107]。图中未呈现任何有意义的结构

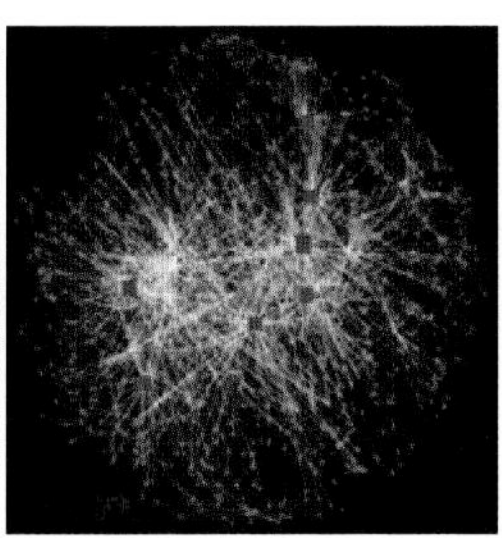

b) VoG，10个最重要的信息结构中有 8个是星形结构（它们的中心用红色标记 —— 维基百科的编辑者、重要贡献人员等）

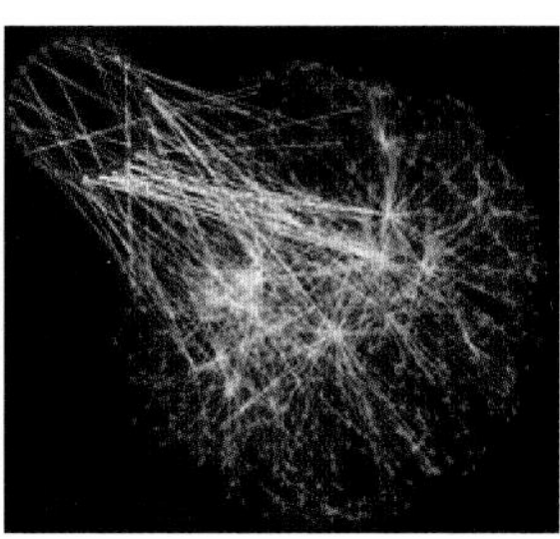

c) VoG: 最重要的二分图结构——“编辑战”。交战双方（其中的一组在左上角用红色圆圈标记）相互还原对方的修改

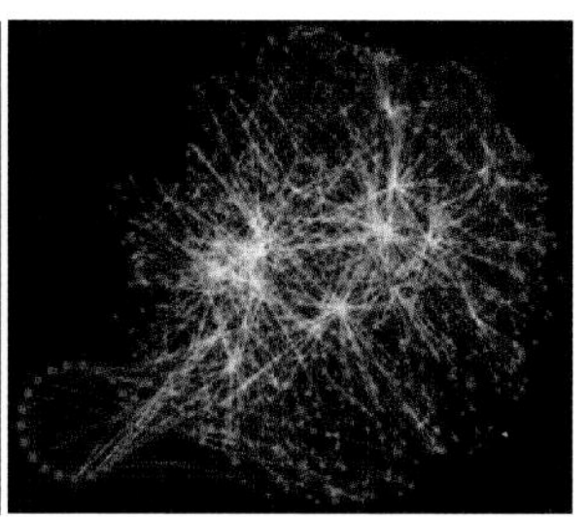

d) VoG:次重要的二分图结构，发生在恶意破坏者(左下角的红色点)和责任编辑(白色点)之间的“编辑战”

图 2.1 VoG：从维基百科“Liancourt-Rocks”图中抽取从信息论角度来看最重要的结构并加以理解，顶点代表维基百科的贡献者，连边表示关联的两个用户对文章的同一部分进行了编辑

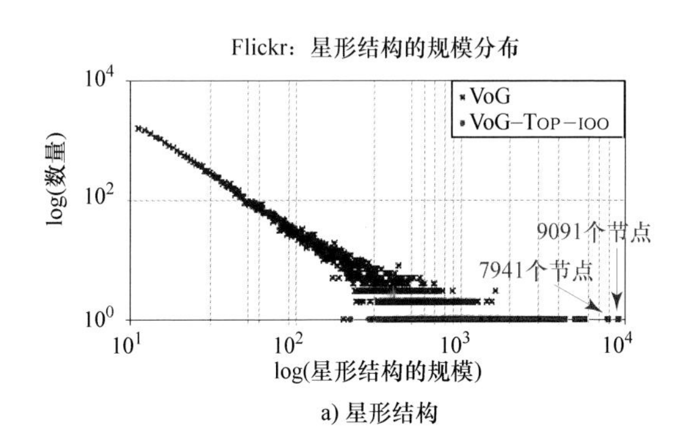

a) 星形结构

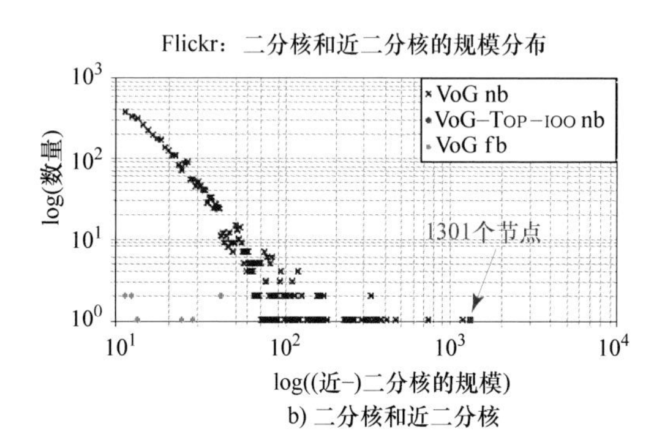

b) 二分核和近二分核

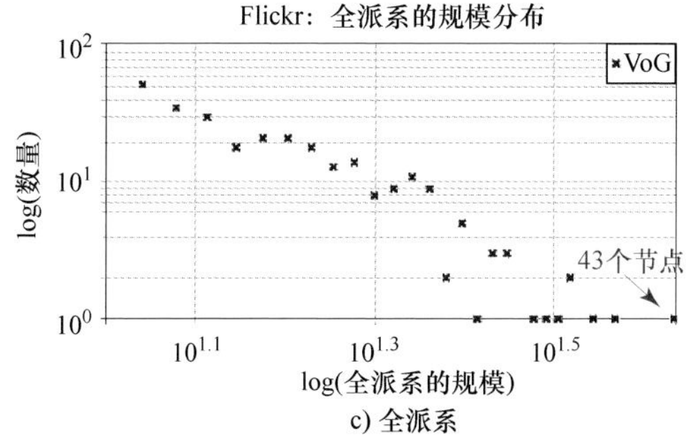

c) 全派系

图 2.9 Flickr：星形结构，近二分核和全派系结构的规模分布服从幂律分布。从信息论的角度看，VoG（蓝色十字叉）和 VoG-Top-100（红色圆圈）发现的结构的规模分布的信息量最多

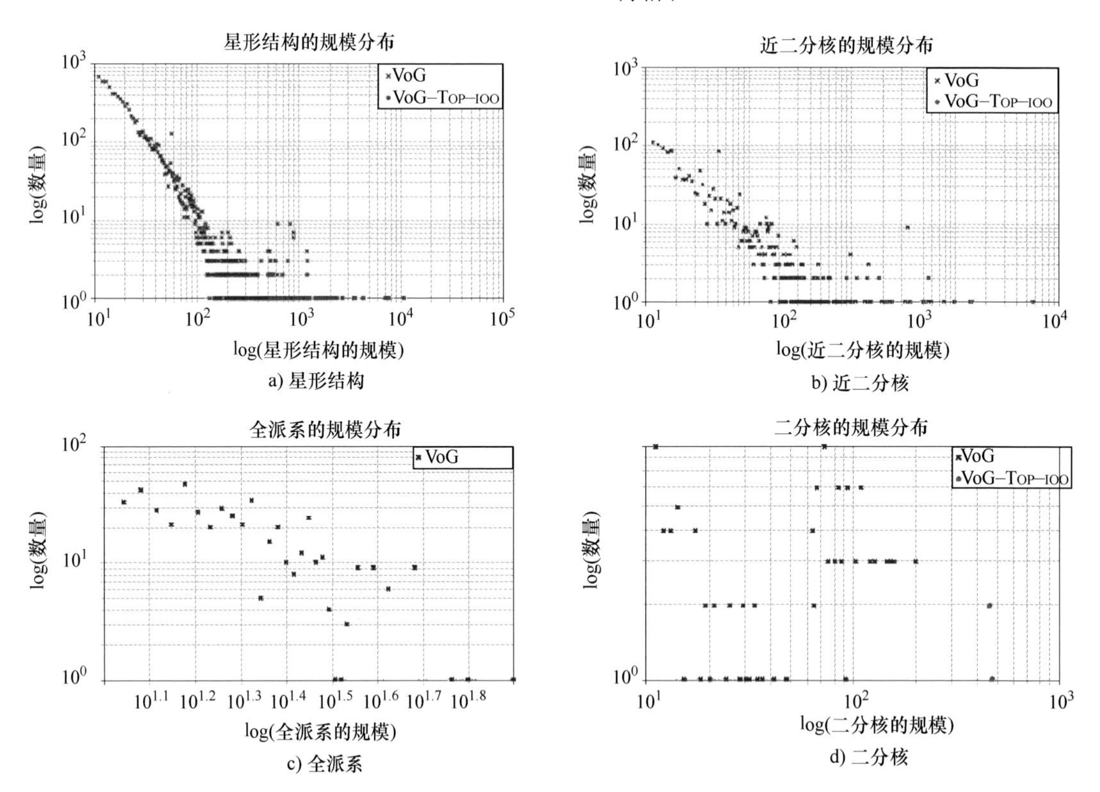

图 2.10 从 MDL 角度看，最感“兴趣”的结构（星形结构、近二分核）的规模分布在 WWW-Barabasi 网络图中都服从幂律分布。VoG 和 VoG-Top-100 发现的结构的规模分布分别用蓝色十字叉和红色圆圈表示

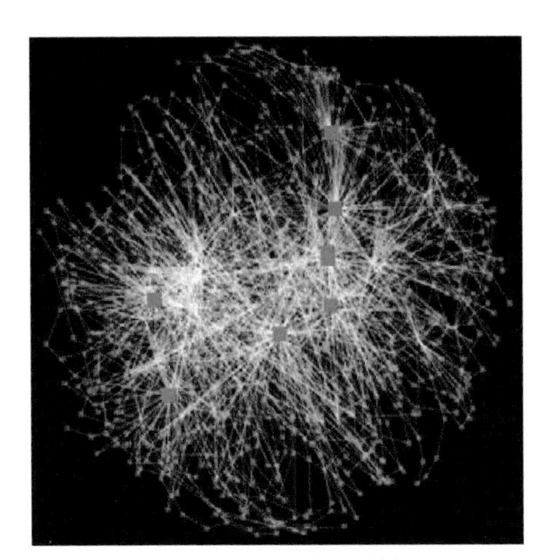

a) VoG：8个最重要的星形结构
(它们的中心标记为红色矩形)

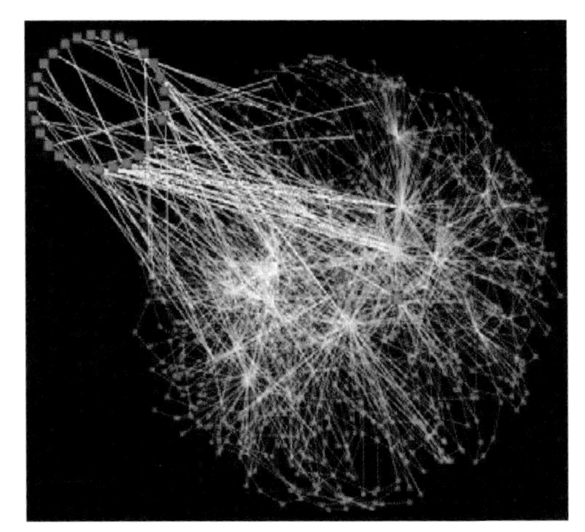

b) VoG：最重要的二分图
(节点集A用红色圆点表示)

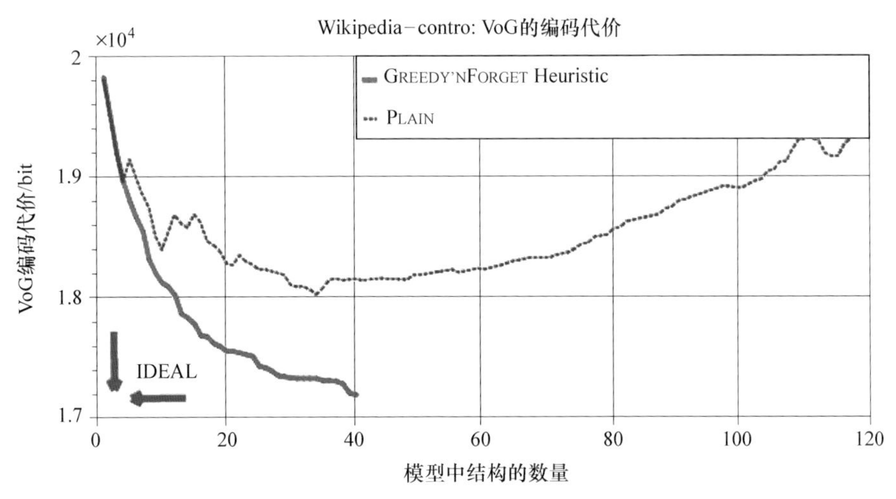

c) GREEDY'NFORGET的效率(红色)。VoG的编码代价与模型M中结构数量之间的关系

图 2.11 利用 VoG 抽取的"Liancourt-Rocks"图的概要以及启发式方法 GREEDY'NFORGET 的有效性。图 2.11c 中，和具有大约 120 个结构的 PLAIN 相比，GREEDY'NFORGET 具有更低的编码代价和更少的概要数目（这里仅选择了 40 个）

a) VoG：9个最重要的星形结构
(星形结构的枢纽节点用青色点表示)

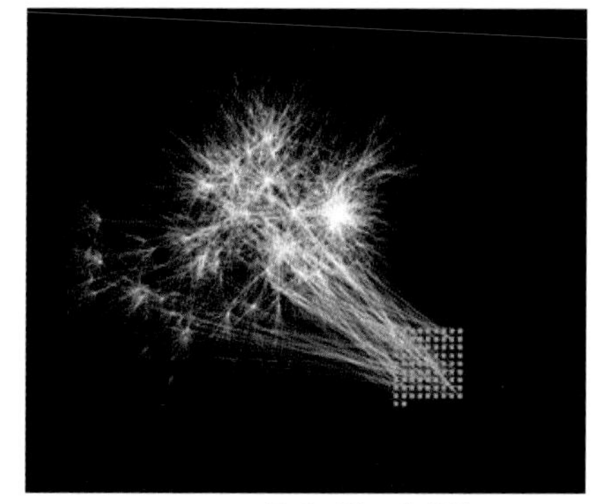

b) VoG：最重要的二分结构
(节点集A用青色圆角矩形表示)

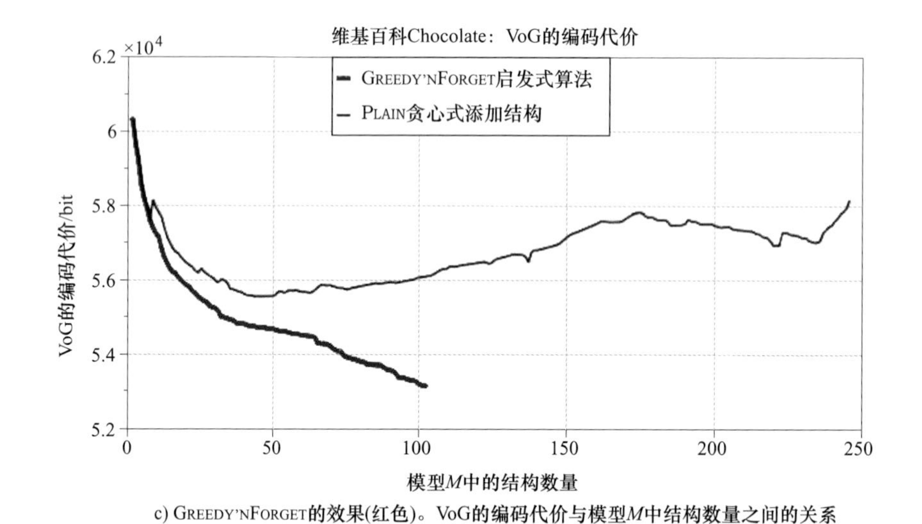

c) GREEDY'NFORGET的效果(红色)。VoG的编码代价与模型M中结构数量之间的关系

图 2.13 “Chocolate”维基图中结构的概要。a）和 b）：概要排名前 10 的结构。c)：GREEDY'NFORGET 启发式方法（红色线）通过在 250 个识别的结构中近似保留 100 个最重要的结构而降低编码代价

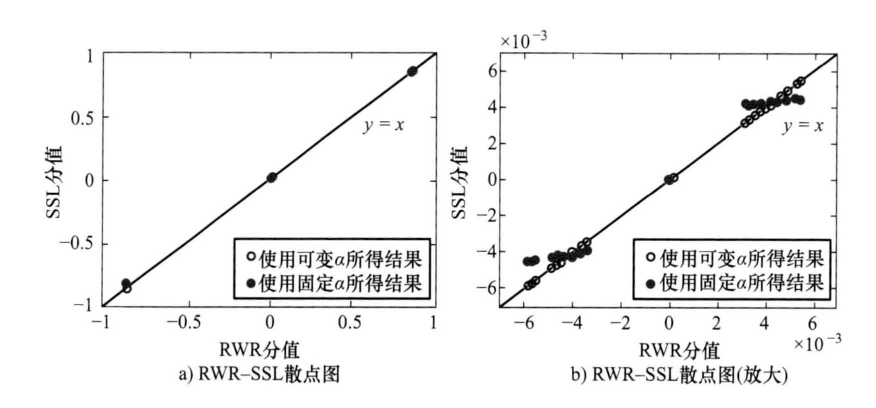

a) RWR–SSL散点图

b) RWR–SSL散点图(放大)

图 3.2 SSL 和 RWR 近似等价的示意图。展示了随机图中节点的 SSL 分数和 RWR 分值、蓝色圆圈（理想情况，完全相等）和红色实心圆。右图：左图的放大图。大多数红色实心圆在对角线上或靠近对角线：两种方法得到的分数相近，并且为节点指派了相同的正类或者负类标签

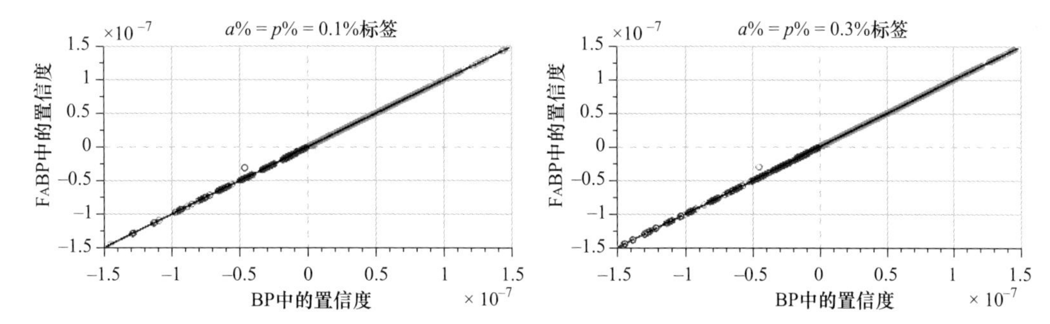

图 3.4 参数为（h，proirs）=（0.5+/−0.002，0.5+/−0.001）时算法对应信念的散点图。FABP 的得分与 BP 几乎完全一致，即 DBLP 子网中的所有节点对应的信念散点图（FABP 与 BP）均落在 45° 线上；红色 / 绿色点分别对应于分类为“AI/ 非 AI”的节点

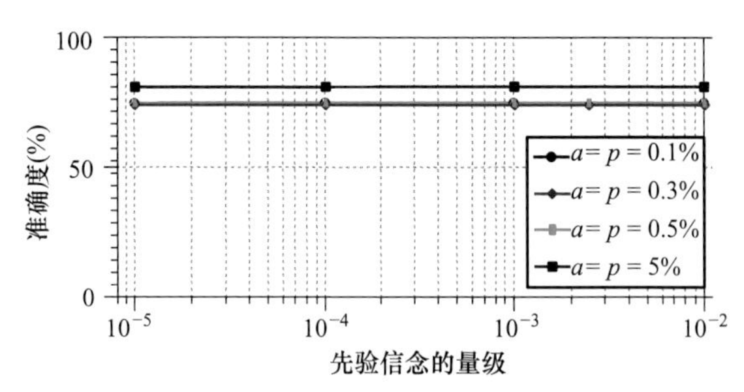

图 3.6 先验信念大小为 h_h =｛±0.002｝时，FABP 算法对应的准确度，结果表明该算法对于先验信念的大小不敏感

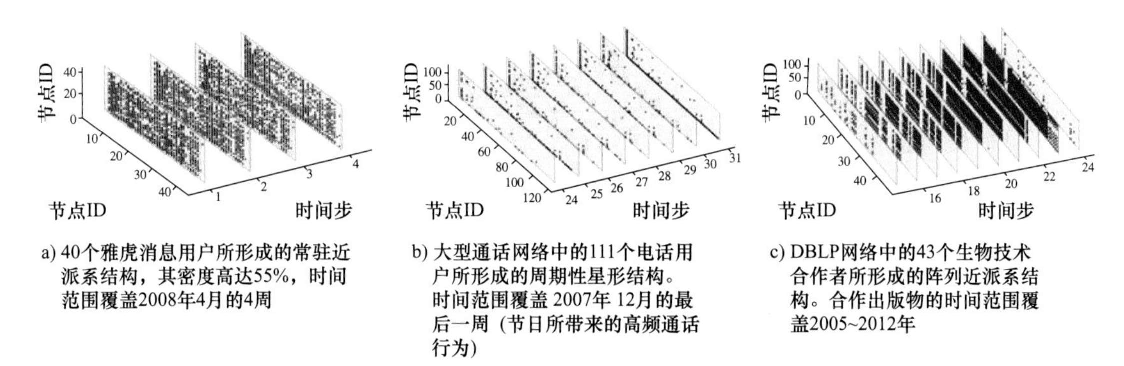

a) 40个雅虎消息用户所形成的常驻近派系结构，其密度高达55%，时间范围覆盖2008年4月的4周

b) 大型通话网络中的111个电话用户所形成的周期性星形结构。时间范围覆盖 2007年 12月的最后一周（节日所带来的高频通话行为）

c) DBLP网络中的43个生物技术合作者所形成的阵列近派系结构。合作出版物的时间范围覆盖2005~2012年

图 4.1 TIMECRUNCH 找到的连贯的、可解释的时序结构。给出了按照相关时间点对子图重新排序后的对应邻接矩阵，每个时序结构包含在一个灰色框中；为了易于辨认不同的时间步，此处交替使用的红色和蓝色边加以区分

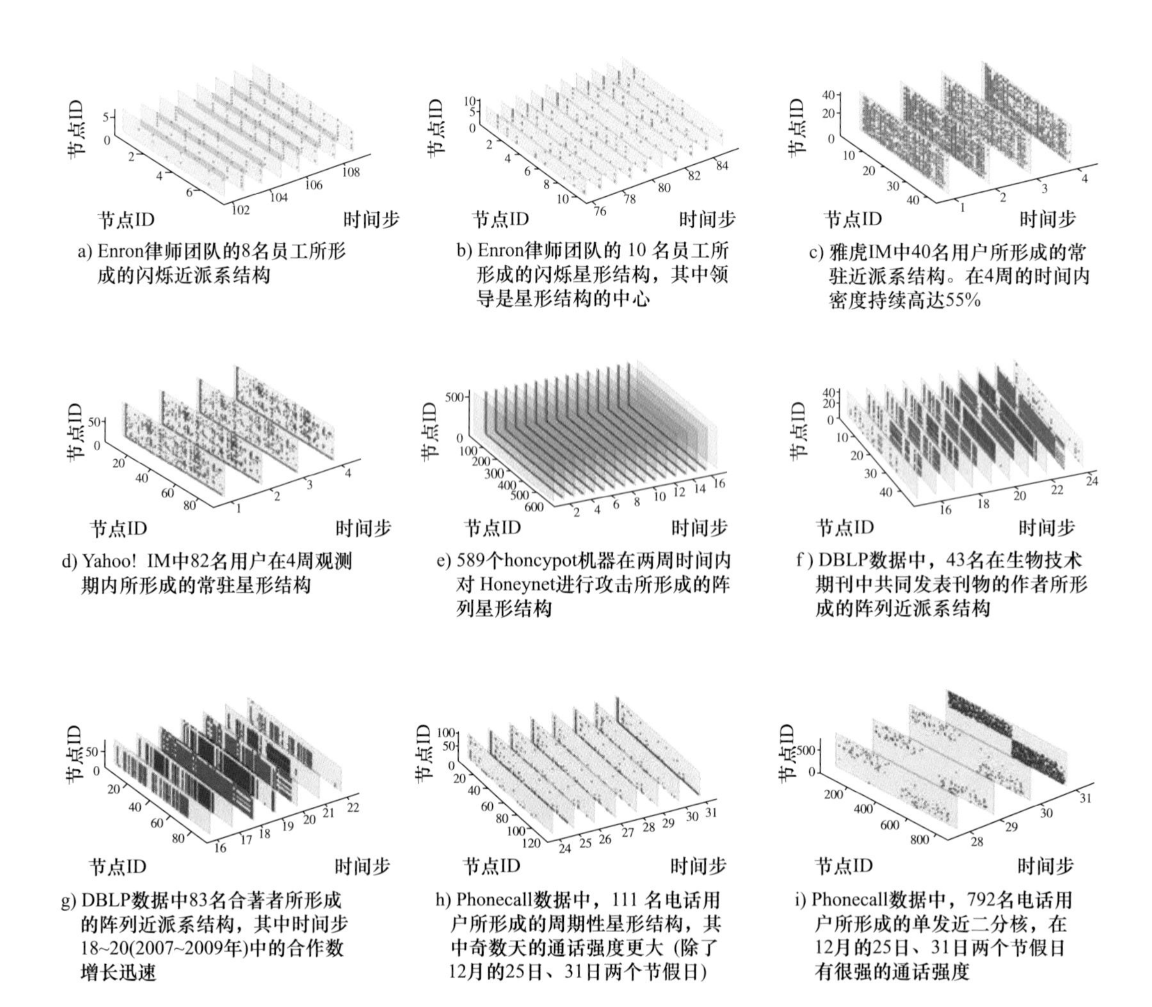

a) Enron律师团队的8名员工所形成的闪烁近派系结构

b) Enron律师团队的 10 名员工所形成的闪烁星形结构，其中领导是星形结构的中心

c) 雅虎IM中40名用户所形成的常驻近派系结构。在4周的时间内密度持续高达55%

d) Yahoo! IM中82名用户在4周观测期内所形成的常驻星形结构

e) 589个honcypot机器在两周时间内对 Honeynet进行攻击所形成的阵列星形结构

f) DBLP数据中，43名在生物技术期刊中共同发表刊物的作者所形成的阵列近派系结构

g) DBLP数据中83名合著者所形成的阵列近派系结构，其中时间步18~20(2007~2009年)中的合作数增长迅速

h) Phonecall数据中，111 名电话用户所形成的周期性星形结构，其中奇数天的通话强度更大 (除了12月的25日、31日两个节假日)

i) Phonecall数据中，792名电话用户所形成的单发近二分核，在12月的25日、31日两个节假日有很强的通话强度

图 4.3　TimeCrunch 在真实图中找到的有意义的时序结构。通过多个时间步长展示了重新排序后的子图邻接矩阵。独立的时间步用灰色边框表示，边用红色和蓝色交替绘制以便于区分

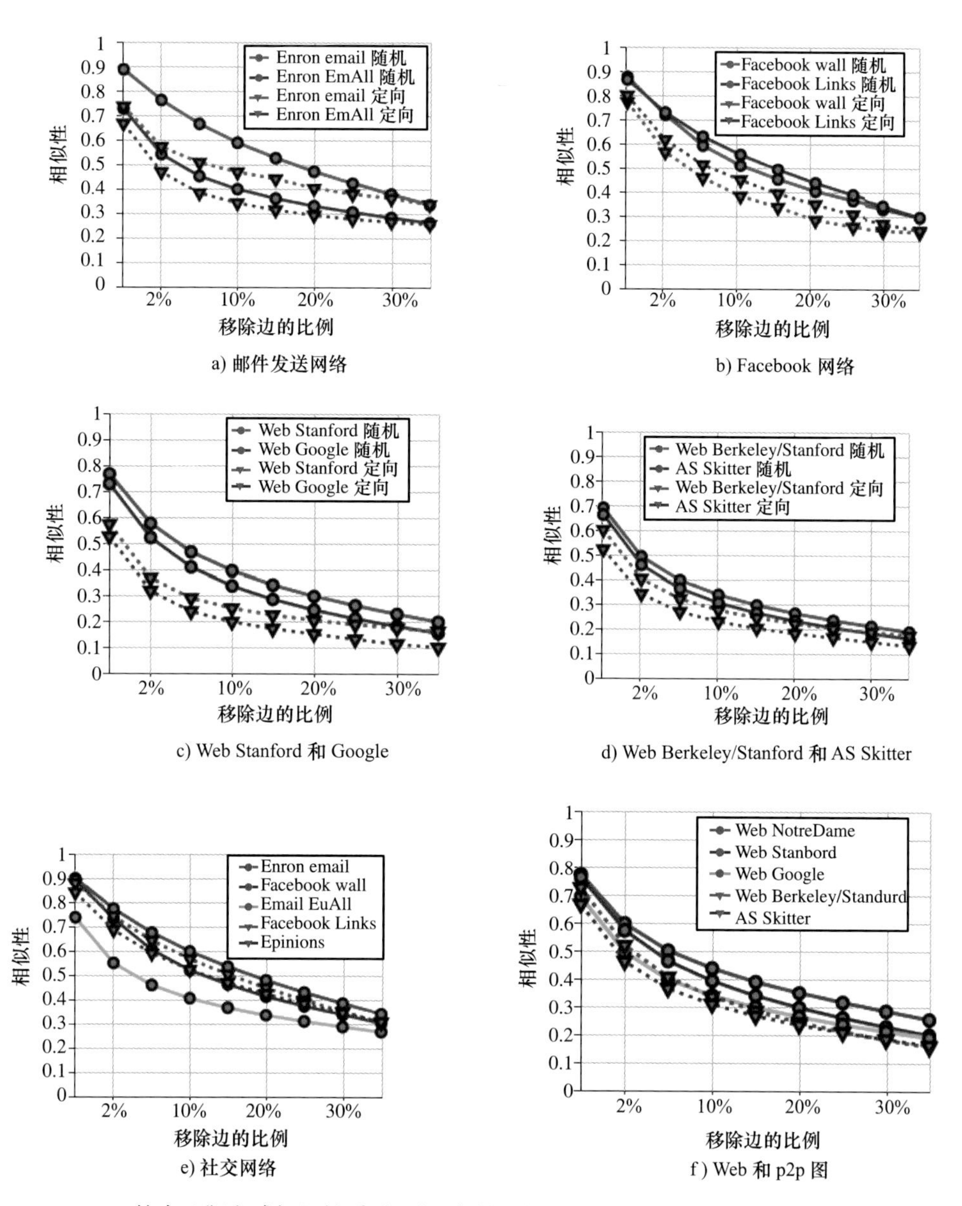

图 5.3 DeltaCon 符合“靶向感知”性质（IP）：有针对性改变比随机改变破坏力度更大。a）~ d）：随机破坏（实线）和有针对性破坏（虚线）下，图的 DeltaCon 相似性分值与从原始图中移除边的比例（x 轴）。注意到，虚线总是在同种颜色的实线之下。e）和 f）：DeltaCon 与直觉一致：一个图变化越大（例如移除边数量增加），其与原始图的相似性就越低

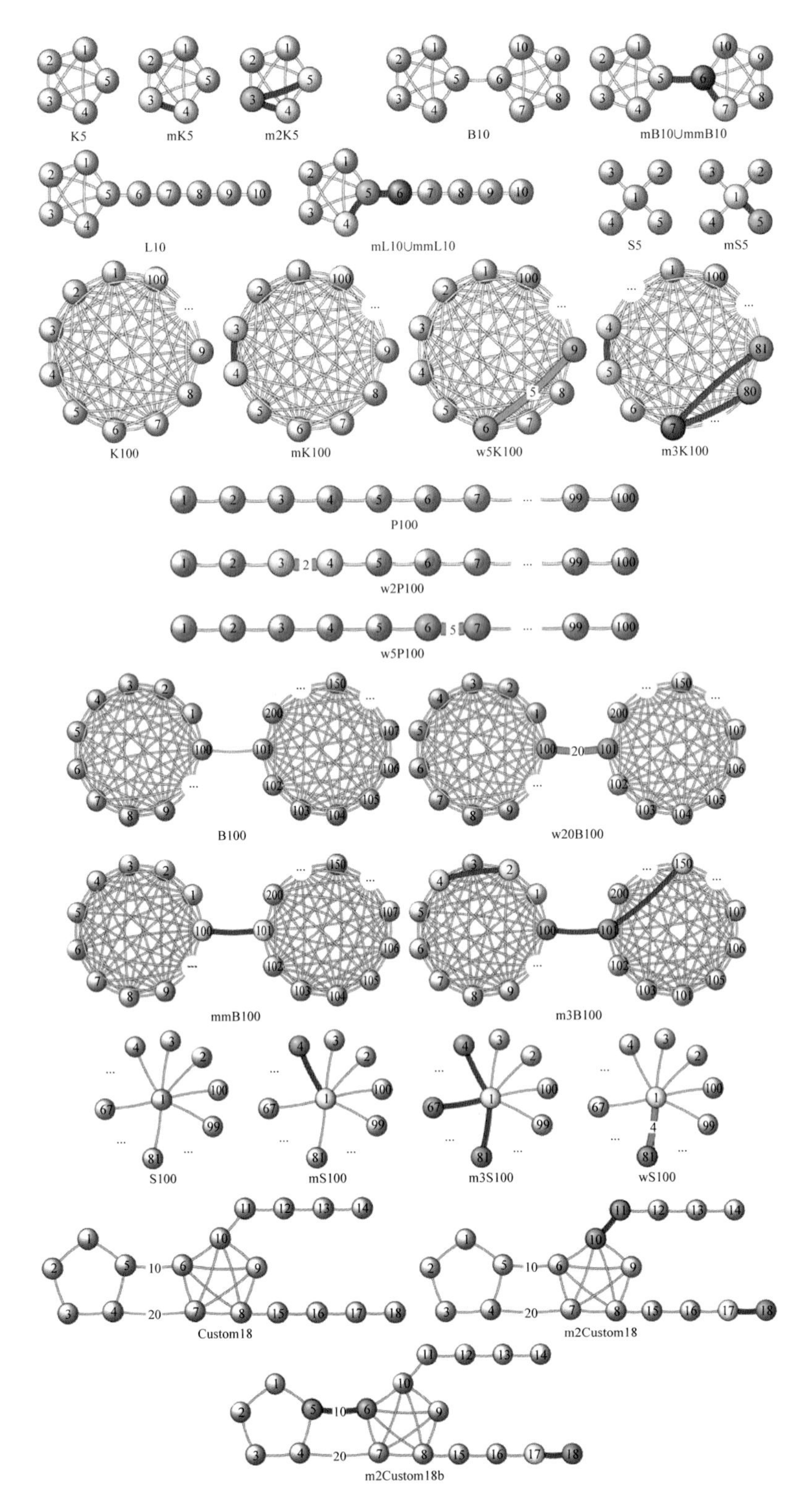

图 5.4　DeltaCon-Attr 满足性质 P1~P3 和 IP。标记为绿色的节点被识别为会导致图之间产生变化的“元凶”节点。较深的阴影对应于“元凶”列表中较高的等级。被移除的边和加权边分别被标记为红色和绿色

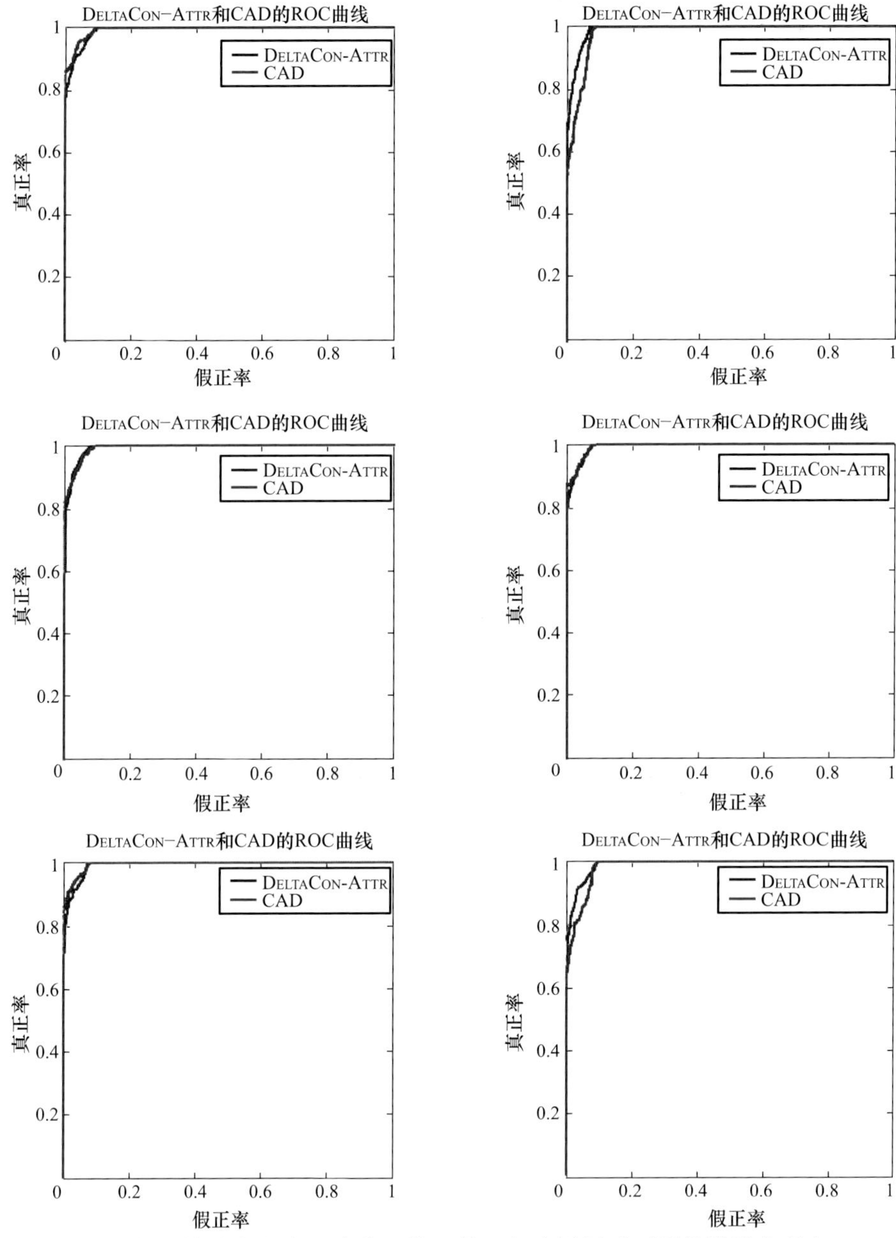

图 5.5　DeltaCon-Attr 与最前沿方法在准确度上的比较。每个图展示不同的模拟实现中 DeltaCon-Attr 和 CAD 在两个人工图上的 ROC 曲线。这些图从具有 4 个连通分量的二维高斯混合分布中点采样生成

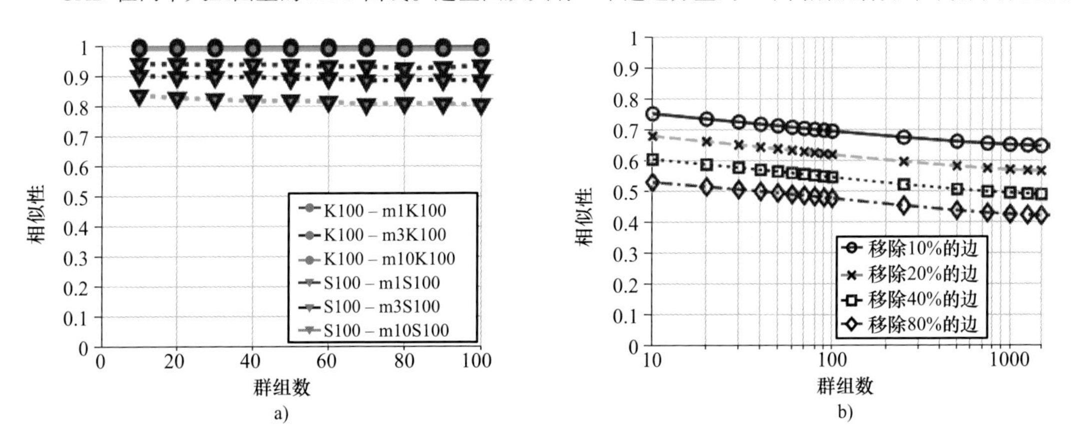

图 5.7　DeltaCon 对群组数目具有鲁棒性。更重要的是，在每类群组数水平上不同图对的相似性相对顺序保持不变（例如 sim（K100，m1K100）>sim（K100，m3K100）> ⋯ >sim（S100，m1S100）>⋯> sim（S100，m10S100）

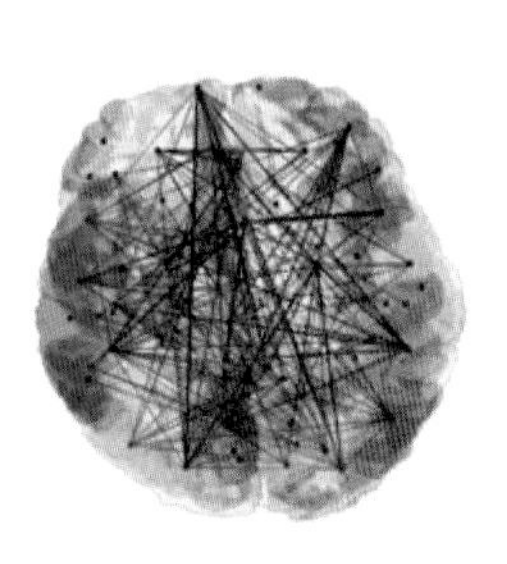

a) 连接组：大脑中的神经网络

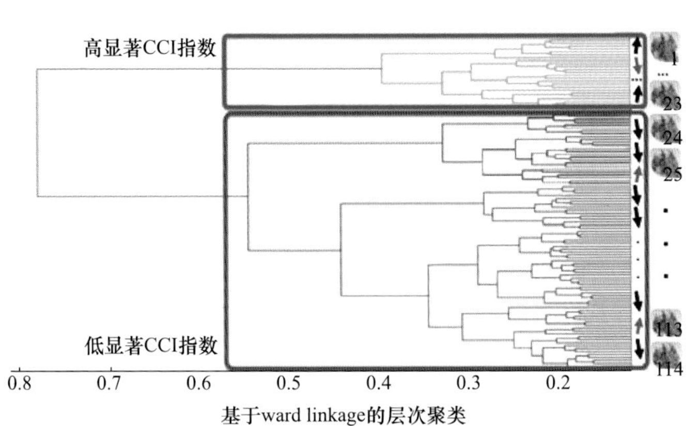

b) 根据Dendogram获取的114个连接组之间的相似性，执行层次聚类后的树状图表示

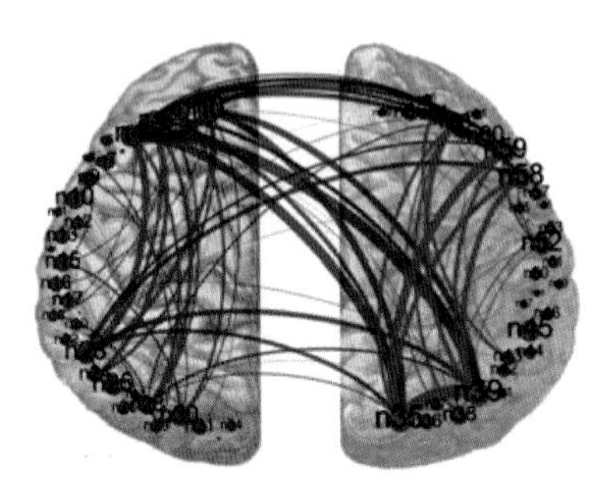

c) 具有高创造力指数的受试者大脑图

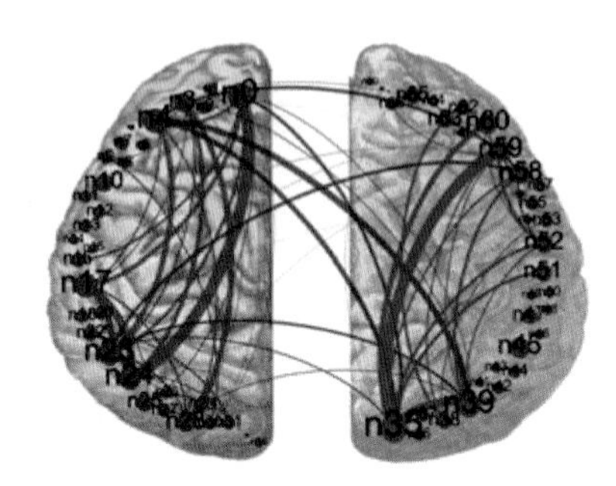

d) 具有低创造力指数的受试者大脑图

图 5.9　基于 DeltaCon 的聚类表明艺术家的大脑与其他受试者大脑连接模式不同。a）大脑网络（连接组）。不同颜色对应于 70 个皮层区域中的每一个区域，其中心由点描绘。b）基于 DeltaCon 相似性的层次聚类产生的两个连接组簇。红色元素对应高创造性分值。c）和 d）为分别具有高 CCI 和低 CCI 的受试者脑图。低 CCI 大脑与高 CCI 大脑相比半球之间连接更少，连接强度更弱

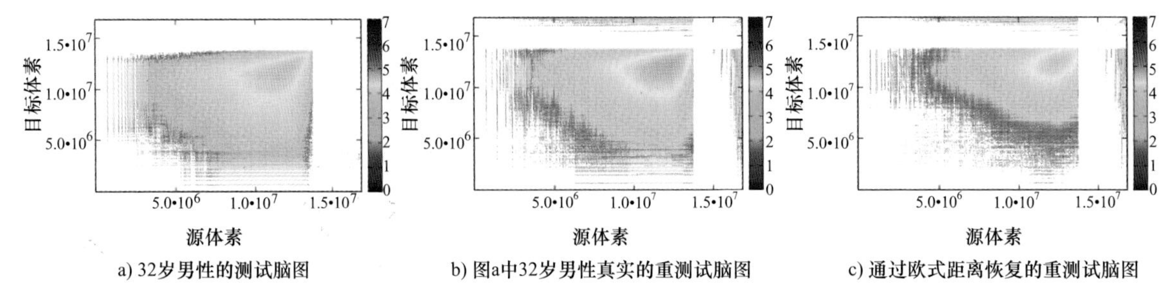

a) 32岁男性的测试脑图　　b) 图a中32岁男性真实的重测试脑图　　c) 通过欧式距离恢复的重测试脑图

图 5.11　在恢复脑图正确的测试 – 重测试对时，DeltaCon 优于 ED。这里绘制了 3 个脑图的 spy 图，其中节点顺序相同，且依照 a）中 spy 图中节点顺序按度升序排列。相比于 ED 发现的错误的测试 – 重测试对 a）– c），DeltaCon 恢复的正确的测试 – 重测试对 a）– b）具有视觉上与测试图更相似的呈现

单图及群图挖掘：原理、算法与应用

[美] 达奈·库特拉（Danai Koutra）
赫里斯托斯·法鲁索斯（Christos Faloutsos） 著

李艳丽　陈端兵　谢文波　周涛　译

机械工业出版社

本书由 Danai Koutra 和全球知名的数据挖掘领域奠基人之一 Christos Faloutsos 教授合著，介绍了图挖掘领域一个崭新的研究方向。全书内容主要包括两个部分：第一部分介绍了单图上的概要表示以及节点标签分类算法；第二部分介绍了群图上的概要表示以及群图的相似性度量和节点对齐算法。

本书适合对图挖掘研究感兴趣的读者阅读，包括相关研究方向的研究人员、本科生和研究生，以及不具有图挖掘研究背景但是对图挖掘问题感兴趣的读者。此外，本书与应用实践结合紧密，对于有志于从图挖掘角度解决实际问题的从业人士也非常具有启发意义。

译　者　序

现实中很多系统都可以描述为一个复杂的网络结构图，无向的或有向的，无权的或含权的，甚至是时变的。图挖掘已有很多相关的研究，包括社团结构检测、高影响力节点挖掘、链路预测、图上的信息传播动力学等。对于一个超大规模的图，如何快速、准确地获取其蕴含的重要结构，以及反映图中主体框架的图概要信息是图挖掘领域中的一个重要研究方向。Danai Koutra 和 Christos Faloutsos 教授在这方面做了大量开创性工作。

本书共包含两个部分：第一部分介绍了单图上的概要表示以及节点标签分类算法；第二部分介绍了群图上的概要表示以及群图的相似性度量和节点对齐算法。此外，在绪论中，还介绍了图挖掘相关的基本概念，这也是理解本书后续内容的预备知识。

本书研究问题的角度比较新颖，首次系统、清晰地整理了单图和群图上的研究问题及解决思路，包括如何抽取大规模图和时序图的基本概要来加以可视化，如何基于先验知识对单图中的节点进行类别推理，以及如何对不同图的节点进行对齐并计算图之间的相似性。这些研究问题都对应于非常热门的应用场景，部分场景可以直接从本书找到答案，例如大规模图的可视化以及节点标签的分类等，也有一部分应用场景可以从本书的算法思路中得到启发并迁移到适用的研究场景中，如不同语言之间的互译等。此外，书中对相关算法的设计技巧、理论基础和推导过程介绍得比较详细，适合读者理解和重现。除介绍具体的研究问题和算法，本书更大的意义在于给读者带来了图挖掘领域新的研究方向和思考视角。

本书最初受机械工业出版社顾谦编辑邀请，周涛教授负责本书的中文翻译。在探讨翻译事项时，周涛教授带领的图挖掘研究小组成员对本书的内容表示了极大兴趣，并希望通过参与翻译过程对本书介绍的相关内容加深理解。译稿主要由图挖掘研究小组中的陈端兵副教授、李艳丽博士和谢文波博士完成，其中陈端兵副教授负责翻译第 1 章、第 2 章和第 7 章，谢文波博士负责翻译第 3 章、第 4 章，李艳丽博士负责翻译第 5 章、第 6 章及其他部分，周涛教授对全书进行了非常细致的指导和修改，并参与部分内容的翻译，罗咏劼博士对全书的审校付出了巨大的努力。此外，全部译者也针对每一章进行了交叉检验和校对。

整体上，译文尽可能和原书保持结构和表达风格的一致性，但为了符合中文表达习惯，在保持原文语义的情况下，在理解原文并查阅相关文献的基础上，对部分原文内容进行了意译。在本书的翻译过程中，对部分内容进行了说明和解释，并对某些知识点进行了延伸和扩展，同时对原书中的一些小的错误进行了注释。由于译者中大部分是图挖掘领域的新人，知识体系尚不完整，在有限的时间内完成本书的翻译，很担心不能够完全准确无误地传达原书的意思，疏漏和不准确之处在所难免，特别恳请感兴趣的读者有时间能够阅读原书，并对译文中出现的纰漏予以指正。

介绍翻译过程中的一个插曲：最初，几位译者力争的目标是忠实于原书。初稿提交后，周涛教授并不满意，他对我们的要求是要用批判的眼光审视原书逻辑，从而对读者负责。于是我们重新返稿，花费大量时间推导公式，反复研读原书，这个过程是痛苦的，但也是对科研建立敬畏心的过程。非常感谢周涛教授的严谨，也很感谢翻译团队的伙伴们在承担其他科研重任的同时，花费精力提升译稿质量。同时也要感谢顾谦编辑和为译稿提出详细修改意见的各位编辑们，没有你们的帮助，本译稿难以完成。最后，希望各位图挖掘爱好者能从本书中获取有用的信息，希望本书能够为大家现有的研究方向提供帮助，同时也能为从业者解决实际应用问题提供解决思路。

译者

原 书 前 言

图是信息表达的载体，从网页之间的连接到电子邮件网络中的通信关系，再到大脑神经元之间的连接都可以用图表示。这些图通常具有数十亿个节点及它们之间的交互关系。在这些相互关联的数据中，如何找到最重要的结构并对其进行归纳总结？如何更有效地将它们可视化？如何检测预示着重大事件的异常情况（例如对计算机系统的一次攻击、人脑中疾病的形成或公司的衰落）？

本书将呈现一类可扩展、具有理论基础的发现算法，它将全局和局部信息结合起来，以帮助人们理解一个或多个图。除给出高效的系统性方法论，本书还针对两个主要方向提供图理论的思想和模型及现实世界中的实际应用：

- **单图挖掘（Individual Graph Mining）**：本部分主要展示如何通过识别图的重要结构，可解释性地抽取单个图的概要信息。除了通过概要信息对图加以解释，本部分还进一步使用推理技术，即利用少数实体（通过概要信息抽取技术或其他方法获得）及其网络结构快速、有效地学习未知实体信息。
- **群图挖掘（Collective Graph Mining）**：本部分将单图概要信息抽取的概念推广到时序演化图中，并展示了如何发现其中的时序模式。除抽取概要信息，度量两个图的相似性在很多应用中都是需要解决的前置性问题（例如时序异常检测、行为模式发现等）。此外，本部分还提出了一系列可扩展、具有理论背景的算法，以实现多个图之间的对齐和相似性度量。

本书呈现的方法利用了来自不同领域的技术，如矩阵代数、图论、最优化、信息论、机器学习、金融和社会科学，来解决现实世界的问题。本书把提出的探索性算法应用到海量数据集中，其中包括具有66亿条边的互联网图、具有18亿条边的Twitter图、多达9千万条边的脑连接图，以及合作网络、点对点网络、浏览日志网络等，它们都包含数百万用户和他们之间的交互关系。

关键词

数据挖掘　图挖掘及探索　图相似性　图匹配　网络对齐　图概要　模式挖掘　离群点检测　异常检测　可扩展性　快速算法　模型　可视化　社交网络　脑连接网络　连接体

原 书 致 谢

本书的研究得到了美国国家科学基金会（基金号：IIS－1151017415、IIS－1217559 和 IIS－1408924）、美国能源部/国家核安全局（资助号：DE－AC52－07NA27344）、美国国防部高级研究计划局（授权号：W911NF－11－C－0088）、美国空军研究实验室（授权号：F8750－11－C－0115）、美国陆军研究实验室（授权号：W911NF－09－2－0053）的资助。本书所包含的观点和结论均为作者的观点和结论，不代表任何赞助机构、美国政府或任何其他机构明示或暗示的官方政策。

作者还要感谢所有为本书做出贡献的合作者：Polo Chau、Wolfgang Gatterbauer、Brian Gallagher、Stephan Guennemann、U Kang、Tai－You Ke、David Lubensky、Hsing－Kuo（Kenneth）Pao、Neil Shah、Hang hang Tong、Jilles Vreeken 和 Joshua Vogelstein。特别感谢 Neil Shah 对第 4 章（动态图概要抽取）的主要贡献。

还要感谢本书的审稿人——Austin Benson、George Karypis 和 Philip Yu，他们为本书提供了深刻的反馈和建议以帮助改进本书。最后，感谢非正式审稿人 Haoming Shen，他仔细阅读了手稿，指出了文中不一致之处，并参与了手稿的编辑。

Danai Koutra 和 Christos Faloutsos

作 者 简 介

Danai Koutra 是密歇根大学安娜堡分校计算机科学与工程系的助理教授。她的研究兴趣包括大规模图挖掘、图相似性计算和匹配、图概要抽取和异常检测。Danai 的研究主要应用于社交网络、合作网络、Web 网络以及大脑连接网络。她现持有 1 项“rate - 1”专利，并拥有 6 项（待定）二分图对齐专利。Danai 曾荣获 2016 年 ACM SIGKDD 博士论文奖，并荣获 SCS 博士论文奖（CMU）。她在顶级数据挖掘会议上发表了多篇论文，其中包括两篇获奖论文。她现在共开展 3 门课程，曾在 IBM Watson、Microsoft Research 和 Technicolor 工作。她于 2010 年在雅典国立技术大学电子与计算机工程学院获得学士学位，于 2015 年在卡耐基·梅隆大学计算机科学学院获取博士学位和理学硕士学位。

Christos Faloutsos 是卡耐基·梅隆大学的教授。他曾于 1989 年获得美国国家科学基金会颁发的总统青年研究员奖，于 2006 年荣获 ICDM 研究贡献奖，并于 2010 年荣获 SIGKDD 创新奖，曾获得 24 项最佳论文奖（包括 5 项时间考验奖）和 4 项教学奖。他指导的 6 位学生荣获了 KDD 或 SCS 论文奖。同时他也是 ACM Fellow，并曾担任 SIGKDD 执行委员会成员。他共发表同行评议文章 350 多篇，参与撰写 17 本书中的部分章节，出版专著 2 本。他共拥有 7 项专利（及 2 项待定专利）。他已经开展 40 门课程和 20 多个特邀讲座。他的研究兴趣包括针对图和时间序列的大规模数据挖掘、异常检测、张量分解和分形。

目　　录

第二部分　群图挖掘

第1章 绪　论

1.1 概述

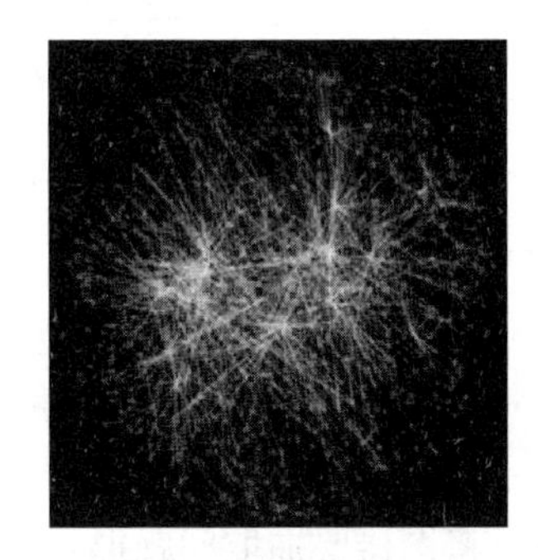

图1.1 针对“Liancourt－Rocks”文章形成的维基图，使用“spring－embedded”布局模式进行绘制[101]

图是许多信息的自然表达，包括网页之间的连接、用户对电影的偏好、社会网络中的好友关系和通信关系、合作网络中的协同编辑关系（见图1.1）以及脑体素[⊖]之间的连接关系。通俗地说，图是用于表达实体之间成对关系的数学模型，其中实体通常用节点表示，实体之间关系通常用链路或边表示，这些链路或边用于定义实体之间相互影响或相互依赖关系。

实际的图通常包括数亿甚至数十亿的节点和关联关系。在海量的交互数据中，如何抽取有用的知识而不淹没于价值较小的信息中，如何找到最重要的结构进而有效地抽取图的概要，如何对图进行有效的可视化，如何利用网络效应从少量先验信息（如维基百科中少量的破坏者和贡献者）中认知所有实体，如何以图的形式理解和研究多重现象，如何检测反映关键事件的异常（如网络攻击、人脑的疾病信息），如何抽取时变图模式的概要（如在线社区的出现与消失），是值得重点关注的问题。

本书重点关注研究用以探索分析单图和群图的快速、一般性方法，以深入洞察前述提及的若干问题。本书的工作主要包括：①概要抽取，提供单图或群图的紧凑可解释的表示；②相似性计算，使人们能够发现具有关联特性的节点簇或图。本书将提供理论基础，并根据数据的稀疏性给出可扩展算法，同时我们会展示如何将这些算法应用到大规模图中，包括静态图和动态图中的异常检测（如邮件通信或计算机网络监控）、跨网重标识、跨网分析、聚类、分类和可视化。

1.2 本书的架构

本书包括两个主要的部分：①单图挖掘；②群图挖掘。表1.1总结了每部分的主要问题。这些问题涵盖了多种应用：静态图和动态图中的异常检测、聚类和分类、跨网分析、跨网重标识，以及社会网络、脑网络等多种网络的可视化。

1.2.1 第一部分：单图挖掘

在宏观层面，如何从大规模图中抽取易于理解的模块并弄清其基本现象？在微观层面，

⊖ 多用于大脑成像的分析，指三维成像后可以区分的最小体积元素，有些文献中也用来表示一个较小的三维体元（不一定是最小）或泛指大脑中三维的体元。——译者注

在获得图结构的部分知识后，如何进一步探究节点并发现其重要的节点模式（正常或异常）？本书第一部分将介绍利用图的全局或局部特征对大规模信息进行概要汇总的可扩展方式。抽取大规模数据的概要是可视化的有效方式，也是聚焦数据的重要方面和理解数据的关键。

表 1.1 本书的架构

部分	研究问题	章
第一部分单图挖掘	**静态图概要抽取**：如何简洁地描述一个大规模图	2
	图的推理：给定节点子集的先验信息，对所有节点，能获知什么信息	3
第二部分群图挖掘	**动态图概要抽取**：如何简洁地描述大量的、时变的群图	4
	图的相似性：两个图之间的相似性含义是什么？图之间的差异由哪些节点和边体现	5
	图的对齐：如何有效地对齐两个二分图或单分图	6

- 第 2 章　静态图概要抽取——“如何简洁地描述一个大规模图?”一种弄清图的直接方式是从宏观层面对其建模形成概要。本书提出的 VoG（基于词汇表的图概要抽取）方法[123,124]，可简洁地描述具有百万节点，但仅包含少数几个易于理解的可能有重叠结构的图。将图概要抽取问题形式化描述为信息论优化问题，其目的是发现能够最小化图的全局描述长度的隐含局部结构。除了利用最小描述长度准则发现最好的图概要，另一个核心思想是利用预先定义好的、在实际网络中普遍存在的、具有语义的结构词汇，如派系结构、近派系结构、星形结构、链式结构、二分核结构以及近二分核结构。
- 第 3 章　图的推理（节点相似性的进一步探索）——已知少量的节点子集信息，对所有节点，能获知什么信息？在获得图的重要结构以及通过图概要获知其基本行为模式后（如通过 VoG），如何拓展知识，以便从微观层面发现图中相似节点？例如，知道图中某些节点的类标签（如维基百科中的贡献者类型：破坏者/管理者），是否能够推出网络中哪些节点也是破坏者，这就是第 3 章中二分类[125]及其泛化版（多分类）要处理的问题[78]。知道部分先验信息的半监督学习在众多领域都有应用，包括执法、欺诈检测和网络安全。解决此问题最成功的方法是通过研究全局网络结构和局部同质效应（物以类聚）而形成推理。从能够处理网络中同质和异质效应的一个强大的技术手段——信念传播出发，从数学上推演出一个准确而快速（2×），并能保证收敛的线性近似，名为 FaBP（Fast Belief Propagation，快速信念传播）的算法[125]。导出的公式揭示了 FaBP 和带重启的随机游走以及半监督学习之间的等价性，并最终实现 3 种关联方法的统一。

1.2.2 第二部分：群图挖掘

在很多应用中，探究群图是必要的，至少是有益的。这些图可以是同一对象集合中的时变序列实例，也可以是不同来源的网络。在宏观层面，如何从一系列大规模图中抽取易于理解的模块及基本的动态特征（如大规模电话网络中的通信模式）？如何从时变的企业邮件通信网络中发现异常并预测企业的衰落？创造性较好与较差的人的脑连接有何差异？如何比较不同的交流类型（如 Facebook 中的消息和墙报）及它们的反馈行为模式？本书第二部分主要介绍：①通过扩展单图的概要抽取技术，生成大规模时序信息的概要；②群图应用中的基本问题——图的比较和对齐。

• 第4章 动态图概要抽取——如何简洁地描述一组大规模的动态图？与单图类似，搞清一系列图的一种自然的方式是从宏观层面对这些图进行建模并形成概要。本书提出的基于词汇的方法——TimeCrunch[189]，用少量几个短语即可简洁地描述一个大规模的时变图。由于内存限制，即使是大规模单图的可视化也难以实现，节点和边也会因为缺少有用信息而显得杂乱无章。把大规模时变图表达清楚是极具挑战性的，因此检测简单的时序结构对图的理解和可视化至关重要。通过对第2章提出的单图概要抽取方法进行扩展，本章将时变图概要抽取问题形式化描述成信息论优化问题，其目的是通过最小化动态图的全局描述长度来识别局部静态结构中的时变行为。基于第2章引入的静态图的概要（如星形结构、派系结构、二分核结构、链式结构），本章定义了一个词典用于描述各种时变行为类型（如闪现行为、周期行为、单发行为）。

• 第5章 图的相似性——两个图相似是什么含义？哪些节点和边会导致图之间的差异？图相似（两个节点对齐图的相似性评估问题）有很多极具影响力的应用，如电商网络或计算机网络中的实时异常检测，可以避免数百万美元的损失。尽管对这一问题开展了多年的研究，但多数方法由于忽略了图中边的内在重要性都无法给出直观的结果，比如一条连接两个强连通子图的边和同一派系内两节点之间的边通常被认为是同等重要的。重新定义了具有预期性质的空间用于图相似性度量并考虑其对应的可扩展性问题[126,128]。基于这些新要求，设计了大规模图的相似性计算算法 DeltaCon（代表“δ 连通性”的变化），采用第3章基于单图推理的信念传播的变体形式对 k 步邻居的差异进行度量。DeltaCon 虽然同时考虑了局部和全局不相似性，但局部不相似性（更小的 k）的权重要高于全局不相似性（更大的 k）。DeltaCon 还能识别出体现输入图差异的主要的节点和边[126]。

• 第6章 图的对齐——如何有效地将两个二分图或单分图的节点进行对齐？第5章介绍的图相似性计算问题假设图间节点对应关系已知，但实际情况并非总是如此。社会网络分析、生物信息学以及模式识别仅仅是众多节点间对应关系挖掘应用中的少数领域。第6章将彻底解决这一问题。以往的研究几乎都是关注单分图的对齐问题。第6章聚焦在二分图，将这类图的对齐问题形式化描述为一类有约束（如稀疏性、一对多映射）的优化问题，在此基础上，提出一种快速方法——Big - Align（Bipartite Graph Alignment，二分图对齐）算法[127]，用于解决二分图对齐问题。有效解决全局对齐问题的关键是设计一系列的优化，包括对局部结构中的节点进行聚合而得到超级节点。这一处理将节省大量的时间和空间，经过仔细处理，含有数百万小实体的子矩阵可以被视为一个单一实体。在二分图形式化描述基础上，本章还提出了单分图快速、有效的对齐算法——Uni - Align（Unipartite Graph Alignment，单分图对齐）算法。

1.2.3 源代码和支撑材料

本书中所提方法的源代码及其他附件材料（如幻灯片）可通过如下链接获取：
https：//github. com/GemsLab/MCbook_Individual - Collective_GraphMining. git

1.3 预备知识

本节将介绍图论和图挖掘中的主要概念和定义，以帮助读者理解本书描述的方法及算法。

1.3.1　图的基本定义

首先对图进行定义，然后再说明图的不同类型（二分图、有向图、含权图）、特殊结构图或模体（如星形结构、派系结构）。

图　用于描述有链路连接的对象的集合（见图 1.2）。其数学模型为一个有序对 $G(\mathcal{V},\mathcal{E})$，其中$\mathcal{V}$是对象的集合（称为节点或顶点），$\mathcal{E}$是对象之间链路的集合（也称为边）。

节点或顶点　图中对象的有限集合$\mathcal{V}$㊀。例如在社交网络中，节点是人，而在脑网络中，节点对应的是脑体素或大脑皮层区域。图中节点总数通常表示为$|\mathcal{V}|$或 n。

边或链路　图中对象之间链路的有限集合$\mathcal{E}$。边代表对象之间的关系，例如社交网络中的朋友关系，人脑中脑体素之间流动的基质。图中边的总数通常表示为$|\mathcal{E}|$或 m。

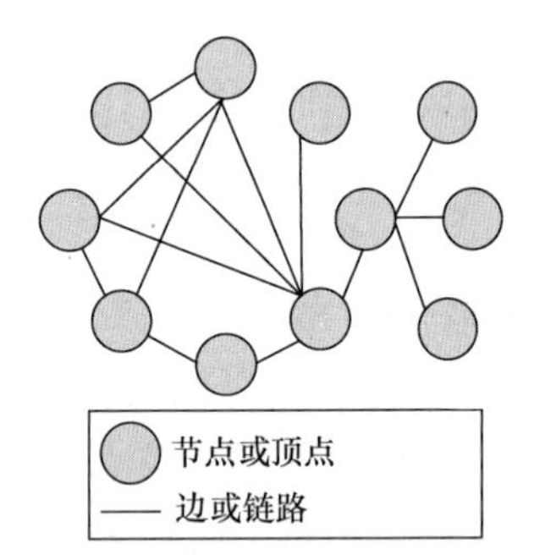

图 1.2　无向无权图示例

邻接点　有一条边连接的两个顶点 v 和 u 称为邻居。顶点 u 称为顶点 v 的邻居或邻接点。图 G 中，顶点 v 的**邻域**是图 G 的一个导出子图㊁，包括所有 v 的邻接点以及所有连接这些节点的边。

二分图　一个不包含奇数长度回路的图。换句话说，二分图是指图中顶点可分为两个不相交的集合$\mathcal{U}$和$\mathcal{V}$，使得每一条边关联的两个顶点分别属于$\mathcal{U}$和$\mathcal{V}$（见图 1.3）。如果顶点无法分成满足上述条件的两个不相交的集合的图，则称为**单分图**。树是二分图的一种特殊情形。

有向图　图中每一条边都有一个关联的方向（见图 1.4）。一条有向边由一个有序顶点对（u，v）表示，边的方向用一个从起点 u 指向终点 v 的箭头表示。有向图又称为有向网络，有向性体现了图中的非互惠关系。Twitter 中的关注网络（箭头起点为关注者，终点为被关注者）或电话通信网络（箭头从主叫指向被叫）都是有向图的例子。如果图中边由无序顶点对组成，则称为**无向图**。

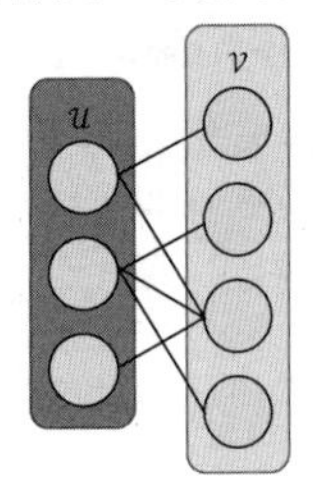

图 1.3　二分图示例，其中集合$\mathcal{U}$包含 3 个节点，集合$\mathcal{V}$包含 4 个节点

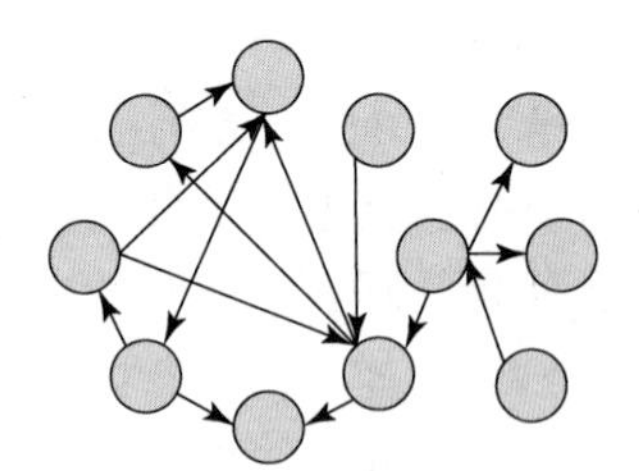

图 1.4　有向图

㊀ 图中节点和链路都不必是有限的，例如可以以所有正整数为节点，两个正整数之间存在整除关系则连一条边（可参考文献［T. ZHOU，et al. Topological properties of integer networks［J］. Physica（A，2006（367）：613.］），这样的网络节点数和边数都不必是有限的。无限图的理论是图论中的重要组成部分，但本书的分析集中于有限图。为避免读者认为图论只处理有限图，特此说明。——译者注

㊁ 图 G 的一个导出子图（induced subgraph）是由 G 中一个节点子集和两个端点都位于这个集合中的所有连边组成的。——译者注

含权图 图中每一条边具有关联的权重（见图1.5）。如果图中所有边的权重都相同，那么此图称为**无权图**。权重可正可负，可以是整数也可以是小数。例如在电话通信网络中，边的权重可以定义为两个人之间的通话次数，也可以定义为两个人之间的通话时长。

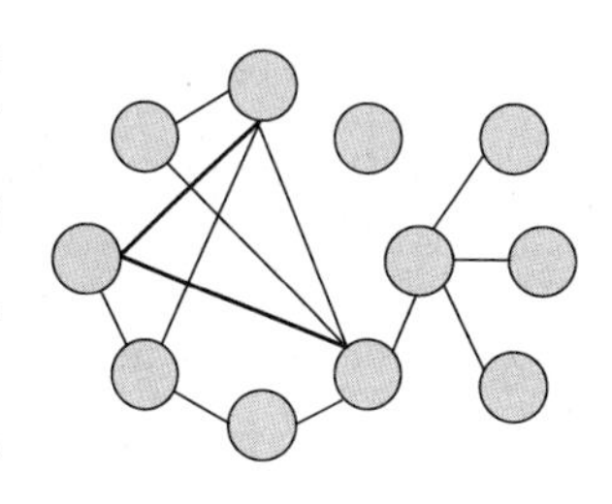

图1.5 含权图，边的宽度正比于边的权重

自我中心网络 节点v的自我中心网络是图G的一个导出子图，子图中包含节点v自身、节点v的邻居以及这些节点之间的所有连边。换句话说，自我中心网络就是节点v的1跳邻域。

简单图 不包含自环（节点指向自身的边）或重边的无向无权图。

派系或完全图 派系是图中的节点子集，其中任意两个不同节点都相邻。派系的导出子图称为完全图。

二分核或完全二分图 二分图的一种特殊情况，指第一个集合$\mathcal{U}$中的每一个顶点都和第二个集合$\mathcal{V}$中的每一个顶点相连，记为$K_{s,t}$，其中s和t分别是集合$\mathcal{U}$和$\mathcal{V}$中顶点的数量。

星形结构 完全二分图$K_{1,t}$（对任意的t）。集合$\mathcal{U}$中的顶点称为中心节点或枢纽节点，而集合$\mathcal{V}$中的顶点称为外围节点。

链 所有节点和边可依次布在一条直线上的图。

三角形 具有3个顶点的完全图。

图1.6给出了部分特殊结构的图。

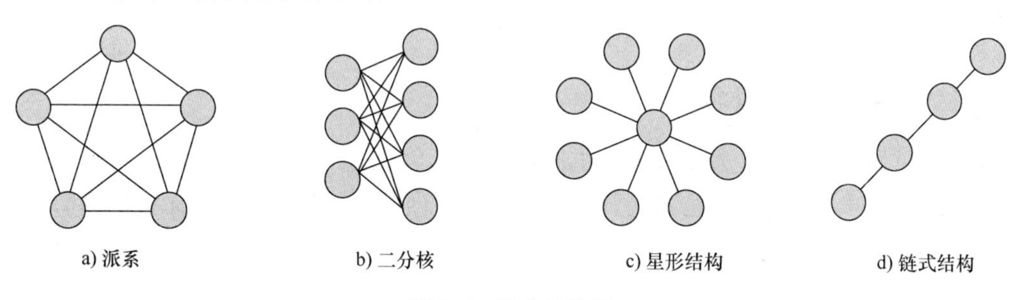

图1.6 特殊结构图

1.3.2 图的数据结构

图的数据结构依赖于图的特性（如稀疏性、稠密性、规模）以及应用于图的算法。矩阵存储需要消耗大量的内存空间，因此通常用于小规模的稠密图存储。链式存储适用于大规模稀疏图，如社交网络、合作网络以及其他真实网络。

邻接矩阵 图G的邻接矩阵是一个$n \times n$维的矩阵$\boldsymbol{A} \in \mathbb{R}^{n \times n}$，如果顶点$i$和顶点$j$相连，那么元素$a_{ij}$非零，否则等于零。也就是说，它表示的是图中哪些节点相互连接。对于一个**无环的图**，对角线元素$a_{ii}=0$。**无向图**的邻接矩阵对称，**含权图**邻接矩阵的元素值等于对应边的权重。图1.7给出了一个简单无权无向图的邻接矩阵示意图。

对具有两个顶点集合$\mathcal{V}_1$ 和$\mathcal{V}_2$ 的二分图，其 $n \times n$ 维邻接矩阵的形式为$\boldsymbol{A}=\left(\begin{array}{c|c} 0 & \boldsymbol{B} \\ \hline \boldsymbol{B}^{\mathrm{T}} & 0 \end{array}\right)$，其中 $\boldsymbol{B}$ 是体现$\mathcal{V}_1$ 中 n_1 个顶点和$\mathcal{V}_2$ 中 n_2 个顶点之间连接关系的 $n_1 \times n_2$ 维矩阵，$\boldsymbol{B}^{\mathrm{T}}$是矩阵 $\boldsymbol{B}$ 的转置矩阵。

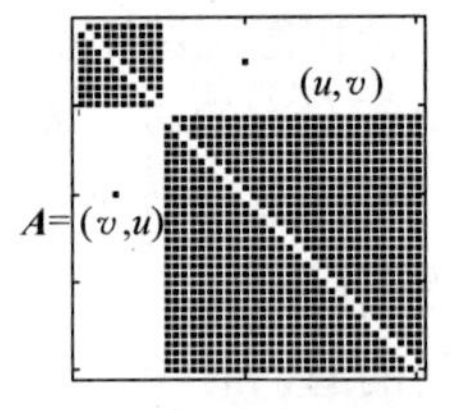

图 1.7　一个简单无权无向图的邻接矩阵示意

邻接表　邻接顶点对数组。由于此种存储方式在内存及计算方面都极其高效，因而常常用于稀疏图和实际网络的表示。

稀疏矩阵　大部分元素值都为 0 的矩阵称为稀疏矩阵。大部分元素值都非零的矩阵称为**稠密矩阵**。大部分实际网络（如社交网络、合作网络以及电话通信网络）都是稀疏的。

度矩阵　一个包含了每一个顶点的度并与 $n \times n$ 阶邻接矩阵 $\boldsymbol{A}$ 相对应的 $n \times n$ 阶矩阵 $\boldsymbol{D}$，称为度矩阵。度矩阵第 i 个元素值 $d_{ii} = \sum_{j=1}^{n} a_{ij}$ 表示顶点 i 的度 $d(i)$ 。一个简单无权无向图的邻接矩阵和度矩阵如图 1.8 所示。

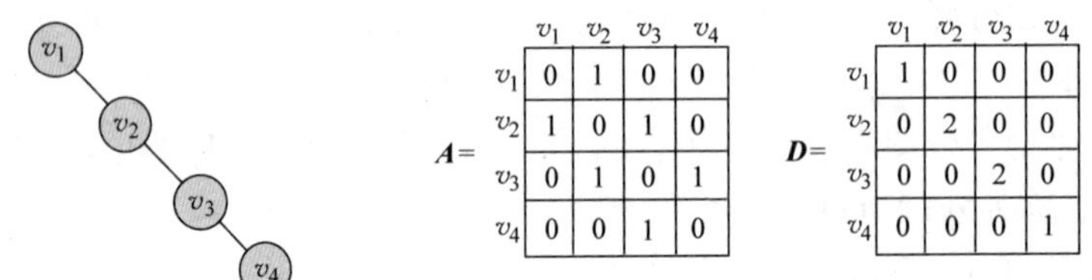

图 1.8　一个具有 4 个节点的链式结构图，以及相应的邻接矩阵和度矩阵

拉普拉斯矩阵　一个 $n \times n$ 维拉普拉斯矩阵定义为 $\boldsymbol{L}=\boldsymbol{D}-\boldsymbol{A}$，其中 $\boldsymbol{A}$ 是图的邻接矩阵，$\boldsymbol{D}$ 是度矩阵。拉普拉斯矩阵广泛应用于随机游走分析、电力网络、谱聚类等。

1.3.3　线性代数基本概念

既然图可用矩阵表示，那么图相关的问题自然包含了线性代数的算子。这里，对后续内容需要用到的基本线性代数概念进行简要总结。在下面的描述中，如果未做特别声明，给出的定义都是基于元素为 a_{ij}的 $n \times n$ 维方阵 $\boldsymbol{A}$。

转置　矩阵 $\boldsymbol{A} \in \mathbb{R}^{n \times p}$的转置矩阵是元素为 $c_{ij}=a_{ji}(i=1,\cdots,p;j=1,\cdots,n)$的矩阵 $\boldsymbol{C}$。矩阵 $\boldsymbol{A}$ 的转置矩阵记为 $\boldsymbol{A}^{\mathrm{T}}$。需要注意的是，任意矩阵都可以定义它的转置矩阵，而不仅仅是方阵才可以定义转置矩阵。

对角阵　所有非零元素都在主对角线上的矩阵称为对角阵。虽然对角阵常常是指方阵，但也可以定义不是方阵的对角阵。图的度矩阵就是对角阵的一个例子（见图 1.8）。

单位阵　单位阵 $\boldsymbol{I}$ 是一个主对角线上元素全为 1，其他元素全为 0 的对角方阵。

正交矩阵　如果方阵 $\boldsymbol{A} \in \mathbb{R}^{n \times n}$的行和列都是正交的单位向量，即 $\boldsymbol{A}\boldsymbol{A}^{\mathrm{T}}=\boldsymbol{I}$，则称 $\boldsymbol{A}$ 为正交矩阵。

逆矩阵　如果存在一个矩阵 $\boldsymbol{C}$，使得 $\boldsymbol{AC}=\boldsymbol{CA}=\boldsymbol{I}$，则称矩阵 $\boldsymbol{C}$ 为方阵 $\boldsymbol{A} \in \mathbb{R}^{n \times n}$的逆矩阵。矩阵 $\boldsymbol{A}$ 的逆矩阵表示为 $\boldsymbol{A}^{-1}$。

特征值分解　对方阵 $\boldsymbol{A} \in \mathbb{R}^{n \times n}$，如果存在一个非零向量 $\boldsymbol{x}$，使得 $\boldsymbol{Ax}=\lambda\boldsymbol{x}$，则称数 λ 为方阵 $\boldsymbol{A}$ 的特征值。向量 $\boldsymbol{x}$ 是特征值 λ 对应的特征向量。矩阵最多具有 n 个不同的特征值。特征值的模的最大值称为矩阵的谱半径，记为 $\rho(\boldsymbol{A})=\max_i|\lambda_i|$。

迹 方阵$A \in \mathbb{R}^{n\times n}$的迹等于其对角线上元素值的和，即$\mathrm{Tr}(A) = \sum_{i=1}^{n} a_{ii}$。方阵的迹等于其所有特征值的和。

秩 矩阵的秩等于其线性无关列的数量。当矩阵$A \in \mathbb{R}^{n\times p}$的秩等于$n$和$p$中的最小值时，则此矩阵是满秩的。

矩阵A^k 如果图G用方阵$A \in \mathbb{R}^{n\times n}$表示，矩阵$A$的$k$次幂的元素$(A^k)_{ij}$代表顶点$i$和$j$之间长度为$k$的路径总数。一条路径中的顶点和边可以重复（也称为游走）。

向量范数 向量范数是作用于向量$x \in \mathbb{R}^n$上的函数值为正数的函数。最常用的向量范数是p范数的几种特殊形式：$\|x\|_p = \left(\sum_{i=1}^{n} |x_i|_p\right)^{\frac{1}{p}}$。$p=1$、2和$\infty$分别对应到几种广泛应用的范数：曼哈顿范数或$l_1$范数，欧几里得范数或$l_2$范数，以及无穷大范数或最大范数$\|x\|_\infty = \max_i |x_i|$。$l_0$范数代表向量中非零元个数。虽然它不是一个度量上比较精细的范数，但经常用于解决与图相关的问题，因为它的形式在数学上非常容易处理。

矩阵范数 矩阵范数是向量范数的扩展。最常见的矩阵范数之一是Frobenius范数。矩阵$A \in \mathbb{R}^{n\times p}$的Frobenius范数定义为$\|A\|_F = \sqrt{\mathrm{Tr}(A^T A)} = \sqrt{\sum_{j=1}^{n}\sum_{j=1}^{p} |a_{ij}|^2}$。

奇异值分解（SVD） SVD是任意矩阵$A \in \mathbb{R}^{n\times p}$的一种分解形式，它是特征分解更一般的形式——特征分解只能用于方阵。矩阵A的SVD形式为$A = U\Sigma V^T$，其中U是具有左奇异向量的$n\times n$维正交矩阵，V是具有右奇异向量的$p\times p$维正交矩阵，Σ是对角线元素为非负实数的$n\times p$维对角矩阵。矩阵A的奇异值等于方阵$A^T A$(或AA^T)的非零特征值的二次方根。

SVD常常用于获得矩阵的k秩近似，以显著加速图算法。矩阵的k秩近似为$\hat{A} = U\hat{\Sigma}V^T$，其中$\hat{\Sigma}$在对角线上仅保留前$k$大奇异值，其他值都设置为0。

精确SVD分解的时间复杂度为$O(\min\{n^2 p, np^2\})$，对于方阵，时间复杂度为$O(n^3)$。随机化方法只计算前k个奇异值作为奇异值分解的一个良好近似，从而极大提高计算速度。

幂法 幂法或幂迭代可有效地找到矩阵特征值，而无须进行耗时的矩阵分解。尤其是对于实际的图，其对应的矩阵是稀疏的（矩阵中仅有少数元素的值非零）。幂法的核心思想是依据稀疏矩阵和向量的乘积，进行快速迭代计算。例如对于随机的非零向量x和矩阵A，利用幂法可以迭代地计算出Ax、A^2x、A^3x等。本书第3章使用幂法的思想，有效地求解矩阵的逆，但没有给出矩阵特征值计算的细节。

1.3.4 图的主要特性

可以用各种不变量或特征描述一个图及其顶点。本节将介绍在全书中都会用到的几个重要特性。

度 图中一个顶点v的度［记为$d(v)$］是此顶点关联的边的总数，也就是顶点的邻居数量。对于一个无权图，其对应的邻接矩阵为$n\times n$维的二值矩阵，每一个顶点的度为$d(i) = \sum_{j=1}^{n} a_{ij}$。在有向图中，一个顶点的**入度**为连入边的数量，**出度**为连出边的数量。图中顶点的度通常用一个对角矩阵D压缩表示，其中$d_{ii} = d(i)$。图中顶点度的概率分布称为**度分布**。

PageRank 顶点v的PageRank值描述的是一个顶点相对于其他顶点的重要性分值。分值仅仅依赖于图的结构。PageRank是谷歌搜索引擎用于对搜索结果页面进行排序的算法[35]。

测地线距离 两个顶点 v 和 u 之间的测地线距离是它们之间的最短路径长度，也称为**跳数或距离**。

顶点离心率或半径 顶点 v 的离心率或半径是图中顶点 v 和其他顶点之间的最长测地线距离。直观地，一个顶点的离心率反映了此顶点与图中其他顶点的最远距离。

图直径 图直径是指图中顶点离心率的最大值。所有顶点中最小的离心率值称为图的**半径**。在图 1.6d 中，链式结构的直径为 3，半径为 2。

连通分支 在无向图中，连通分支是指图的一个子图，子图中任意顶点可以到达子图中其他任何顶点（任意两个顶点都存在一条路径把它们连接起来），而与子图外的其他顶点都不相连。一个没有任何邻居的顶点自身构成一个连通分支。图中连通分支的数量是其拉普拉斯矩阵 0 特征值的重数。直观地看，在合作者网络中，一个连通分支对应于一起发表论文的研究者群体，不同的连通分支可能代表从来没在一起发表论文，分属于不同领域的研究团体。

三角结构参与度 顶点的三角结构参与度是指顶点参与不同三角形的数量[⊖]。三角结构已经用于垃圾邮件检测、链路预测、社交网络和合作网络中的推荐及其他实际应用问题。

特征向量和特征值 图 G 的特征值（特征向量）定义为图对应的邻接矩阵 $\boldsymbol{A}$ 的特征值（特征向量）。特征值用于描述图的拓扑和连通性（如二分图、完全图），经常用于统计图中不同子图结构的数量（如生成树）。无向图（具有对称的邻接矩阵）的特征值是实数。主特征向量反映了图中顶点的中心性，这个和谷歌公司的 PageRank 算法相关。次小特征向量用于基于谱聚类的图分割场景。

1.4 常用符号

本节将给出本书最常用的符号以及它们的简单描述，见表 1.2。其他一些需要在个别方法和算法中描述的符号将在相应的章节给出。

表 1.2 常用符号及定义（黑斜体大写字母表示矩阵；黑斜体小写字母表示向量；普通字体表示标量）

符号	说明
$G(\mathcal{V},\mathcal{E})$	图
$\mathcal{V},n=\|\mathcal{V}\|$	图中顶点集以及顶点的数量
$\mathcal{E},m=\|\mathcal{E}\|$	图中边集以及边的数量
$G_x(\mathcal{V}_x,\mathcal{E}_x)$	群图挖掘中第 x 个图
$\mathcal{V}_x,n_x=\|\mathcal{V}_x\|$	图 G_x 中顶点集及顶点的数量
$\mathcal{E}_x,m_x=\|\mathcal{E}_x\|$	图 G_x 中边集及边的数量
$\boldsymbol{A}$	图 G 的邻接矩阵，其元素值为 $\boldsymbol{a}_{ij}\in\boldsymbol{R}$
$\boldsymbol{A}_x$	图 G_x 的邻接矩阵
$\boldsymbol{I}$	$n\times n$ 维单位矩阵
$\boldsymbol{D}$	$n\times n$ 维对角度矩阵，$d_{ii}=\sum_j \boldsymbol{a}_{ij}, d_{ij}=0, i\neq j$
$\boldsymbol{L}$	$=\boldsymbol{D}-\boldsymbol{A}$，拉普拉斯矩阵
$\boldsymbol{L}_{\text{norm}}$	$=\boldsymbol{D}^{-1/2}\boldsymbol{L}\boldsymbol{D}^{-1/2}$，归一化的拉普拉斯矩阵

⊖ 顶点的三角参与度与顶点的聚类系数很相关，后者是指一个顶点所有邻居对中存在连边的比例（可参考文献[D. J. WATTS, S. H. STROGATZ. Collective dynamics of ‘small - world’ networks [J]. Nature, 1998 (393): 440.]）。显然，一对邻居如果存在连边，则与对应顶点组成了一个三角形。——译者注

第一部分　单图挖掘

第 2 章　静态图概要抽取

一种理解图以及隐藏其中动力学过程的自然方式是用可视化的方式把图描绘出来并直接与之互动。然而，对具有数百万甚至数十亿节点和边的大规模数据集，如 Facebook 社交网络，即便使用合适的可视化软件加载这些数据也需要大量的时间。如果内存足够，可视化这样的图是可能的，但显示的结果是没有明显模式的“毛团”，因为顶点的数量远大于屏幕像素点的数量。与此同时，人们处理这些信息的能力也非常有限。如何才能有效地提取图的概要信息，简单来说，就是图中哪些部分能代表整个图？谈及图的结构时，通常都是指什么呢？图中边的分布很可能服从幂律[64]，但除此之外，这个图是随机的吗㊀？本章的核心是找到大规模图的简短概要，以更好地理解图的特征。

为什么不从文献给出的社团检测、聚类或图分割等众多算法中挑选一种算法[41,50,109,134,176]，根据它的社团结构抽取图的概要？答案是这些算法达不到极度苛刻的目标。它们检测出的众多社团不具有明显的秩序，因此利用一定规则选择最“重要”的子图仍然是必需的。此外，这些算法仅仅是返回已经发现的社团，并没有对它们的特征进行描述（如派系、星形结构）。正因为如此，这些算法无法帮助用户进一步洞察图的特性。

引入一种高效方法 VoG（基于词汇的图概要），用于大规模实际图的概要抽取和理解。特别地，所理解的图远不是那些所谓的穴居网络㊁，穴居网络中仅包括一些定义明确、结构紧密的团体，诸如图中的派系或近派系结构。

首先，使用一组丰富的“词汇”集合对图中结构进行最佳描述：派系和近派系结构（社区检测方法中的典型策略）、星形结构、链式结构、（近）二分核结构。选择这些“词汇”的原因包括：①（近）派系结构可使得本书的方法在穴居图上表现得非常好；②星形结构[139]、链式结构[206]和二分核结构[117,176]经常出现，而且在人们所知的数十个实际网络中具有语义信息（如电影演员网络 IMDB、科学家合作网络、Netflix 电影推荐网络、美国专利数据集、电话通话网络）。

其次，使用无损压缩问题中的最小描述长度（Minimum Description Length，MDL）准则[183]形式化描述目标。也就是说，使用 MDL，可将图的最优概要定义为可最精简描述图的一系列子图，即对图进行最优压缩，以帮助人们用一种简单无冗余的方式理解图的主要特

㊀ 原文所说边分布（edge distribution）是一种含混的说法，根据参考文献［64］，应该是每个节点关联的边的数目分布，也就是度分布，服从幂函数律。作者原意应当是如果不考虑度分布这个因素，换句话说用幂律分布的度序列生成一个随机网络［可参考文献 M. E. J. NEWMAN，S. H. STROGATZ，D. J. WATTS. Random graphs with arbitrary degree distributions and their applications，Physical Review E 64（2001）026118］是否就可以刻画真实网络？答案显示是否定的。——译者注

㊁ 一个穴居图通过修改一组完全连通簇的方式得到。具体地，从每一个簇中移除一条边并将它连向一个邻接簇使得这些簇形成一个单环[220]。直观上，通过增加或删除少量边，可使一个穴居图具有块对角矩阵的形式。

性。VoG 方法最大的优势在于它是无参的，在 MDL 的每一个阶段都能确定最优选择，也就是最节省空间的策略。

非形式化地讲，针对如下问题提出了一种可用于大规模网络的求解方法。

问题 2.1　图概要抽取——非形式化定义。给定一个图，找到一组可能有重叠的子图对它进行最精简地描述，也就是说，用一种适用于大规模网络的方法尽可能简单地解释图中的边，理论上该方法和边的数量呈线性关系。

2.1　概述与动机

在给出问题的形式化描述和搜索算法之前，首先应给出 VoG 的主要内容：

1）使用 MDL 理念得到一个形式化的质量函数：结构集合（如星形结构、派系结构等）构成的模型 M 的质量好坏用其描述长度 $L(G,M)$ 刻画。因此，任意一个子图或子图集合都有一个反映质量的分数。

2）给出一个可描述候选子图特性的有效算法。事实上，允许使用任意的子图发现启发式算法，使用通用的术语定义整体框架，并使用 MDL 确定候选子图的结构**类型**。

3）给定子图候选集$\mathcal{C}$，给出挖掘其中信息概要的方法并通过最小化压缩损失移除冗余。

VoG 的结果是一个按重要性排序且可能存在重叠子图的列表 M。将这些子图结合在一起即可简洁描述原图的主要连接。

在对大规模图进行可视化时，顶点和边经常显得杂乱无章，阻碍了人们在图中进行交互式的探索和信息发现，这正是 VoG 背后的动机。另外，少量简单、“重要的”结构使得可视化更容易，也有助于理解图的基本特性。下面给出 VoG 的一个示例，其中最重要的词汇子图是语义上有意义的维基百科文章（图）的概要。

示例　图 2.1 给出了针对一篇与“Liancourt - Rocks”相关的文章形成的维基百科图上的 VoG 结果；顶点是编辑者，如果编辑修改了这篇文章中的相同部分，他们之间就有一条连边。图 2.1a 给出了“spring - embedded”布局㊀得到的图[101]，图中没有呈现出清晰的模式，要理解这个图非常费劲。而图 2.1b ~ 图 2.1d 是用 VoG 描述同一个图的结果，图中对 VoG 发现的最重要的结构（节省最多位的结构）进行了突出显示，这些结构与一定的行为模式相对应：

- 星形→管理者（+破坏者）：图 2.1b 中，用红色表示最重要的星形结构的中心，进一步观察发现：这些中心对应的是管理者，他们负责还原被恶意更改的文档。
- 二分核→编辑战：图 2.1c 和图 2.1d 给出了两个最重要的近二分核。人工检查表明，这些二分核对应于一场编辑战㊁：交战双方相互还原对方的修改。为清晰起见，用红色（左）表示其中一组，指向另一组的连边用淡黄色突出显示。

㊀ 该布局是 Cytoscape 内置的布局格式。——译者注

㊁ 维基百科演化发展中表现出来的很多统计规律都来源于以编辑战为代表的贡献者之间的互动，可参考文献［Y. ZHA, T. ZHOU, C. - S. ZHOU. Unfolding large - scale online collaborative human dynamics［J］. PNAS, 2016 (113): 14627.］。——译者注

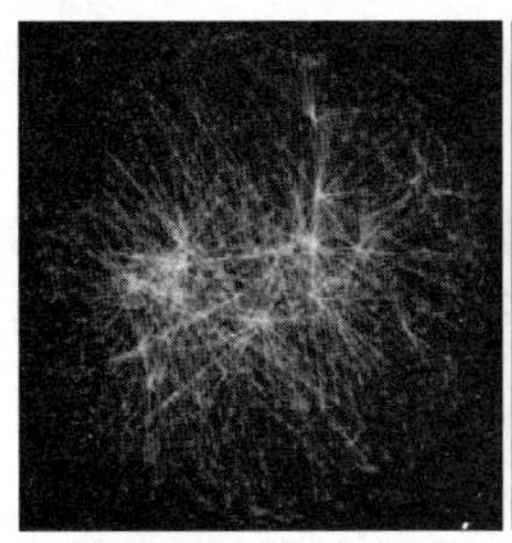

a) 应用“spring-embedded”布局描绘的原始维基百科“Liancourt-Rocks”图[107]。图中未呈现任何有意义的结构

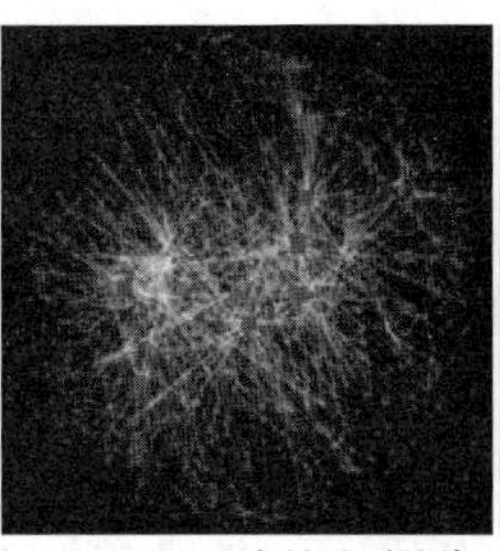

b) VoG，10个最重要的信息结构中有 8 个是星形结构（它们的中心用红色标记 —— 维基百科的编辑者、重要贡献人员等）

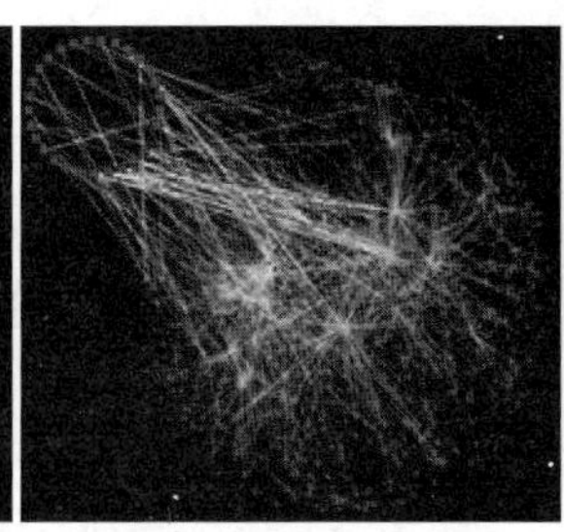

c) VoG：最重要的二分图结构——“编辑战”。交战双方（其中的一组在左上角用红色圆圈标记）相互还原对方的修改

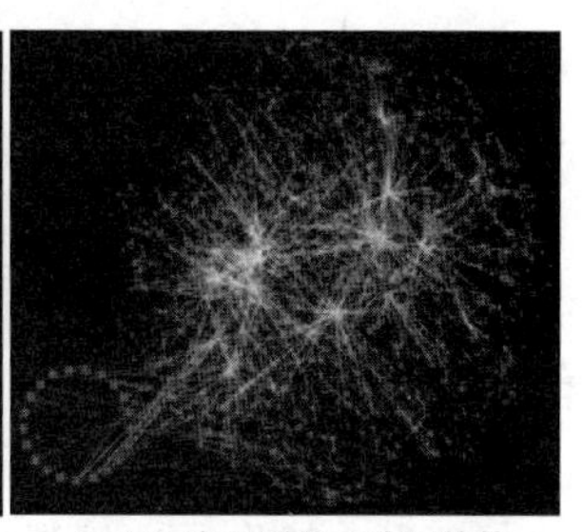

d) VoG:次重要的二分图结构，发生在恶意破坏者(左下角的红色点)和责任编辑(白色点)之间的“编辑战”

图 2.1　VoG：从维基百科“Liancourt－Rocks”图中抽取从信息论角度来看最重要的结构并加以理解，顶点代表维基百科的贡献者，连边表示关联的两个用户对文章的同一部分进行了编辑（见插页彩图）

2.2　问题描述

本节首先介绍第一个贡献，图概要抽取中 MDL 的形式化表示。为了增强可读性，表 2.1 列出了一些常用符号。

表 2.1　VoG：静态图概要抽取中用到的主要符号及说明

符号	描述
fc，nc	分别为全派系和近派系结构
fb，nb	分别为全二分核和近二分核结构
st	星形结构
ch	链式结构
Ω	结构类型的词汇表，如 $\Omega \subseteq \{fc, nc, fr, nr, fb, nb, ch, st\}$
$\mathcal{C}_x$	类型 $x \in \Omega$ 对应的所有候选结构集合
$\mathcal{C}$	所有候选结构集合，$\mathcal{C} = \cup_x \mathcal{C}_x$
M	图 G 的模型，实质上是与结构类型关联的顶点集列表
s，$t \in M$	M 中的结构
area（s）	用 s 描述的图 G 中的边
$\vert S \vert$，$\vert s \vert$	分别为集合 S 的基与集合 s 的节点数量
$\Vert s \Vert$，$\Vert s \Vert'$	用 s 描述的矩阵 $\boldsymbol{A}$ 的分块中存在的边及不存在的边的数量
$\boldsymbol{M}$	由 M 推出的邻接矩阵 $\boldsymbol{A}$ 的近似矩阵
$\boldsymbol{E}$	误差矩阵 $\boldsymbol{E} = \boldsymbol{M} \oplus \boldsymbol{A}$
$\oplus$	异或运算
$L(G,M)$	描述模型 M 及图 G 的位长度
$L(M)$	描述模型 M 的位长度
$L(s)$	描述结构 s 的位长度

通常而言，最小描述长度（MDL）准则[184]是柯尔莫洛夫复杂性[138]的一个实用版本，号称涵盖了压缩感知。MDL 可以用如下公式简单描述：给定一个模型集合$\mathcal{M}$，使

$$L(M) + L(\mathcal{D} \vert M)$$

达到最小的 $M \in \mathcal{M}$ 就是最优模型。
式中，$L(M)$ 是描述模型 M 的位长度；$L(\mathcal{D}|M)$ 是数据用模型 M 编码后的位长度。

相比于精细 MDL，这种准则称为二部分 MDL 或粗粒度 MDL，其中模型和数据一起进行编码[88]。之所以使用二部分 MDL 准则，是因为在模型中特别关心哪些连通性结构合在一起能最好地描述图。更进一步，尽管精细 MDL 准则具有较强的理论基础，但除了一些特殊情况，精细 MDL 基本不可计算[89]。

不失一般性，这里考虑顶点数为 $n=|\mathcal{V}|$，边数为 $m=|\mathcal{E}|$ 的无向无环图 $G(\mathcal{V},\mathcal{E})$。但这里的理论可以直接推广到有向图。类似地，对边的权重分布做出适当假设后，这里的理论也适用于含权图。

为利用 MDL 准则抽取图概要，需要定义模型集 $\mathcal{M}$ 是什么、如何用模型 $M \in \mathcal{M}$ 描述数据、如何对模型进行二进制编码。需要注意的是，为保证对比的公平性，MDL 要求是无损描述，并且在 MDL 中只考虑最优描述长度，而不是具体的编码字，因此不必把编码长度舍入到最近整数。

2.2.1 图概要抽取的 MDL 准则

用图结构的有序表作为模型 M。用 Ω 表示模型 M 中允许存在的图结构类型的集合，Ω 也就是可以用来描述所输入的图（或图的一部分）的子结构的**类型**集合。本章把 Ω 作为词汇表。尽管在此准则中，任何图结构类型都可以作为词汇表的一部分，但这里只选择在图挖掘领域中广为人知且易于理解的实际图[117,176,206]中最常用的 6 种结构：派系和近派系结构（fc，nc）、全二分核和近二分核结构（fb，nb）、星形结构（st）和链式结构（ch）。可简单表示为 $\Omega=\{\mathrm{fc},\mathrm{nc},\mathrm{fb},\mathrm{nb},\mathrm{ch},\mathrm{st}\}$。当前，已经对研究目标做了形式化，接下来将针对这些类型进行形式化描述。

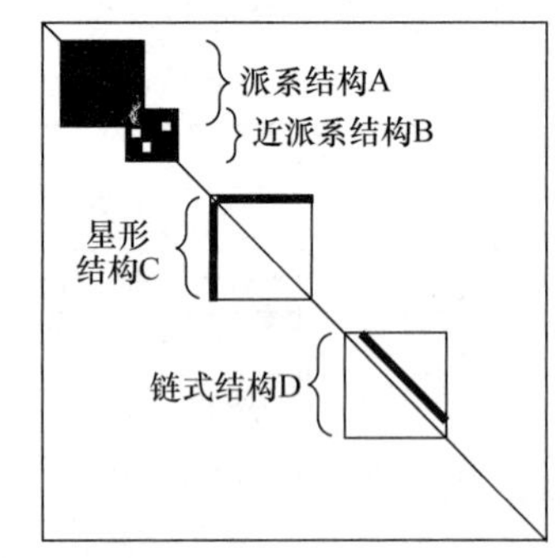

图 2.2　利用邻接矩阵示意图对主要思想进行说明：VoG 能识别那些形成词汇子图（派系结构、星形结构、链式结构等）的重叠节点集。VoG 允许节点软聚类（允许重叠的聚类）的存在，如图中的派系结构 A 和近派系结构 B。星形结构看起来像一个反转的 L 形（如星形结构 C）。链式结构看起来是和主对角线平行的线段（如链式结构 D）

每一个结构 $s \in M$ 确定了邻接矩阵 $\boldsymbol{A}$ 中的一块，同时结构 s 也描述了它是如何连接的（见图 2.2）㊀。形式化地将这个块结构 s 所描述的边集 $(i,j) \in \boldsymbol{A}$ 称为 $\mathrm{area}(s,M,\boldsymbol{A})$㊁，在保持上下文清晰的情况下，省略 M 和 $\boldsymbol{A}$。

我们允许结构之间重叠（这是在混合隶属度随机块模型中的一个常用假设[4,107]）㊂：节点可能属于一个或多个结构，比如派系就可以重叠。然而边遵从先来先服务的原则：对于任意一条边 (i,j)，第一个描述它的结

㊀ 这里的 s 是 Ω 中特定结构类型对应的具体的结构子图；一个结构类型在一个具体的图中可对应多个结构子图，s 是被选入模型 M 中的其中一个。——译者注

㊁ area（s，M，$\boldsymbol{A}$）指存在于模型 M 中的结构子图 s 所对应的边集合。注意，这里的边集合可能包含原始矩阵 $\boldsymbol{A}$ 中不存在的连边。——译者注

㊂ 这方面更具代表性和开创性的文献请见［G. PALLA，I. DERÉNYI，I. FARKAS，T. VICSEK. Uncovering the overlapping community structure of complex networks in nature and society［J］. Nature，2005（435）：814.］。——译者注

构 $s \in M$ 描述的边确定了它在矩阵 $\boldsymbol{A}$ 中的值。在重叠的数量上，不会强加限制条件，MDL 会根据结构可解释的边的数量来决定是否将特定结构加入模型。

假设$\mathcal{C}_x$ 是对应于类型 $x \in \Omega$ 的最多具有 n 个节点的子图集合，$\mathcal{C}$是所有集合的并集，即 $\mathcal{C} = \cup_x \mathcal{C}_x$。例如$\mathcal{C}_{fc}$是所有可能的派系结构集合。模型簇$\mathcal{M}$中包含了$\mathcal{C}$中所有可能子集结构的所有可能排列——模型 M 是图结构的有序列表。通过 MDL，针对想要的模型 $M \in \mathcal{M}$，选取可以在 $\boldsymbol{A}$ 和 M 的编码复杂度上取得最好折中的那一个。

通常采用下述方法传输一个邻接矩阵。首先确定传输模型 M，然后对给定的模型 M 构造原始邻接矩阵的近似矩阵 $\boldsymbol{M}$，此矩阵由模型 M 中的结构定义；简单地迭代考察每一个结构 $s \in M$，相应地，将每个 area(s)的连通性填入 $\boldsymbol{M}$ 中。由于 M 是一个概要信息，不太可能出现 $\boldsymbol{M} = \boldsymbol{A}$ 的情况。为了公平比较不同模型，MDL 要求编码都是无损的。因此除了 M，还需要传输误差矩阵 $\boldsymbol{E}$，对矩阵 $\boldsymbol{A}$ 相应的误差进行编码。利用 $\boldsymbol{M}$ 和 $\boldsymbol{A}$ 之间的异或运算获得误差矩阵 $\boldsymbol{E}$，即 $\boldsymbol{E} = \boldsymbol{M} \oplus \boldsymbol{A}$。一旦知道 M 和 $\boldsymbol{E}$，完整的邻接矩阵 $\boldsymbol{A}$ 就可以无损地构造出来。

根据这种思想，可以得到

$$L(G, M) = L(M) + L(\boldsymbol{E})$$

式中，$L(M)$和 $L(\boldsymbol{E})$分别是描述结构和误差矩阵 $\boldsymbol{E}$ 的位长度。

在 2.2 节中已提到，$L(\boldsymbol{E})$可以映射到 $L(\mathcal{D} \mid M)$，它对应于用 M 中的信息对描述数据进行编码的位长度。本书需要解决的问题可形式化定义如下：

问题 2.2　最小图描述问题　给定邻接矩阵为 $\boldsymbol{A}$ 的图 G，以及图的结构词汇表 Ω，依据 MDL 准则，最小模型 M 就是使得总的编码长度达到最小的模型，即

$$\min L(G, M) = \min\{L(\boldsymbol{M}) + L(\boldsymbol{E})\}$$

式中，$\boldsymbol{E} = \boldsymbol{M} \oplus \boldsymbol{A}$ 是误差矩阵；$\boldsymbol{M}$ 是由 M 导出的邻接矩阵 $\boldsymbol{A}$ 的近似。

下面，将给出模型和误差矩阵编码的形式化描述。

2.2.2　模型编码

对于模型 $M \in \mathcal{M}$，其编码长度为

$$L(M) = \underbrace{L_{\boldsymbol{N}}(|M| + 1) + \log\binom{|M| + |\Omega| - 1}{|\Omega| - 1}}_{\text{结构的总数量及每一类结构的数量}} + \underbrace{\sum_{s \in M}(-\log \Pr(x(s) \mid M) + L(s))}_{\text{每个结构,包括次序、类型和详情}}$$

首先用$L_{\boldsymbol{N}}$传输模型中的结构个数，即对大于等于 1 的整数进行 MDL 最优编码[184]。接下来，通过弱组合索引，对模型 M 中每类 $x \in \Omega$ 对应的结构数量进行优化编码。之后，对每个结构 $s \in M$，用最优前缀码[52]对其类型 $x(s)$进行编码。最后是对结构本身进行编码。

为了计算模型的编码长度，需要对词汇表中的每一种结构类型定义 $L(s)$。

派系

为了对全派系（完全连通的节点集合）进行编码，首先需要对节点数量进行编码，然后编码节点 ID：

$$L(\text{fc}) = \underbrace{L_N(|\text{fc}|)}_{\text{节点数量}} + \underbrace{\log\binom{n}{|\text{fc}|}}_{\text{节点ID}}$$

还是用$L_{\boldsymbol{N}}$传输节点的数量，用 n 个节点中选择 $|\text{fc}|$ 个节点的所有可能方法数对节点 ID 进

行编码。由于是用 M 产生的图，所以不要求 fc 一定是图 G 中的全派系。如果只有少数边缺失，仍然可以方便地对它进行描述。但是对每一条缺失的边，应增加到传输矩阵 $\boldsymbol{E}$ 的代价中。

低密度或近派系的编码和全派系一样有趣，可编码为

$$L(\mathrm{nc}) = \underbrace{L_{\mathbb{N}}(|\mathrm{nc}|)}_{\text{节点数量}} + \underbrace{\log\binom{n}{|\mathrm{nc}|}}_{\text{节点ID}} + \underbrace{\log(|\mathrm{area}(\mathrm{nc})|)}_{\text{边的数量}} + \underbrace{\|\mathrm{nc}\| l_1 + \|\mathrm{nc}\|' l_0}_{\text{边}}$$

首先，采用前述方法对节点数量和 ID 进行编码，然后确定出现的边和未出现的边，并采用最优前缀码进行编码。这里分别用 $\|\mathrm{nc}\|$ 和 $\|\mathrm{nc}\|'$ 表示 area(nc) 存在的边及缺失边的数量。$l_1 = -\log((\|\mathrm{nc}\|/(\|\mathrm{nc}\| + \|\mathrm{nc}\|')))$、$l_0 = -\log((\|\mathrm{nc}\|'/(\|\mathrm{nc}\| + \|\mathrm{nc}\|')))$[㊀] 分别是存在的边和缺失的边的最优前缀码长度。直观而言，近派系越稠密（稀疏），边的编码代价越低（越高）。需要注意的是，这种编码是确定性的，没有任何边加入到 $\boldsymbol{E}$ 中[㊁]。

二分核

二分核定义为两个非空不相交的节点集 A 和 B，其中所有边仅仅出现在集合 A 和 B 之间，集合内部没有任何连边。

对于全二分核 fb，其编码长度为

$$L(\mathrm{fb}) = \underbrace{L_{\mathbb{N}}(|A|) + L_{\mathbb{N}}(|B|)}_{A\text{和}B\text{的基}} + \underbrace{\log\binom{n}{|A|}}_{A\text{中的节点ID}} + \underbrace{\log\binom{n-|A|}{|B|}}_{B\text{中的节点ID}}$$

首先对 A 和 B 的大小进行编码，然后是对它们的节点 ID 进行编码。

与派系类似，也可以考虑近二分核 nb 的情况，其中核不是全连通的。近二分核可以编码为

$$L(\mathrm{nb}) = \underbrace{L_{\mathbb{N}}(|A|) + L_{\mathbb{N}}(|B|)}_{A\text{和}B\text{的基}} + \underbrace{\log\binom{n}{|A|}}_{A\text{中的节点ID}} + \underbrace{\log\binom{n-|A|}{|B|}}_{B\text{中的节点ID}} + \underbrace{\log(|\mathrm{area}(\mathrm{nb})|)}_{\text{边的数量}} + \underbrace{\|\mathrm{nb}\| l_1 + \|\mathrm{nb}\|' l_0}_{\text{边}}$$

星形结构

星形结构是二分核的一种特殊情况，集合 A 中唯一的一个节点（枢纽节点），和集合 B 中的节点（外围节点）相连，集合 B 中的节点个数至少包含两个。对于给定的星形结构 st，其编码长度 $L(\mathrm{st})$ 为

$$L(\mathrm{st}) = \underbrace{L_{\mathbb{N}}(|\mathrm{st}|-1)}_{\text{边缘节点的数量}} + \underbrace{\log n}_{\text{枢纽节点ID}} + \underbrace{\log\binom{n-1}{|\mathrm{st}|-1}}_{\text{边缘节点ID}}$$

式中，$|\mathrm{st}| - 1$ 是星形结构中外围节点的数量。

为了确定节点成员，首先应从 n 个节点中确定出枢纽节点，然后从剩下的节点中确定外围节点。

链式结构

链式结构是一个节点列表，其中每一个节点和下一个节点都有一条连边，也就是说，在

㊀ l_0 的公式是为了方便读者理解由译者给出。——译者注

㊁ 也就是说，对于一个很接近全派系的结构，既可以采用全派系编码，然后把缺失边的信息加入误差矩阵 $\boldsymbol{E}$，也可以直接用近派系的方法进行准确编码。前者编码长度更小，但是传输误差矩阵 $\boldsymbol{E}$ 会增加代价。具体采用何种方法，要比较哪一个总代价更小。——译者注

节点的顺时针排列中，$\boldsymbol{A}$ 只有超对角线（对角线上方）上的元素值才非零。因此对于链式结构 ch，其编码长度 $L(\mathrm{ch})$ 为

$$L(\mathrm{ch}) = \underbrace{L_{\boldsymbol{N}}(|\mathrm{ch}|-1)}_{\text{链中节点的数量}} + \underbrace{\sum_{i=0}^{|\mathrm{ch}|-1} \log(n-i)}_{\text{按链排序的节点ID}}$$

其中，首先对链式结构中的节点数量进行编码，然后依次对节点 ID 进行编码。需要注意的是，$\sum_{i=0}^{|\mathrm{ch}|-1} \log(n-i) \leqslant |\mathrm{ch}| \log n$ 。

2.2.3　误差编码

由于 $\boldsymbol{M}$ 是 $\boldsymbol{A}$ 的近似，下面将讨论如何对此种近似造成的误差进行编码。这些误差信息主要存储在误差矩阵 $\boldsymbol{E}$ 中。对误差编码有许多不同的方法——其中看似非常吸引人的一种方法是简单地识别所有节点对。然而值得注意的是，越有效的编码方法，发现的虚假“结构”会越少。

因此，利用参考文献［152］中给出的方法，将 $\boldsymbol{E}$ 编码成两部分：$\boldsymbol{E}^+$ 和 $\boldsymbol{E}^-$。前者对应于 $\boldsymbol{A}$ 中能用模型 M 描述的块，其中 $\boldsymbol{M}$ 包含了冗余的边。类似地，$\boldsymbol{E}^-$ 包含了 $\boldsymbol{A}$ 中不能用模型 M 描述的部分，其中包含了 $\boldsymbol{M}$ 中丢失的边。由于它们具有不同的误差分布，对这两部分分别编码。需要注意的是，既然知道近派系和近二分核能够进行准确编码，在 $\boldsymbol{E}^+$ 中不考虑这部分。类似于在近派系中的编码，对 $\boldsymbol{E}^+$ 和 $\boldsymbol{E}^-$ 中的边进行编码：

$$L(\boldsymbol{E}^+) = \log(|\boldsymbol{E}^+|) + \|\boldsymbol{E}^+\| l_1 + \|\boldsymbol{E}^+\|' l_0$$

$$L(\boldsymbol{E}^-) = \underbrace{\log(|\boldsymbol{E}^-|)}_{\text{边的数量}} + \underbrace{\|\boldsymbol{E}^-\| l_1 + \|\boldsymbol{E}^-\|' l_0}_{\text{边}}$$

也就是说，首先对 $\boldsymbol{E}^+$ 中 1 的数量进行编码（$\boldsymbol{E}^-$ 同样处理），然后使用长度为 l_1 和 l_0 的最优前缀码发送 1、0 串。前缀码能方便、有效地计算算法的局部增益估计，而不需要牺牲太多的编码效率（通常而言小于 1 位）。因此，通常在二项式上选择使用前缀码。

搜索空间大小　显然，对于具有 n 个节点的图，为解决最小图描述问题，需要的搜索空间 $\mathcal{M}$ 是非常巨大的，这是因为搜索空间包含了 $\mathcal{C}$ 中所有可能结构的全部可能排列，这些结构对应于词汇表 Ω 中的类型。但是，这其中没有展示出有利于进行有效搜索的简单结构，如（弱）（反）单调性。进一步地，Miettinen 和 Vreeken[153] 的研究表明，在有向图中仅对全派系进行 MDL 最优建模是 NP－难的。因此，必须依赖启发式算法。

2.3　VoG：基于词汇表的图概要抽取

当前拥有基于结构类型词汇表的图编码库 Ω。接下来将关注另外两个关键要素：寻找好的候选结构（即实例集 $\mathcal{C}$）和挖掘图概要信息（即寻找最好的模型 M）。相应的算法示意如图 2.3 所示。VoG 的算法伪代码如算法 2.1 所示，算法代码可通过 https：//github. com/GemsLab/VoG_Graph_Summarization. git 获取。

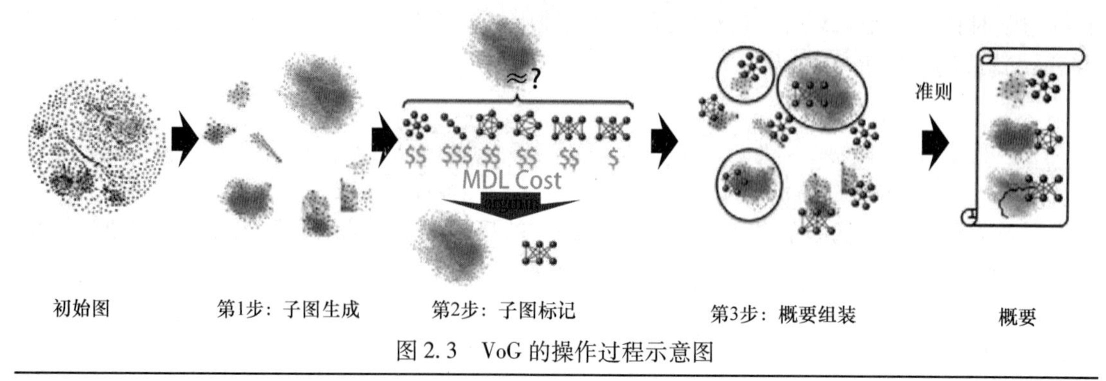

图 2.3　VoG 的操作过程示意图

算法 2.1　VoG

输入：图 G

输出：图概要 M 以及它的编码代价

1）第 1 步：子图生成。使用一个或多个图分解方法生成可能有重叠的候选子图。

2）第 2 步：子图标记。基于 MDL 刻画每一个子图类型 $x \in \Omega$，识别出具有最小局部编码代价的类型 x，从而构造候选集$\mathcal{C}$。

3）第 3 步：概要组装。使用启发式方法 PLAIN、TOP - 10、TOP - 100 和 GREEDY'NFORGET（见 2.3.3 节），从候选结构中选择一个没有冗余的子集实例化图模型 M。然后挑选具有最小模型描述长度的启发式方法

2.3.1　子图生成

聚类或社团检测算法的任意组合都可将图分解为子图，这些子图可以相交。这些技术包括但不限于交叉关联[41]、Subdue[50]、SLASHBURN[139]、Eigenspokes[176]，以及 METIS[109]。

2.3.2　子图标记

从前一步发现的类或社团中取出一个子图，搜索能最好描述它的结构类型 $x \in \Omega$，此描述可能没有误差，也可能存在一定的误差（如完美的派系或有少量边缺失的派系，这部分缺失的边以编码误差呈现）。一个子图用具有最优 MDL 的近似结构进行标记。为此，将用每个候选结构对子图进行编码，然后选择编码代价最低的一种结构。

针对一个图，假设图模型 m^* 只用 Ω 中的一种类型对应的结构（如派系）编码了其中一个子图，剩下的边包含在误差矩阵中。为了高效起见，不必用全局代价 $L(G,m^*)$ 作为每一个子图的编码代价，而是估计一个局部的编码代价 $L(m^*)+L(\boldsymbol{E}_{m^*}^{+})+L(\boldsymbol{E}_{m^*}^{-})$ 作为代替，其中$\boldsymbol{E}_{m^*}^{+}$和$\boldsymbol{E}_{m^*}^{-}$分别是不正确建模编码和未进行建模边的编码（见 2.2 节）[⊖]。这一步的挑战问题是，在 MDL 表达中有效地识别子图中每一个节点的角色（如星形结构中的中心点/外围点、近二分核中集合 A 或集合 B 的成员、链式结构中节点的顺序）。下面将对每一种结构进行详细描述。

- **派系**：这种表达方式比较直接，因为结构中所有节点的角色都一样。所有节点都是

⊖ 注意，全局编码代价指用图模型 m^* 对整个图 G 进行编码所消耗的代价；局部编码代价是指用 m^* 编码对应子图时花费的代价。——译者注

派系或近派系中的成员。对于全派系，为了估计局部编码代价 $L(\mathrm{fc})+L(\boldsymbol{E}_{\mathrm{fc}}^{+})$，将缺失的边保存在局部误差矩阵 $\boldsymbol{E}_{\mathrm{fc}}$ 中。对于近派系，忽略 $\boldsymbol{E}_{\mathrm{nc}}$，因此编码代价为 $L(\mathrm{nc})$㊀。

- **星形结构**：将一个给定的子图表示为一个近似星形图同样比较直观。找到具有最大度的节点（如果有多个，随机选一个），并将它设置为星形结构的中心点，而剩下的节点为外围节点。多余的或丢失的边存储在局部误差矩阵 $\boldsymbol{E}_{\mathrm{st}}$ 中。这种编码方式的 MDL 代价为 $L(\mathrm{st})+L(\boldsymbol{E}_{\mathrm{st}}^{+})+L(\boldsymbol{E}_{\mathrm{st}}^{-})$。
- **二分核**：对这种情形，确定每一个节点的角色问题是查找最大二分图的问题，它是人们熟知的最大割问题，这是一个 NP－难问题。为满足可扩展的图概要抽取算法的需求，不得不采取近似算法，特别地，寻求最大二分图的近似可归约为一个半监督分类问题。考虑分别对应于二分图中节点集 A 和 B 的两个类，先验知识是具有最大度的节点属于节点集 A，其邻居节点属于节点集 B。为了传播这些类/标签，采用具有异质假设（相连的节点属于不同的类）的快速信念传播算法（参见第 3 章中的 FaBP 以及参考文献 [125]）。在近二分核中，不考虑 $L(\boldsymbol{E}_{\mathrm{nb}}^{+})$㊁。
- **链式结构**：将子图表示为一个链式结构可简化为寻找最长路径的过程，这也是一个 NP－难问题，因此采用如下的启发式方法。首先在子图中随机挑选一个点，然后使用 BFS 找出距离此点最远的节点作为临时起点。从新的临时起点出发，再次使用 BFS，找到距离临时起点最远的节点（临时的终止点）。通过这种局部搜索对该链进行扩展。具体而言，从子图中移除属于链中的节点（当前链的两端节点除外）。然后从两个端点出发，再次使用 BFS 方法对链进行扩展。如果在这个过程中发现了新的节点，则将它们加入当前的链（该过程使得得到链是一个具有少量回路的近似链）。子图中没有包括在这条链中的节点编码为误差 $\boldsymbol{E}_{\mathrm{ch}}$。

将子图都表达为类型 x 对应的词汇结构后，使用 MDL 算法选择具有最小（局部）编码代价的表达，并将相应结构加入候选集 $\mathcal{C}$。最后将候选结构和它的编码收益联系：最小代价结构类型对子图进行编码节省位空间，但并没有丢弃无法建模的边，而是将它们放入误差矩阵。

2.3.3 概要组装

对给定的候选结构集 $\mathcal{C}$，如何有效地导出最好的图概要模型 M？精准的选择算法需要考虑候选结构所有可能的有序组合，然后选择代价最小的一个，这种方法将产生组合爆炸，不适合于复杂的候选集。因此，需要设计启发式算法以快速给出描述问题的近似解。为了减少所有可能排列的搜索空间，为每一个候选结构添加一个质量测度，并按降序排列。这里的测

㊀ 确定近派系作为候选结构时，已经识别并编码了子图中存在的边和不存在的边。因此不会出现错误编码的边和没有编码到的边，所以是精确编码。注意这里编码的节点是子图的所有节点。而对于全派系由于输入的子图不能保证是全派系，因此会存在错误编码的边，但不存在没有编码到的边，所以全派系局部编码的代价应为 $L(\mathrm{fc})+L(\boldsymbol{E}_{\mathrm{fc}}^{+})$。——译者注

㊁ 二分核和近二分核的编码思路是先通过 FaBP 将图中的节点分成两类：二分核要保证两类节点之间全连接，同类节点内不存在连接，这就会使得编码过程中存在没有建模到的边和建模错误的边；对于近二分核也是同样的道理，在确定两类节点之间连边时根据实际子图中边是否存在来确定，不会有建模错误的边，因此不需要考虑 $L(\boldsymbol{E}_{\mathrm{nb}}^{+})$，但会存在建模不到的边，因为近二分核中同类节点不允许存在连边。——译者注

度就是子图的编码收益，正如前面所述，其收益就是将子图编码为 x 而非噪声时节省的位数。本章中的启发式方法包括：

- PLAIN：基准方法，将所有候选结构作为抽取的图概要，即 $M=\mathcal{C}$。
- TOP-K：按质量降序选择前 k 个候选结构。
- GREEDY'NFORGET（GNF）：按质量降序考察$\mathcal{C}$中的每一个候选结构，如果将它放入 M 后，图的总的编码代价没有增加，就将此结构保留在 M 中，否则将它从 M 中移除。一直执行上述过程直到$\mathcal{C}$中的所有结构都被考察一遍。与 PLAIN 和 TOP-K 相比，这种启发式方法需要更多的计算时间，但仍然可以有效地处理大规模的候选结构集。

VoG 算法运用以上启发式方法并基于 MDL 选择一个最好的图概要，也就是说，选择具有最小描述代价的概要。

2.3.4 示例

通过一个示例说明 VoG 的工作过程。将 VoG 应用到一个具有 1039 个节点，7547 条边的人工穴居网络，如图 2.4 所示。网络包含两个由星形结构分隔的派系结构。最左边和最右边的派系分别包含 42 个节点和 110 个节点；较大的星形结构包含 800 个节点，较小的星形结构包含 91 个节点。下面是 VoG 的详细处理步骤。

- **步骤 1**：分解算法的原始输出（SLASHBURN[139]），包括由星形结构、左边的派系、右边的派系对应的子图以及一些剩余节点的集合。
- **步骤 2**：通过 MDL，VoG 对这些结构的类型进行正确标注。
- **步骤 3**：借助 GREEDY'NFORGET，自动发现 4 个没有冗余的真实结构，并丢弃剩余节点集合对应的结构。

相应的模型比“空”模型㊀的位长度减少了 36%，该模型把边编码为噪声。

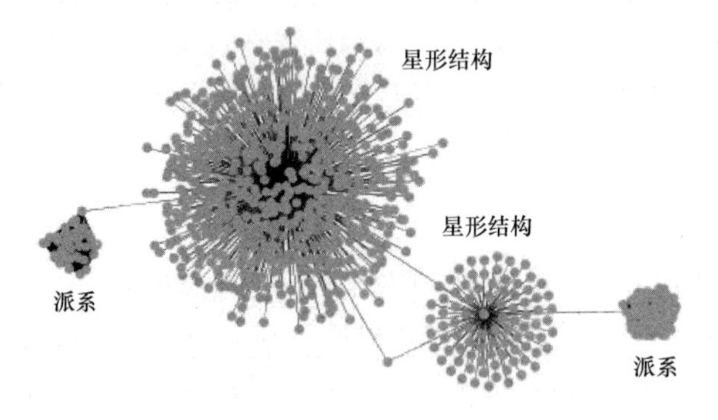

图 2.4　示例图：VoG 节省了 36% 的空间，并成功发现了图中连接在一起的两个派系和两个星形结构

2.3.5 计算复杂度

对于具有 $n=|\mathcal{V}|$个节点，$m=|\mathcal{E}|$条边的图 $G(\mathcal{V},\mathcal{E})$，VoG 的计算复杂度取决于实现它的算法的复杂度，即分解算法的复杂度、子图标注、模型的编码方案 $L(G,M)$ 以及结构选择（概要组装）的复杂度。

㊀ 这里的“空”模型是指模型 M 为空，此时编码特定图的编码长度仅依赖于编码误差 $L(\boldsymbol{E})$。——译者注

对于图分解算法，采用和真实图边数呈近似线性关系的 SlashBurn[139]。通过进一步精心设计，使 2.3.2 节中的子图标注算法的复杂度与输入图的边数呈线性关系。

当模型 M 中的结构之间没有重叠时，计算编码方案 $L(G, M)$的时间复杂度为 $O(m)$。当存在重叠时，计算复杂度要高一些：假设 s、t 是 M 中两个有重叠的结构，t 比 s 具有更高的质量，也就是说，t 在有序结构表中排在 s 的前面。揭示 s 相对于 t 而言有多“新”（$\boldsymbol{A}$ 中的面积）的代价为 $O(|M|^2)$。因此，对子图有重叠的情形，计算编码框架的时间复杂度为 $O(|M|^2+m)$。通常情况下，$|M| \ll m$，因此实际上复杂度为 $O(m)$。

对选择方法而言，提出的 Top-k 启发式方法的复杂度为 $O(k)$。启发式方法 Greedy'n Forget 的时间复杂度为 $O(|\mathcal{C}| \times o \times m)$，其中 $|\mathcal{C}|$是由 VoG 识别出的结构数量，o 是 $L(G, M)$的计算复杂度。

2.4 实证结果

本节中，将回答如下问题：

问题 1：真实的图具有结构吗，还是随机的且含有噪声？如果图具有结构，其结构能在噪声环境下检测出来吗？

问题 2：图概要中包含什么样的结构，它如何辅助人们理解？

问题 3：VoG 能否有效地推广到大规模图中？

表 2.2 展示了本章实验使用的图以及对应的相关描述。“Liancourt-Rocks”是针对一篇与“Liancourt Rocks”相关的、有争议的维基百科文章获取的协同编辑图。Chocolate 图是关于“Chocolate”文章的协同编辑图。其他数据集的描述在表 2.2 中给出。

表 2.2　VoG：实验用图的信息

名称	节点数	边数	描述
Flickr[73]	404733	2110078	朋友关系网络
WWW-Barabasi[207]	325729	1090108	nd.edu 中的万维网
Epinions[207]	75888	405740	信任图
Enron[63]	80163	288364	安然邮件图
AS-Oregon[19]	13579	37448	路由器连接图
Wikipedia-Liancourt-Rocks	1005	2123	协同编辑图
Wikipedia-Chocolate	2899	5467	协同编辑图

图分解。本书在实验中对节点重排序算法 SlashBurn 进行了修改[139]，以产生候选子图。之所以采用 SlashBurn，是因为它：①可扩展；②可以处理不具有穴居结构的图。值得注意的是，VoG 得益于直接使用其他分解算法的输出。

SlashBurn 算法通过对节点重排序使得邻接矩阵中的非零元素聚集在一起。其主要思想是通过移除真实图中的大度节点，从而产生许多规模很小的连通分支（子图）和规模小于原始图的最大连通分支。具体为循环执行如下两步：①从原始图中移除度最大的节点；②对节点进行重排序使得大度节点向前移，最大连通分支（Giant Connected Component，GCC）放在中间，其余互不连通的连通分支往后移排在后面。下一次迭代过程在最大连通分支上执行。一个好的节点重排序方法可以揭示图中的模式，以及大的空域。图 2.5 所示为维基百科的“Chocolate”图的重排序结果。

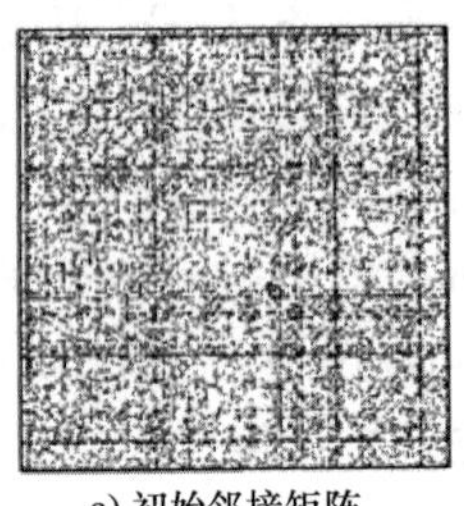

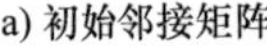

a) 初始邻接矩阵

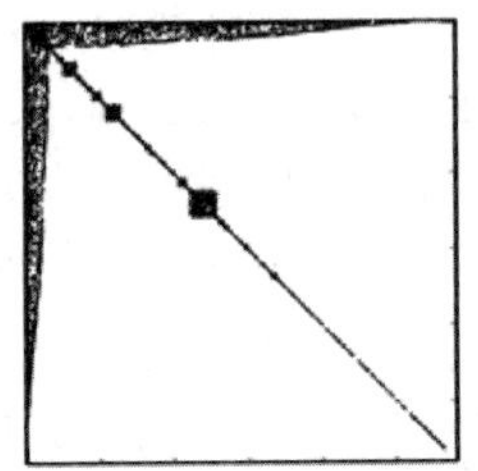

b) 重排序后的邻接矩阵

图 2.5　维基百科“Chocolate”图在节点排序前后的邻接矩阵。重排后出现大型的空域和稠密的区域，这对 VoG 中的图分解步骤具有很大帮助，且有益于候选结构的发现

本工作通过对 SLASHBURN 进行修改以便对输入的图进行分解。具体过程集中在算法的第一步，通过“燃烧”大度节点的连边移除大度节点。这一步骤可用图 2.6b 所示的示意图进行描述，其中虚线表示相应割断的边被“燃烧”。枢纽节点连同它的自我中心网络，形成第一类候选结构，该自我中心网络由枢纽节点、枢纽节点的直接邻居以及直接邻居之间的连边构成。此外，规模大于等于 2 且小于最大连通分支规模的连通分支形成其他候选结构（见图 2.6c）。下一次迭代在最大连通分支上重复执行上述过程，采用这种方式可以得到候选结构的集合。最后使用 MDL 为发现的每一个候选结构确定最优适配类型。

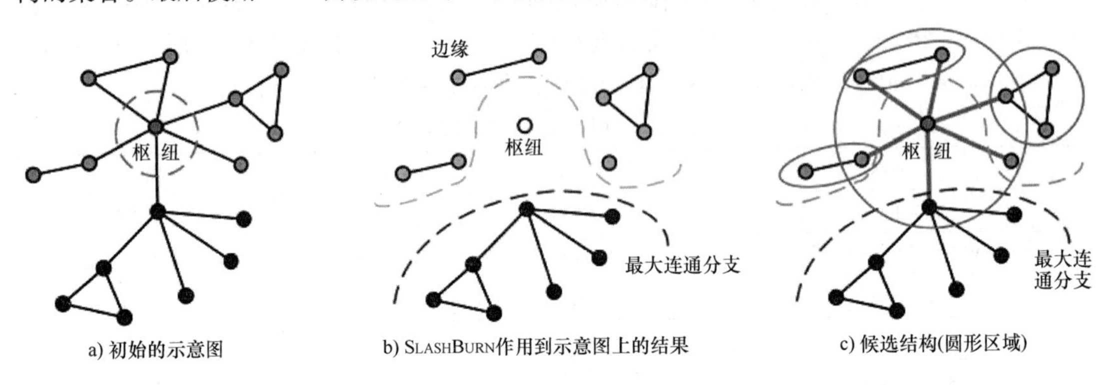

图 2.6　图分解及候选结构生成过程示意图

2.4.1　定量分析

本节将 VoG 应用到表 2.2 中的真实数据上，并对发现结构的描述代价、边覆盖率等指标进行评估。此处通过与基于空模型 M 对图的邻接矩阵进行编码的基准编码（ORIGINAL）方法比较，获取节省的编码空间作为评价指标。更进一步，基于人工数据集分析评价 VoG 在具有噪声的图中发现真实结构的能力。最后对概要词汇表的选择进行讨论，并从生成概要的编码代价方面对不同选择策略进行定量比较。

描述代价

尽管提到了概要技术的描述代价，但要注意压缩本身不是目标，而是在图理解或注意力导航中识别重要结构的手段㊀。这也是为什么不去比较 VoG 和标准的矩阵压缩技术的原因。虽然经特殊设计的算法利用统计相关性可以节省更多空间，但 VoG 的目标是采用简单易于理解的结构描述一个图。

这里比较了 3 种概要抽取方法：①ORIGINAL，对整个邻接矩阵进行编码，而不包含任何结构，也就是说，$M=\varnothing$。$\boldsymbol{A}$ 用 $L(\boldsymbol{E}^-)$ 进行编码；②SB + nc，将这里的方法抽取的所有子图（由 SLASHBURN 的变体执行算法 2.1 的第一步）均编码为近派系；③VoG，依据 3 种启发式选择策略（PLAIN、TOP - IO 和 TOP - IOO、GREEDY'NFORGET㊁）抽取概要的方法。

这里忽略那些非常小的结构。在候选集$\mathcal{C}$包含的子图中，除维基百科图的节点数量阈值设为 3，其余子图都至少包含 10 个节点。在不同启发式方法获得的概要中，选择描述长度最短的一个。

表 2.3 列出了每一种方法相对于基准方法的代价相对值，以及不能被解释的边的比例。具体如下：第一列，ORIGINAL 列出了利用空模型 M 对邻接矩阵进行编码的代价（位长度）；第二列，SB + nc 表示的是通过 SLASHBURN 方法把子图编码为近派系结构所需的相对位长度。接下来是不同的 VoG 启发式方法描述邻接矩阵所需要的相对位长度。最后四列列出了不同启发式方法对应的模型 M 中的结构所不能解释的边的比例。表中对最低的描述代价进行了加粗表示。

表 2.3　[越低越好] 基准方法和具有不同启发式概要抽取策略的 VoG 方法的定量比较。第一列的 ORIGINAL 是空模型 M 对邻接矩阵进行编码的代价（位长度），其余各列给出了描述邻接矩阵所需要的相对位长度

图	Original/bit	SB + nc (% bit)	VoG							
			压缩				无法解释的边			
			PLAIN	TOP - IO	TOP - IOO	GnF	PLAIN	TOP - IO	TOP - IOO	GnF
Flickr	35210972	92%	**81%**	99%	97%	95%	4%	72%	39%	36%
WWW - Barabasi	18546330	94%	**81%**	98%	96%	85%	3%	62%	51%	38%
Epinions	5775964	128%	82%	98%	95%	**81%**	6%	65%	46%	14%
Enron	4292729	121%	**75%**	98%	93%	**75%**	2%	77%	46%	6%
AS - Oregon	475912	126%	72%	87%	79%	**71%**	4%	59%	25%	12%
Chocolate	60310	127%	96%	96%	93%	**88%**	4%	70%	35%	27%
Lian - court - Rocks	19833	138%	98%	94%	96%	**87%**	5%	51%	12%	31%

比值越低（即描述长度越短），识别的结构越多。例如，VoG - PLAIN 相比于 ORIGINAL 只需要 81% 的空间即可描述 Flicker，而只有 4% 的边不能被解释，也就是说只有 4% 的边不能用模型 M 中的结构进行编码。

观测 2.3　真实的图的确是具有结构的；无论是具有结构选择的 VoG 方法还是不具备结构选择的 VoG 方法，都比假设图中没有结构的 ORIGINAL 方法，以及将所有子图编码为近派系的 SB + nc 方法能获得更好的压缩效果。

㊀ 高压缩比表示许多冗余部分（即模式）可以用简单的项解释（即结构）。

㊁ 通过精心设计 GREEDY'NFORGET 启发式算法以充分开发缓存，从而能够有效地计算候选集中的最佳结构。虽然这使得可搜索空间限制在少量的候选结构中（按质量降序排列）可更快地产生结构，但仍然给出了整个搜索空间中的结果。

可以发现，相比于假设没有结构的 Original 方法，SB + nc 方法通常需要更多的位空间。这是由于 SB + nc 方法发现的结构常常有重叠，从而使得有些节点被多次编码。而且对于所有抽取出的结构，近派系不是一种最优结构；如果近派系结构是最优结构，VoG - Plain（更富于表现力而且允许有更多结构，如全派系结构、二分核结构、星形结构和链式结构）将比 SB + nc 具有更高的编码代价。

与 Plain 及 Top - 100 相比，Greedy'nForget 发现的模型 M 具有更少的结构，这对于图的理解和聚焦少数结构具有重要作用，而且常常能获得更简洁的图的描述。这是因为它有能力基于已知内容识别那些携带信息的结构。换句话说，与能够解释图中还未发现部分的结构相比，和 M 中已有结构高度重叠的结构将具有更小概率被选择。

噪声条件下的结构发现

本节将评估 VoG 是否在噪声条件下具有检测图中结构的能力。从 2.3.4 节描述的穴居网络开始讨论这个问题，通过重建原始图边（$\mathcal{E}_{orig}$）中

$$\epsilon = \{0.001, 0.005, 0.01, 0.05, 0.10, 0.15, 0.2, 0.25, 0.3, 0.35\}$$

比例的边以构建噪声实例。例如在噪声水平 $\epsilon = 0.001$ 的条件下，随机选择 $0.001|\mathcal{E}_{orig}|$ 的节点对。如果一个节点对之间在原始图中已存在连边，将它从噪声实例中剔除；反之，将它加入噪声实例。为了评价这种方法检测基本结构的能力，将从原始图中构建的块作为全局真实结构，然后计算在不同噪声水平下，VoG - Greedy'nForget 的准确率和召回率。准确率[⊖]定义为

$$准确率 = \frac{抽取的相关结构的数量}{抽取的结构数量}$$

其中，如果一个结构①和真实结构有重叠，且②与重叠的真实结构具有相同或相似的（如全派系和近派系结构，全二分核和近二分核结构）连接模式，认为此结构是相关的。

召回率定义为

$$召回率 = \frac{抽取的真实结构的数量}{相关的真实结构数量}$$

其中，对于一个真实结构，VoG 至少返回一个具有相同或相似连接模式的重叠结构，就认为该真实结构被检索到了。

除了准确率和召回率外，还可以定义“含权准确率”，这定义惩罚了 VoG 中和真实结构部分重叠的结构。

$$含权准确率 = \frac{\sum 抽取的相关结构中重叠的节点数量}{抽取的结构数量}$$

其中，分子是抽取的相关结构与相应的真实结构重叠的节点数量之和。

在这里的实验中，针对每一个噪声等级 ϵ，生成原始图的 10 个噪声实例。图 2.7 给出了每一个噪声等级针对 10 个图的实例获取的平均准确率、平均召回率和平均含权准确率。其中的误差棒是对应量的标准差。除准确性指标外，图 2.8 还给出了每一个噪声等级上抽取结构的平均数量。

可以看出，在所有噪声等级上，VoG 具有高准确率和召回率（分别高于 0.85 和 0.75）。

⊖ 更多更详细的评价指标可参考文献［朱郁筱，吕琳媛．推荐系统评价指标综述［J］．电子科技大学学报，2012（41）：163 - 175.］。——译者注

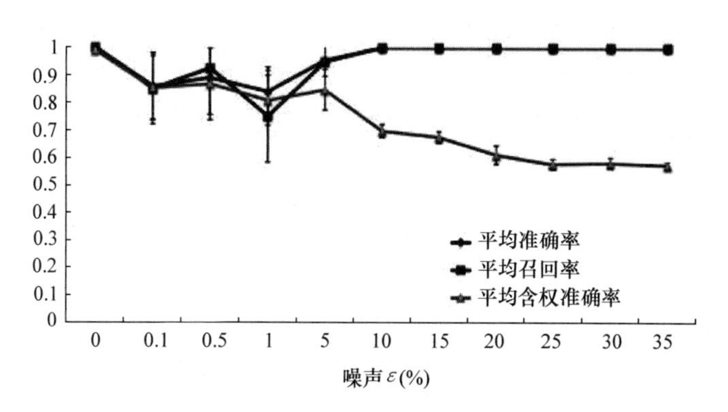

图 2.7　即便在噪声存在的情况下，VoG 依然能够发现真实结构。图中给出了在不同噪声水平下，VoG 的准确率、召回率和含权准确率

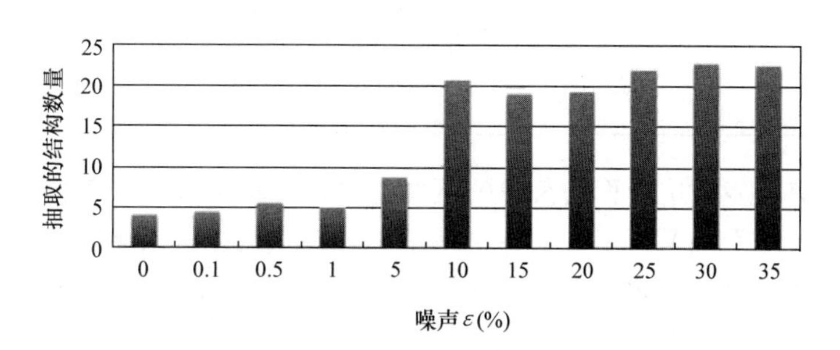

图 2.8　在有噪声时抽取的结构的数量。当噪声增加时，会形成更松散的连通分支，从而使 VoG 能够抽取更多的结构

含权准确率随噪声增加而降低，但在较低的噪声水平下（<0.05）可保持较高的准确率。

观测 2.4　即便在噪声存在的情况下，VoG 依然能够发现真实结构。

VoG 在噪声水平大于 5% 时仍然具有高的准确率和召回率，这是因为它抽取了大量的结构（约为 20）。相比而言，较低的含权准确率说明抽取的结构和真实结构（根据准确率和召回率定义，主要计数这些结构的“命中”数量）相关，但并不能完美地发现真实结构[1]，从而导致含权准确率较低。另一方面，噪声低于 5% 的地方准确率和召回率略有下降。这是因为尽管抽取的结构和真实结构的数量几乎相等，并且节点也高度重合，但它们并不总是具有相同的连接模式（例如把星形结构匹配为近二分核结构），这将导致 VoG 方法的准确率和召回率有轻微降低。

2.4.2　定性分析

本节将呈现如何使用 VoG 并对输出的图概要进行诠释。

图概要

VoG 对实际图的概要抽取效果有多好？哪些是最频繁的结构？表 2.4 给出了在不同结构选择技术下 VoG 的概要抽取效果。

[1] 抽取的结构和全局真实结构的重叠度通常小于 1。

表 2.4　用 VoG 抽取图的概要。最频繁的结构是星形结构和近二分核结构。这里给出了每一类结构的频率：“st”表示星形结构；“nb”表示近二分核结构；“fc”表示全派系结构；“fb”表示全二分核结构；“ch”表示链式结构；“nc”表示近派系结构

图	Plain						Top - 10		Top - 100				Greedy'nForget			
	st	nb	fc	fb	ch	nc	st	nb	st	nb	fb	ch	st	nb	fb	ch
Flickr	24385	3750	281	9	—	3	10	—	99	1	—	—	415	—	—	1
WWW - Barabasi	10027	1684	487	120	26	—	9	1	83	14	3	—	4177	161	328	85
Epinions	5204	528	13	—	—	—	9	1	99	1	—	—	2644	—	8	—
Enron	3171	178	3	11	—	—	9	1	99	1	—	—	1810	—	2	2
AS - Oregon	489	85	—	4	—	—	10	—	93	6	1	—	399	—	—	—
Chocolate	170	58	—	—	17	—	9	1	87	10	—	3	101	—	—	—
Liancourt - Rocks	73	21	—	1	22	—	8	2	66	17	1	16	39	—	—	—

观测 2.5　所有启发式选择算法获得的概要主要包含星形结构，其次是近二分核结构。在有些图中，如 Flickr 和 WWW - Barabasi，具有相当数量的全派系结构。

从表 2.4 还可以看出，Greedy'nForget 丢掉了不感兴趣的结构，从而简化了图概要。它有效地过滤掉了部分边对应的结构，这些边已经被模型 M 中的结构解释覆盖。

在真实图中，完美的派系结构和二分核等结构是否频繁出现呢？针对每一个结构，附加一个质量评分用以量化 VoG 发现的结构（如近二分核）和具有相同节点的“完美”结构（如具有相同节点、没有任何误差的完美二分核）的接近程度。对于结构 s，质量评分可定义为

$$\text{quality}(s)=\frac{\Omega\text{ 中无误差结构的编码代价}}{\text{发现的结构的编码代价}}$$

量化评分的值介于0～1。量化评分趋近于0 的结构显著偏离“完美”结构，而趋近于1 则表示发现的结构是完美的（如无误差的星形结构）。表 2.5 给出了在真实数据集中 VoG 所发现结构的平均质量。

表 2.5　VoG 方法发现的结构的质量。对每一种结构类型，给出了所发现结构的平均量化评分（和标准差）

图	st	nb	fc	fb	ch	nc
WWW - Barabasi	0.78 (0.25)	0.77 (0.22)	0.55 (0.17)	0.51 (0.42)	1 (0)	—
Epinions	0.66 (0.27)	0.82 (0.15)	0.50 (0.08)	—	—	—
Enron	0.62 (0.65)	0.85 (0.19)	0.53 (0.02)	1 (0)	—	—
AS - Oregon	0.65 (0.30)	0.84 (0.18)	—	1 (0)	—	—
Chocolate	0.75 (0.20)	0.89 (0.19)	—	—	1 (0)	—
Liancourt - Rocks	0.75 (0.26)	0.94 (0.14)	—	1 (0)	1 (0)	—

借助于 MDL 准则的优势，VoG 不仅能够发现精确的结构，也能发现包含一些错误边的近似结构。在研究的真实数据集中，VoG 发现的链式结构中不具有任何丢失或冗余的边，这可能是由于链具有较小的规模（对 Chocolate 和 Liancourt - Rocks，平均而言只有 4 个节

点，WWW - Barabasi 有 20 个节点）。对近二分核和星形结构，质量也很高（分别至少为 0.77 和 0.66）。最后，发现的派系的质量几乎处于中等水平，质量评分一般为 0.50 ~ 0.55。

为了对 VoG 发现的结构有一个更好的理解，图 2.9 给出了 Flickr 社交网络中最频繁结构的规模分布。

观测 2.6　星形结构和近二分核结构的规模服从幂律分布。

Flickr 中全派系结构的规模也服从幂律分布，而 WWW - Barabasi 中的全派系和二分核的分布没有任何清晰的模式。在图 2.9 和图 2.10 中，用蓝色十字叉表示 VoG - PLAIN 发现的结构的规模分布，用红色圆圈表示基于 TOP - 100 启发式策略的 VoG 发现的结构的规模分布。

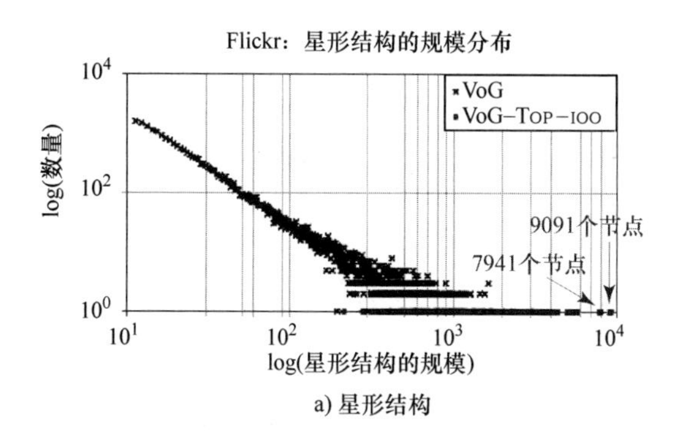

a) 星形结构

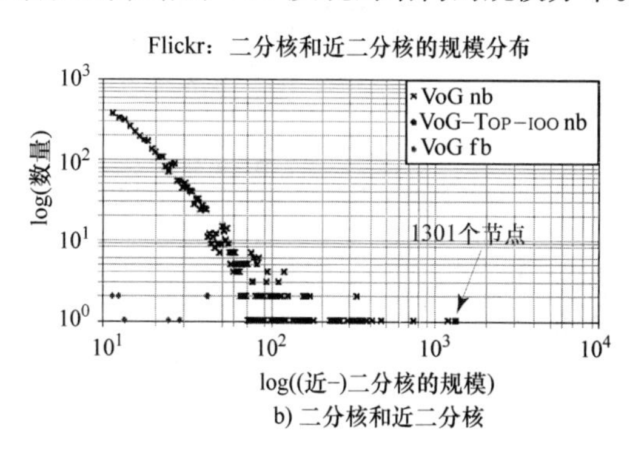

b) 二分核和近二分核

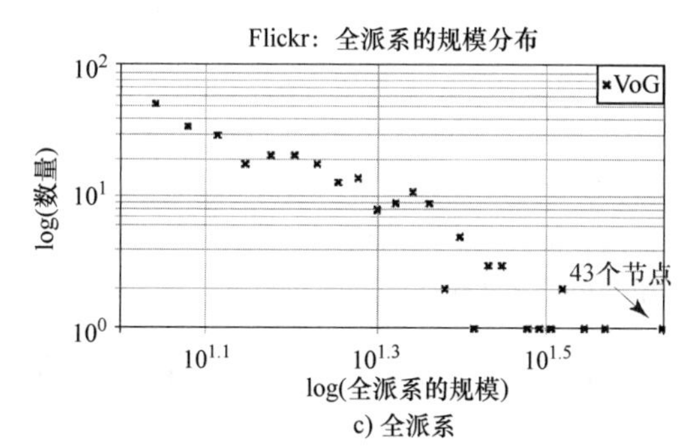

c) 全派系

图 2.9　Flickr：星形结构，近二分核和全派系结构的规模分布服从幂律分布。从信息论的角度看，VoG（蓝色十字叉）和 VoG - TOP - 100（红色圆圈）发现的结构的规模分布的信息量最多（见插页彩图）

图理解

VoG 发现的"重要"结构有什么语义？为增进理解，分析 3 个真实数据集中所发现的子图："Liancourt - Rocks"维基图、"Chocolate"维基图和"Enron"邮件图。

"Liancourt - Rocks"维基图　图 2.1 与图 2.11a 和 b 给出了"Liancourt - Rocks"的原始图和基于 VoG 可视化后的结果。VoG - TOP - 100 概要图包括了 8 个星形结构和两个近二分核结构（见表 2.4）。为了更好地展示图，将 VoG 发现的结构在 Cytoscape[㊀] 中进行可视化。在图 2.11a 中，用"spring - embedded"布局对维基百科图进行可视化，然后高亮显示由 VoG 发现的 8 个星形结构对应的中心 ID。在图 2.11b 中，输入的是 VoG 发现的最"重要"的二分核结构中其中一侧的节点列表。进一步选中这些节点，并将相应节点拖拽到左上角，

㊀ http：//www. cytoscape. org/。

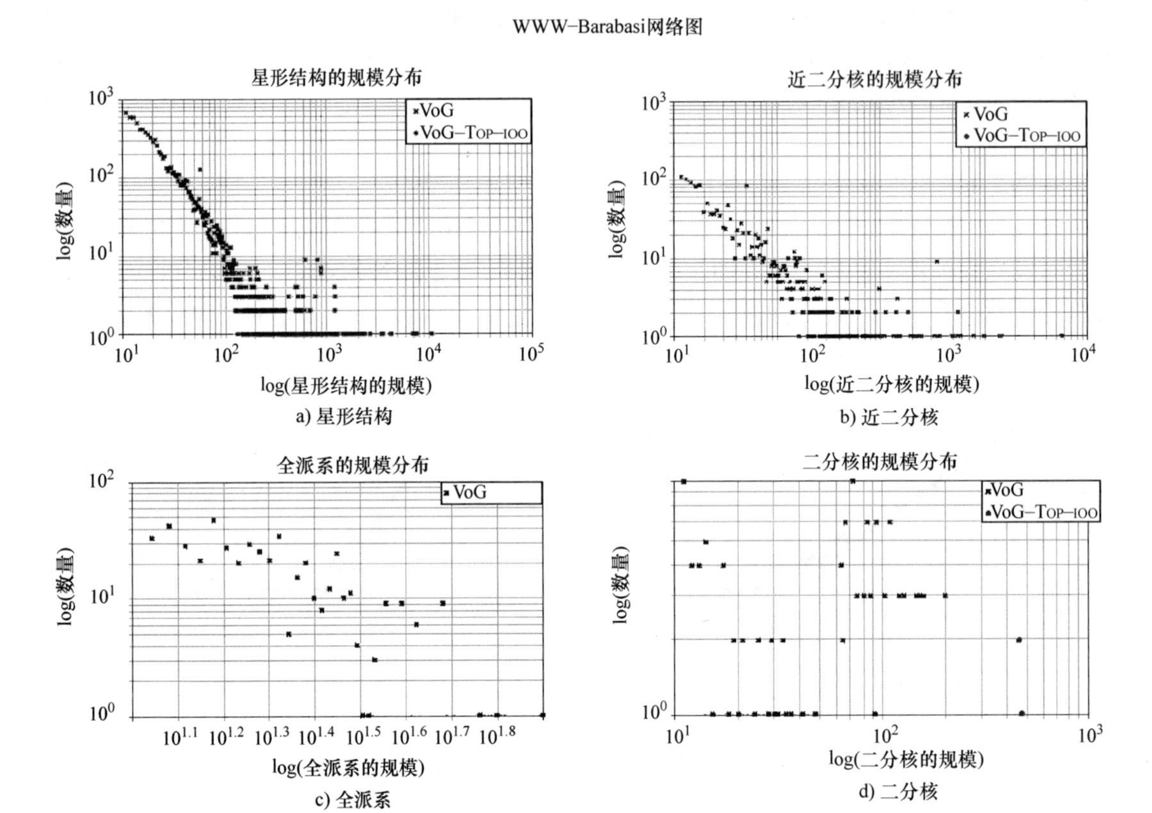

图 2.10　从 MDL 角度看，最感“兴趣”的结构（星形结构、近二分核）的规模分布在 WWW - Barabasi 网络图中都服从幂律分布。VoG 和 VoG - Top - 100 发现的结构的规模分布分别用蓝色十字叉和红色圆圈表示（见插页彩图）

然后应用“circular”布局展示这些节点。次重要二分核结构采用同样的方法进行展示，如图 2. 1d 所示。

8 个星形结构主要对应于管理者，比如“Future_Perfect_at_sunrise”，该作者对于这篇文章的多处做了小的修改，同时对一些恶意修改进行了还原。VoG 发现的最有意思的结构是近二分核结构，这些近二分核结构反映了：①两个阵营（日本和韩国）针对岛屿领土主权的冲突（日本和韩国）；②恶意篡改者和管理者或维基百科权威用户之间的“编辑战”。

在图 2. 11c 中，VoG 的编码代价设置为与选取结构相关的函数。蓝色点线对应于 Plain 编码的代价，其中结构按质量（局部编码收益）降序依次加入模型 M 中。红色实线对应于 Greedy'nForget 启发式方法的代价。如果给定的目标为采用最简明的方式构建图的概要，同时要达到低的编码代价，则 Greedy'nForget 是有效的。最后，在图 2. 12 中，考虑模型 M 中随着结构数量的增长（按质量降序），每种方法能够解释的边的数量。其中，图 2. 12a 所示为 VoG - Plain 发现的所有有序结构（≈120）的子集，而图 2. 12b 所示为 VoG - Greedy'nForget 发现的 35 个结构中的有序子集结构。从图 2. 12a 可看出，最开始的 35 个结构的斜率很陡，然后以较小的速度缓慢增长，这意味着之后新加入 M 中的结构只能解释少量边（收益递减）。另一方面，由 Greedy'nForget 发现的结构解释的边呈较高速度增长，表明 Greedy'nForget 丢弃了一些不相关的结构，这些结构所解释的边能用模型 M 中的结构进行解释。

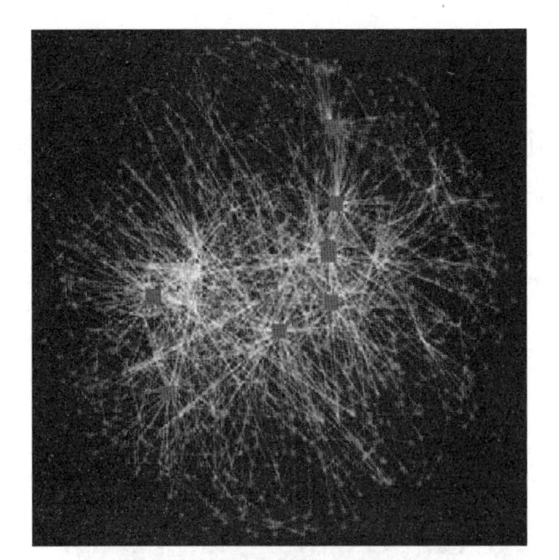

a) VoG：8个最重要的星形结构
(它们的中心标记为红色矩形)

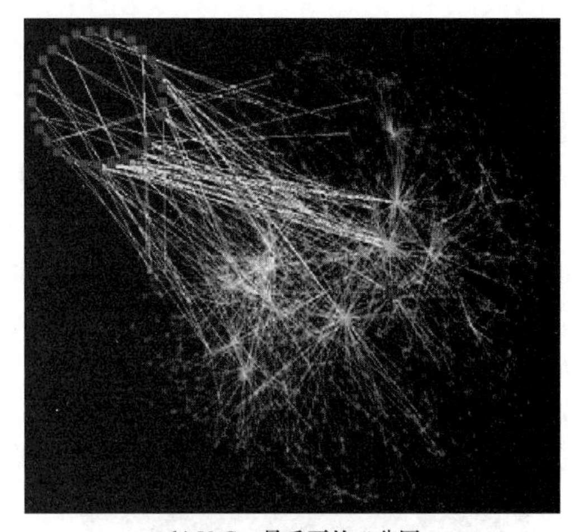

b) VoG：最重要的二分图
(节点集A用红色圆点表示)

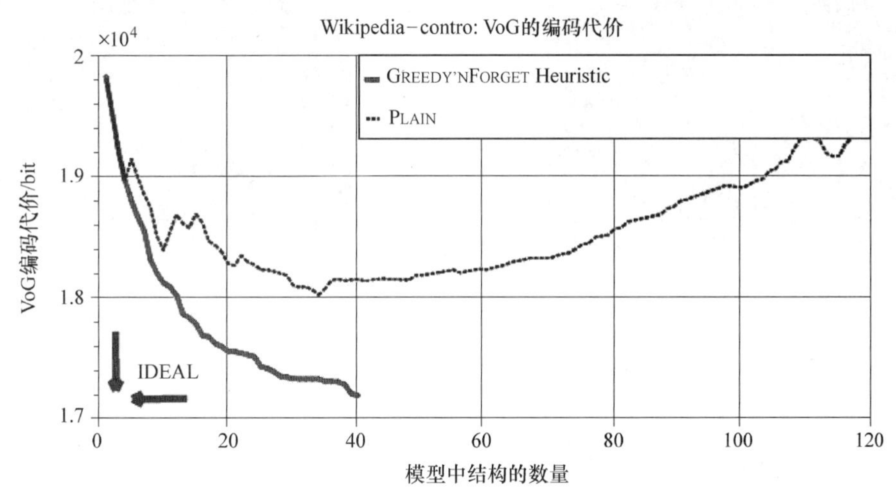

c) GREEDY'NFORGET的效率(红色)。VoG的编码代价与模型M中结构数量之间的关系

图 2.11　利用 VoG 抽取的“Liancourt - Rocks”图的概要以及启发式方法 GREEDY'NFORGET 的有效性。图 2.11c 中，和具有大约 120 个结构的 PLAIN 相比，GREEDY'NFORGET 具有更低的编码代价和更少的概要数目（这里仅选择了 40 个）（见插页彩图）

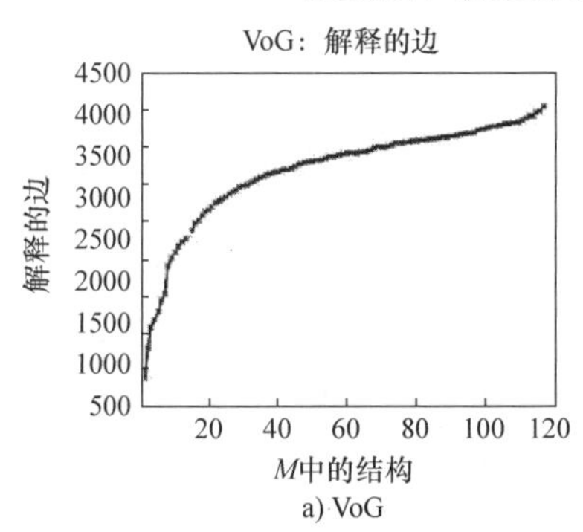

a) VoG

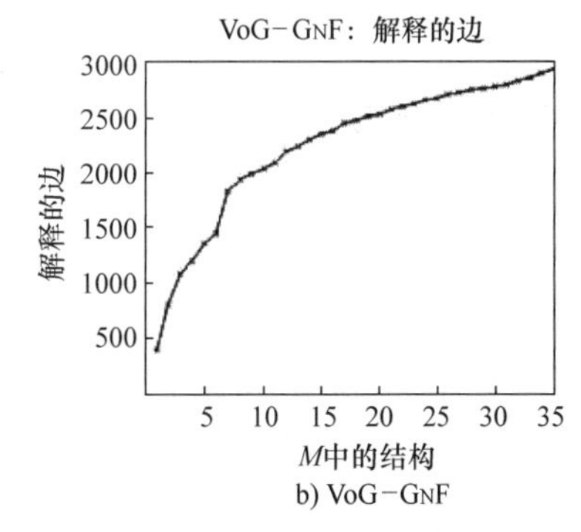

b) VoG-GNF

图 2.12　“Liancourt - Rocks”维基图：VoG - GNF 成功丢弃了一些不相关的结构，这些结构所描述的边可用模型 M 中的已有结构描述。VoG 和 VoG - GNF 选择的新结构所解释的边呈现收益递减的趋势

“Chocolate”维基图 此图的可视化方法类似于“Liancourt - Rocks”维基图的可视化方法。图 2.13 给出了对应的完整信息。见表 2.4，Top - 10 得到的“Chocolate”图概要结构包含了 9 个星形结构和一个近二分核结构。排名最高的星形结构的中心对应于“Chobot”，这是一名修正不同语言之间链接的维基百科机器人，它能够接触到一个页面的多个可能不相关的部分。其他星形结构的中心对应于管理者，和其他重要贡献者一样，从事大量微小的修改。近二分核主要反映可能的恶意破坏者和管理者（维基百科的贡献者）之间的交互，它们相互还原对方的修改以达到临时保护页面的效果。图 2.13c 给出了 Greedy'nForget 启发式方法应用于“Chocolate”网络的效果。Greedy'nForget 启发式方法（红色线）通过在 250 个识别出的结构中近似地保留 100 个最重要的结构而降低了编码代价（x 轴）。蓝色的线是指通过贪心策略添加结构的编码代价（y 轴），策略选择方案是按照结构编码收益降序排列。

a) VoG：9个最重要的星形结构
(星形结构的枢纽节点用青色点表示)

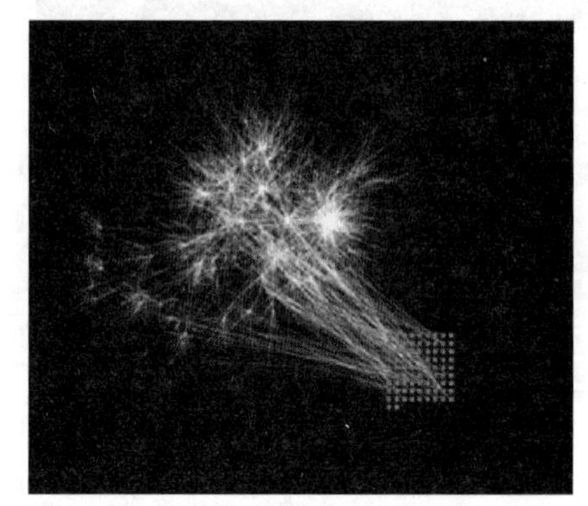

b) VoG：最重要的二分结构
(节点集A用青色圆角矩形表示)

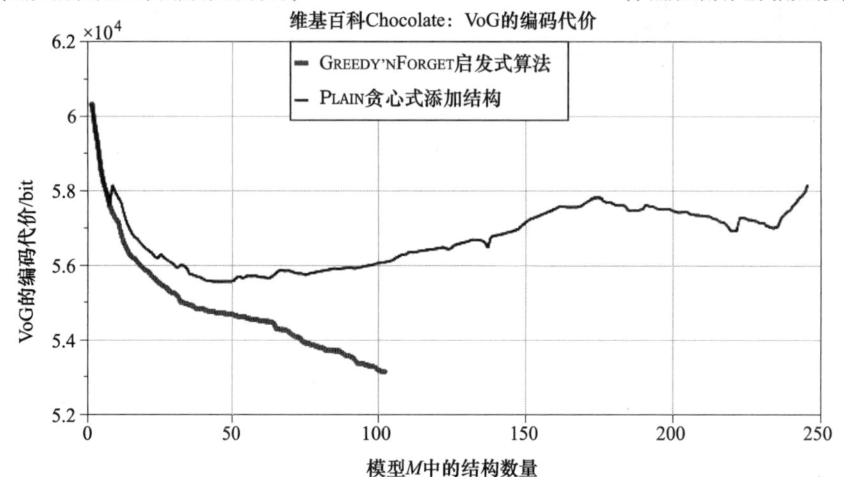

c) Greedy'nForget的效果(红色)。VoG的编码代价与模型M中结构数量之间的关系

图 2.13 “Chocolate”维基图中结构的概要。a）和 b）：概要排名前 10 的结构。c）：Greedy'nForget 启发式方法（红色线）通过在 250 个识别的结构中近似保留 100 个最重要的结构而降低编码代价（见插页彩图）

2.4.3 可扩展性

图 2.14 给出了随着图中边数量的增加，VoG 方法的运行时间。Notre Dame 数据集

（WWW - Barabasi）导出图的维度信息见表 2.6。在 3.00GHz CPU，16GB 内存的 Intel（R）Xeon（R）CPU 5160 的计算机上运行实验，结构识别过程采用 MATLAB 语言，选择过程采用 Python 语言。

观测 2.7　VoG 的所有步骤设计为可扩展的。图 2.14 表示该算法复杂度为 $O(m)$，即 VoG 的复杂度与输入图边数量呈近似线性关系。

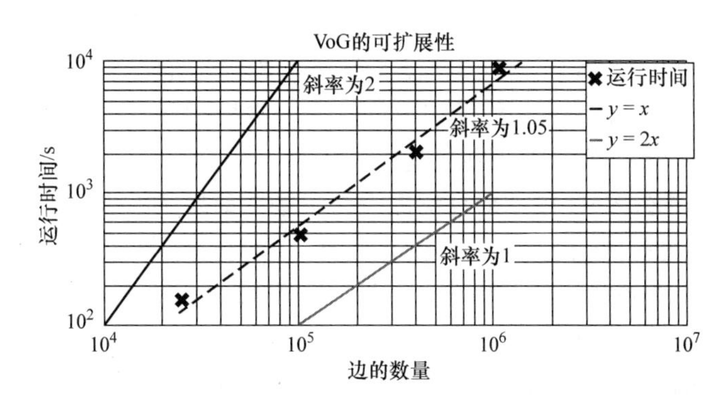

图 2.14　VoG 复杂度与边的数量呈近似线性关系。VoG（PLAIN）的运行时间与图中边的数量。作为比较参考，给出了斜率分别为 1 和 2 对应的直线

表 2.6　可扩展性：WWW - Barabasi 的导出图维度信息

名　称	节点数量	边　数　量
WWW - Barabasi - 50k	49780	50624
WWW - Barabasi - 100k	99854	205432
WWW - Barabasi - 200k	200155	810950
WWW - Barabasi - 300k	325729	1090108

2.5　讨论

实验结果表明，VoG 能成功地解决图理解中一个重要且开放的问题：如何在大规模图中抽取简明的概要。本节将讨论相关的设计决策过程，以及 VoG 的优势和不足。

为什么 VoG 选择包含星形结构、（近）派系结构、（近）二分核结构以及链式结构的词汇表，而不是其他的结构？

选择这些结构的原因是它们在数十种真实图类型中（如专利引用网络、电话通信网络、Netflix 推荐系统等）经常出现，而且它们有语义，比如派别或流行实体。进一步地，这些图结构非常出名而且概念简单，使得 VoG 发现的概要易于解释。

一个图可能不包含预先定义的词汇表结构，而是包含很多复杂的结构，然而这并不意味着 VoG 产生的图概要为空。MDL 的一个核心特征是不管真实模型在不在模型集合中，它总能在模型类中识别出一个可以相对最好的模型来描述图。因此，VoG 总能在现有的模型类中返回一个最能简明概要地描述输入图的模型。此时，VoG 将会给出粗糙的图结构描述，但不一定是完美理想的描述，完美理想的描述会消耗更多的存储位，这也意味着 VoG 能够

防止过拟合。对 MDL 背后的模型选择理论，请参阅参考文献［88］。

VoG 能够处理在实际图中频繁出现的新结构（如环）吗？

对实际图中频繁出现的新结构，或者特殊应用场景中其他重要的结构，VoG 都能很容易进行扩展以处理这些新结构。2.2 节中词汇表结构编码的关键点是将必要的信息编码应尽可能简洁。事实上，借助于 MDL，可以直观地比较两个或更多模型类，MDL 能立即告知人们词汇集$\mathcal{V}_1$是否优于词汇集$\mathcal{V}_2$：能够得到图的最优压缩代价的词汇集将胜出。

另外，如果已经知道某些节点形成了派系结构、星形结构，那么应用 VoG 到这些结构中，并以它为描述图的基准模型 M 将没多大价值（与空模型相反）。当描述一个图时，VoG 只给出能最好描述图中剩余部分的那些结构。

对给定的图，为什么 VoG 先期固定词汇表而不是自动确定最合适的词汇表？

确定词汇表还有另一种方法。对于给定的图，可利用频繁图挖掘的方法自动地确定“正确的”词汇表。由于可扩展性和可解释性原因，不采用这种方法。对于一个有用的词汇表结构，它一定是用户易于理解的。这也是本书定义自己的编码和优化算法，而不去使用现成的 Lempel - Ziv 压缩算法（如 gzip）或统计压缩算法（如 PPMZ）的原因。这些算法通过分析数据的复杂统计特征给出高质量的压缩，这使得它们的模型非常复杂而难于理解。而基于局部结构的概要更容易理解。频繁模式已被证明能够对数据概要抽取能提供可解释且强有力的构造模块[121,205,217]。然而一项强大的频繁子图发现技术，在其内循环中求解子图同构问题的复杂度出奇的高。此外，由于已有的频繁模式发现算法要求对节点打上标签（如碳原子、氧原子等），而本书集中在大规模的无标签图上，因而这些算法在这里也不适用。

能够对 VoG 进行扩展使得它可以将特殊的边分布考虑进去，并且只显示从这个分布中凸显出来的结构吗？

本工作的目标是尽可能少考虑边分布，这使得 VoG 的核心部分是无参和非参的。但使用特殊的边分布也是可能的，只要能计算出邻接矩阵的概率 $P(\boldsymbol{E})$，就可以简单地定义 $L(\boldsymbol{E}) = -\log P(\boldsymbol{E})$。举例说明，如果考虑具有高聚集系数性质的分布（即高密度区域较多），在密集区域的代价相对较低，由此 VoG 将只显示背景分布中凸现出来的结构。Araujo 等人[17]最近的工作表明，相比于背景分布，他们探索到的社团结构展现出了双曲结构、幂律度分布的特性。这使得无论是子图还是误差矩阵编码，将 VoG 扩展使用双曲分布都非常有意义。

为什么使用 SlashBurn 对图进行分解？

之所以采用 SlashBurn 获得候选结构，是因为它可扩展，而且可处理不具穴居结构的图。也可以使用其他任意的图分解方法，甚至是多种方法的组合。本书推测，如果使用更多的图分解方法为 VoG 提供候选结构，那么将得到更好的概要结果。本质上来说，没有完全正确的图划分技术，因为它们中的每一个都通过优化不同的目标起作用。MDL 是 VoG 中不可缺少的组成部分，它能够发现候选结构集合中的最佳结构。

VoG 能在更高层次洞见到概要中的结构是如何连接的吗？

尽管 VoG 不能对发现的结构之间的连接进行明确的编码，但是它能在更高层次洞悉概要中结构之间是如何链接的。从设计的角度看，允许节点参与到多个结构中，这些节点隐式地连接两个结构。比如，一个节点是一个派系的一部分，同时也是一条链的起始节点，因此它“连接”了派系和链式结构。概要中这种连接结构可通过观测结构中的节点集是否有重叠进行简单的抽取。是否使用该方法主要取决于任务目标，是倾向于呈现结构的高层连接还是倾向于给出概要中每一个结构的细节情况。

2.6 相关工作

与 VoG 相关的工作包括基于最小描述长度的方法、图压缩方法、概要抽取方法、图分割方法和可视化方法。

最小描述长度（MDL） Faloutsos 和 Megalooikonmou[63]认为许多数据挖掘问题都与概要抽取和模式发现有关，它们本质上与柯尔莫洛夫复杂性相关。柯尔莫洛夫复杂性[138]确定数据集的最短无损算法描述，并为数据集的最优模型识别以及相应结构的定义提供了强有力的理论基础。但它却不可计算，只能利用最小描述长度原理来操作实现[88,183]（无损压缩）。

图压缩和概要抽取 最近的一篇综述[141]对多种图概要抽取方法进行了总结。总之，参考文献［31］利用词汇图的局部性研究了网络图的压缩问题；参考文献［46］将它扩展到了社交网络；参考文献［16］将 BFS 方法用于压缩；参考文献［149］将多位置线性化用于邻居查询；参考文献［67］利用有损编码对每个三角结构中的边进行编码；参考文献［144］通过降低大度节点周边的冗余以加速模式匹配查询。SlashBurn[139]通过探索实际图的幂律特性实现节点重排序和图压缩。Tian 等人[207]提出了一种基于属性的图概要抽取技术，概要中的结构互不重叠且能够覆盖节点群组；Zhang 等人[233]给出了这种方法的自动化版本。Toivonen 等人[208]基于节点结构等价的方法对含权图进行压缩。

如果抛开“切不好”这一问题，有无数的图概要抽取算法：Koopman 和 Siebes[120,121]研究了多关系数据或多属性图的概要抽取问题。他们的方法假设邻接矩阵已知，利用树形模式描述节点属性的值。Subdue[50]是一种流行的基于频繁子图挖掘的概要抽取方案。它迭代地用元节点替换标签图中最频繁的子图，从而能够发现标签图中具有较低损失的描述。相比之下，这里考虑的是无标签图。由于使用的 MDL 是无损编码，可以公平地比较完全不同的模型和模型类别。Navlakha 等人[158]通过不断组合高度连接的节点得到了与 Cook 和 Holder[50]类似的方法，因此他们的方法只能用于不重叠的派系结构和二分核结构的图概要抽取。相比较而言，Miettinen 和 Vreeken[153]的工作与本书更接近，尽管他们基于布尔矩阵分解对 MDL 进行了讨论。对有向图而言，这种分解实际上是抽取可能具有重叠结构的全派系。和这些工作互补的是网络模体的检测，如组成复杂网络中重复出现且重要的连接模式[154,155,211,226]。这类方法聚焦于具有频繁子图统计特性的图的概要抽取而不是对小型网络进行表达。

图压缩的一个替代方式是在保持初始图的一些特征条件下对图中节点和边进行抽样[96,132]，这些特征包括：度分布、连通分支规模分布、图的直径或包括社区结构在内的潜在特征等[147]（即图的抽样包含的节点来自于所有社区）。尽管图抽样也许能得到更好的可视化效果[179]，但不同于 VoG，它不能检测图的结构，而且需要额外的处理以便理解抽样结果。

VoG 已经不仅仅是单一的词汇表，更重要的是，它可以检测并获得显性的子图结构。

图分割 Chakrabarti 等人[40]提出了交叉关联的方法，该方法提供了一种节点硬聚类的方法，可以有效地寻找近派系结构。Papadimitriou 等人[168]将这种方法扩充到了层次硬聚类。Rosvall 和 Bergstrom[186]用信息论的方法进行社团检测以对图中的节点进行硬聚类。VoG

方法允许节点加入到多个结构中，并可以抽取图中描述子图连接的概要，而不仅限于检测那些连接紧密的子图。

块模型表达[65]是图中节点分组的替代方法，并能够获取分组之间的网络关系。块模型的思想和本书的方法相关，也是用简单结构抽取图的概要，并揭示它们之间的连接关系。特别地，本节使用的混合隶属度假设与随机块模型相关[4,107]。这些概率模型组合了能实例化稠密连通域的全局参数和捕获节点和多个块模型关系的局部参数。与本书的模型的不同之处在于，块模型需要将分块数量作为输入，揭示邻接矩阵中的主要稠密块（如派系、二分核，但并没有显式地描述它们），并制定一套节点之间交互模式相关的统计假设（生成过程）。包括块模型在内的多种图聚类方法都可用于 VoG 的第一步（算法 2.1）以产生候选子图，然后进行排序，其中的部分结构可被选择包含在图概要中。各种考虑概要抽取能力的图聚类方法的相关研究请参见参考文献[142]。

图可视化　VoG 通过聚焦图中的重要部分实现大规模网络的可视化。Dunne 和 Shneiderman[58]给出了模体简化的思想以增强网络可视化效果。其中一部分模体是词汇表中的一部分，但 VoG 还允许包含真实图中常见的近似结构。

通常而言，大部分图可视化技术都聚焦于异常节点或考虑如何展示整个图的模式。其他的图可视化工具包括：Apolo[42]，此工具可方便用户挑选少数几个种子节点并利用其交互地扩展它们的邻域；OPAvion[5]，一种大规模图中的异常检测系统，能够在 Hadoop 上挖掘图的特征，它使用 OddBall[7]发现异常节点，最后通过 Apolo 交互地可视化这些异常节点；按比例缩放的密度图可用于可视化散点图[195]；参考文献［26］主要通过对拥有数以千计节点的数据集采用随机和稠密抽样方法对目标数据集进行可视化；参考文献［104］主要针对大规模图，对相关的 spy 图、分布图和相关性图缩小尺度进行可视化。Perseus 采用与前述方法不同的概要抽取方法以用于大规模图的综合性分析，该分析系统主要支持图属性（在 Hadoop 或 Spark 上采用分布式方式计算）和结构的耦合概要抽取，并引导人们关注离群点，允许用户可以在分布图和自我中心网络表示中交互地探索正常和异常节点的行为。这个工作的一个扩展版本，Eagle 通过学习利用领域知识，针对具有一组典型的不变量分布的图，提供一种自动抽取概要的方法。

由于概要抽取能够支持交互可视化，因此基于可视化的图概要抽取与可视化图分析相关。然而，图概要抽取的典型目标和图可视化分析大不一样，图可视化分析重点是关注显示布局、新的可视化及交互技术等。被广泛应用的可视化工具，如 Gephi、Cytoscape 和 Javascript D3 库都支持网络的交互和实时探索以及一些空间化、过滤和聚类等操作。这些方法都能从图概要抽取中受益，从而使得较小网络的表示或模式更易于展现。

第3章　图的推理

在第2章中了解了如何提取大规模图的概要，从而洞见其中重要的、具有语义的结构。本章将考察如何使用网络效应来学习剩余需要处理的网络结构中的节点[⊖]。与第2章不同的是，本章假设节点具有类标签，例如“自由”或“保守”。

网络效应非常强大，正如流行谚语所说，“物以类聚，人以群分”和“异性相吸”。举个例子，在社交网络中经常观察到**同质性**现象：肥胖的人更倾向于与肥胖的人成为朋友[47]，快乐的人往往会让他们的朋友开心[72]。人们通常倾向于结识在政治观点、业余爱好、宗教信仰等方面志趣相投的朋友。同质性问题也会在其他地方有所体现：如果用户喜欢一些页面，他可能会喜欢与这些页面密切相关的其他页面（**个性化 PageRank**）；如果用户喜欢某些商品，他可能也会喜欢类似的商品（**基于内容的推荐系统**）；如果用户不诚信，他的联系人可能也是不诚实的（**账户或电话卡诈骗**）。与之相反的情况也时有发生，即异质性问题。例如，某在线交友网站中，可以观察到健谈的人更喜欢与腼腆的人约会，反之亦然。因此，通过了解网络中少量节点的标签以及网络的同质性或异质性，通常可以对其余节点的标签进行良好的预测。

在本章中，首先以二分类问题为例（例如健谈或腼腆），为图中的所有节点寻找其最可能的类标签，然后把上述工作扩展到不止两个分类的情况。该问题可非形式化地定义为：

问题3.1　关联推断——非形式化定义　给定一个具有 n 个节点、m 条边的图；用 n_+ 和 n_- 分别标记正类节点和负类节点。在邻居节点之间相互影响的假设下，为剩余节点寻找其所属的类别。

影响力可以是同质性的或异质性的。如果从观察到的训练样本直接推断测试样本，这种方式称为直推式学习。与此对应的，利用训练样本推断出一般性的规则，然后把得到的规则应用于测试样本的方式称为归纳式学习。

许多密切相关的方法可用于网络数据的直推式学习，其中绝大多数适用于同质网络，一部分也适用于异质网络。将关注以下3种方法：个性化 PageRank［带重启的随机游走（RWR）］[93]、半监督学习（SSL）[235]和信念传播（BP）[172]。这些方法有何关联？它们是一样的吗？如果不是，哪种方法具有最好的准确度？哪种方法具有最佳的可扩展性？

这些问题将作为本章重点内容进行讨论。这里将证明这3种方法是相关但不完全等同的，并且同时提出 FaBP（Fast Belief Propagation，快速信念传播）算法。该算法是一种快速、准确、可扩展且能够保证收敛的算法。

3.1　关联推断技术

本节介绍 RWR、SSL 和 BP 这3个相互关联的推断方法的背景知识。

⊖　假设网络结构中的部分节点信息已知。——译者注

3.1.1 RWR

RWR 是 Google 公司经典的 PageRank 算法[35]的原型，该算法用于衡量网页的相对重要性。PageRank 的主要原理是设想有个网络用户随机地点击网页上的链接。该用户每次操作都会以概率 c 点击一个链接。一个页面的 PageRank 值是递归定义的，该值取决于指向它的其他网页的数量以及那些网页各自的 PageRank 值；链接到一个网页的高重要性网页越多，该网页越重要。PageRank 向量 $\boldsymbol{r}$ 可定义为如下线性系统的解：

$$\boldsymbol{r} = (1-c)\boldsymbol{y} + c\boldsymbol{B}\boldsymbol{r}$$

式中，$1-c$ 是重启概率，$c \in [0, 1]$。

在原始算法中，$\boldsymbol{B}=\boldsymbol{D}^{-1}\boldsymbol{A}$，它对应于图的列标准化邻接矩阵，并且初始化向量被定义为 $\boldsymbol{y}=\frac{\mathbf{1}}{n}$（均匀初始化向量，其中 $\mathbf{1}$ 是全 1 列向量）。

PageRank 的一个变体是惰性随机游走[156]，它允许用户随机停留在同一个网页。该算法特性可由矩阵 $\boldsymbol{B}=\frac{1}{2}(\boldsymbol{I}+\boldsymbol{D}^{-1}\boldsymbol{A})$ 实现。这两种方法的区别在于 c 值的变化[14]。在 PageRank的另一个变体中，初始化向量不是均匀地取值为 $\mathbf{1}/n$，而是取决于主题的分布[93,98]。这些向量称为**个性化 PageRank** 向量，它们提供个性化或对上下文敏感的搜索排名。一些文章对 RWR 算法的效率提升进行了研究[71,164,209]。节点与节点之间距离计算的相关方法（不一定是关联推断）包括：用**逃逸概率**或**往返概率**参数化的方法[122]、Sim-Rank[98]以及其他扩展或改进的方法[136,230]。通常 RWR 对节点的评分与种子节点相关，在 SSL 的设定下，Lin 和 Cohen[140]为 RWR 引入了一个公式，用于节点分类。Doyle 和 Snell 在他们的著作[57]中对随机游走和电网理论之间的联系进行了讨论。

3.1.2 SSL

SSL 方法可以分为 4 种[235]：①**低密度分离**方法；②**基于图**的方法；③**变更表征**的方法；④**联合训练**的方法。参考文献[235]中给出了不同类型 SSL 方法的综述，参考文献[99]对异质信息网络中如何使用直推式 SSL 实现多标签分类进行了描述。与仅使用标签数据的监督学习和仅使用无标签数据的无监督学习相比，SSL 将带标签数据和无标签数据同时用于训练。SSL 的基本原理是，无标签数据可以帮助确定数据点之间的“度量”并提高模型的性能。SSL 可以是基于直推的（仅适用于带标签和无标签混合的训练数据），也可以是基于归纳的（可用于对未知数据进行分类）。

大多数基于图的 SSL 方法都是直推式、无参数且有判别式的。SSL 中使用的图由带标签节点和无标签节点（示例）以及表示它们之间相似性的边构成。SSL 可在正则化框架内表达，定义在图上的目标函数 f 由两个部分组成：

- **损失函数**，表示在整个图中 f 是平滑的（即相似的节点之间是连通的——“同质性”）。
- **正则化**，强制已标记样本的最终标签接近于其初始标签。

这里引用参考文献[29]中图最小割的变体。最小割是具有二元标签的马尔可夫随机场模型（玻尔兹曼机）。给定 l 个有标签的点（x_i，y_i），$i=1$，…，l 以及 u 个无标签的点

x_{l+1}，…，x_{l+u}，其最终的标签 x 通过最小化如下能量函数而得到：

$$\alpha \sum_{j \in N(i)} a_{ij}(x_i - x_j)^2 + \sum_{1 \leq i \leq l}(y_i - x_i)^2 \tag{3.1}$$

式中，α 与相邻点的耦合强度有关（同质性）；$N(i)$ 表示 i 的邻居；a_{ij} 是邻接矩阵 $\boldsymbol{A}$ 中 $(i, j)^{\text{th}}$ 位置的元素。

3.1.3 BP

BP 也称为和积算法。它是一种基于图模型的精确推理方法[173]，其中图模型采用树形结构表达。简而言之，BP 是一种迭代消息传递算法，它根据已观测到的节点来计算未观测节点的边缘概率分布：每个节点并行地接收来自其邻居节点的信息，然后更新自己的信念状态，最后将新消息反馈给它们的邻居。换句话说，在算法的第 t 次迭代中，节点 i 的后验信念取决于原始网络中该节点 t 阶范围内的邻居。该过程将一直重复直到收敛，这在树状结构中更易于理解。

然而，当应用于有圈图时，BP 不能保证收敛到边缘概率分布，甚至不能保证收敛，然而在这些情况下它可以用作计算的近似方案[173]。尽管缺乏准确的收敛标准，但实践证明有圈的 BP 可得到准确的结果[228]，并因此广泛用于多种应用，如纠错编码[130]、计算机视觉中的立体成像[66]、欺诈检测[150,165]和恶意软件检测[43]等。BP 的扩展还有**广义信念传播**（Generalized Belief Propagation，GBP），它从多解析度的视角出发，将节点分组为不同的区域[229]。然而如何构建好的区域仍然是一个开放的研究问题，因此仅关注标准 BP，这样更容易理解。

人们对 BP 感兴趣，是因为它不仅是一个高效的概率图模型推断算法，同时它还可应用于**直推式学习**。本书的目标是找到网络中所有节点最可能的信念（或类别）。BP 可通过迭代传导的方式将网络中少量具有初始（或显示）信念的节点所含信息传递到整个网络。更形式化的描述是，考虑一个包含 n 个节点且具有二元标签的图。从节点 i 发送到节点 j 的消息 m_{ij} 以及节点 i 所处的状态 x_i，可由更新公式来计算，最早提出的更新公式为[228]

$$m_{ij}(x_j) \leftarrow \sum_{x_i} \phi_i(x_j) \cdot \psi_{ij}(x_i, x_j) \cdot \prod_{n \in N(i) \setminus j} m_{ni}(x_i) \tag{3.2}$$

$$b_i(x_i) \leftarrow \eta \cdot \phi_i(x_i) \cdot \prod_{j \in N(i)} m_{ji}(x_i) \tag{3.3}$$

其中，从节点 i 发送到节点 j 的消息是根据上一次迭代时从节点 i 的所有邻居发送到节点 i 的全部消息（除去上一次迭代中从节点 j 发送到节点 i 的消息）计算得到。$N(i)$ 表示 i 的邻居，η 是保证信念总和为 1 的归一化常数，m_{ji} 是从节点 j 发送到节点 i 的消息；$\sum_i b_i(x_i) = 1$；ψ_{ij} 表示节点 i 处于状态 x_i、节点 j 处于状态 x_j 时的**边势**；$\phi_i(x_i)$ 是节点 i 处于状态 x_i 的先验信念。将 ψ_{ij} 称为节点 i 和 j 之间的同质性强度或耦合强度。可将边势组织成矩阵形式，称为传播或耦合矩阵。注意到，根据定义（见图 3.1a），传播矩阵是一个右随机矩阵（行加和为 1）。图 3.1 中列举了两个信息传播矩阵，分别描述了两个状态之间的同质性和异质性。传播矩阵中的输入通常基于特定应用领域的专业知识，但也有一些研究工作考察了从数据自动学习边势的方法。在 BP 中，反复对每个节点用上述更新公式进行计算，直到期望值收敛到最终信念。

在本章中，研究了如何选择 BP 中的参数对算法加速，以及如何在 HADOOP 上实现该方法[91]（开源 MapReduce 实现）。这是本书的工作与现有研究的主要区分点，现有研究主要利用图结构[44,165]或消息传播的顺序[83]来加速 BP。

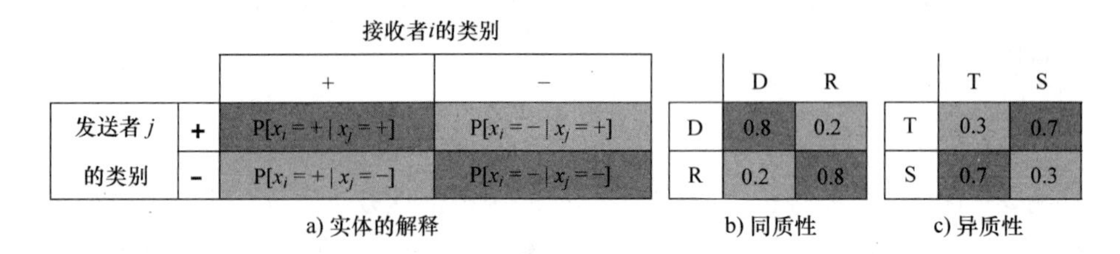

图 3.1 网络效应的传播或耦合矩阵。a）传播矩阵中条目的说明。P 代表概率；x_i 和 x_j 分别表示节点 i 和节点 j 的状态（或类别、标签等）。颜色深浅对应于相邻节点类别之间的耦合强度。b）和 c）不同网络效应对应的传播矩阵的样例。b）D：民主党支持者，R：共和党支持者。c）T：健谈，S：腼腆

3.1.4 本节小结

RWR、SSL 和 BP 已成功应用于许多领域，如排序[35]、分类[99,235]、恶意软件和欺诈检测[43,150]以及推荐系统[114]。但上述研究都未体现 3 种方法之间的内在联系，也未有研究对这些方法的参数选择进行讨论（例如同质性评分）。表 3.1 从定性的角度比较了这 3 种相互关联的方法以及这里提出的 FABP 算法：①所有方法都是可扩展的并且支持同质性；②BP 支持异质性，但不能保证收敛；③FABP 算法从可收敛性的角度对 BP 进行了改进。在下面的讨论中，将使用表 3.2 中定义的符号。

表 3.1 关联推断（GBA）方法的定性分析

GBA 方法	异质性	可扩展性	收敛性
RWR	×	√	√
SSL	×	√	√
BP	√	√	?
FABP	√	√	√

表 3.2 FABP 中的主要符号及定义（矩阵：黑斜体大写字母；向量：黑斜体小写字母；标量：标准字体）

符号	描　　述
m_{ij}，$m(i, j)$	从 i 发送到 j 的消息
m_h，(i, j)	$=m(i,j)-0.5$，从 i 发送到 j 的“近半”消息
$\boldsymbol{\phi}$	$n\times1$ 维 BP 先验信念向量 $\phi(i)\in\{>0.5;\ <0.5\}$，其中 $i\in\{"+", "-"\}$ 类，且 $\phi(i)=0$ 时表示未知类别
$\boldsymbol{\phi}_h$	$=\boldsymbol{\phi}-0.5$，$n\times1$ 维的“近半”先验信念向量
$\boldsymbol{b}$	$n\times1$ 维的 BP 最终信念向量 $b(i)\in\{>0.5;\ <0.5\}$，其中 $i\in\{"+", "-"\}$ 类，且 $b(i)=0$ 时表示未分类（中立）
$\boldsymbol{b}_h$	$=\boldsymbol{b}-0.5$，$n\times1$ 维“近半”最终信念向量
h_h	$=h-0.5$，“近半”同质性因子 其中 $h=\psi("+", "+")$：BP 传播矩阵中的元素 $h\to0$ 表示强异质性，$h\to1$ 表示强同质性

3.2 FaBP

在本节中，给出3个主要公式，它们展示了以下方法的相似性：二元BP，尤其是提出的近似线性化BP（FaBP）；个性化带重启的随机游走（RWR）；高斯随机场BP（GaBP）；SSL。

对于同质性问题，上述所有方法在核心思想上都是相似的，并且与扩散过程密切相关。假设正样本对应于绿色，负样本对应于红色，属于正样本的n_+节点以类似于感染的方式用绿色感染其邻居节点。类似地，属于负样本的n_-节点也用红色感染它的邻居。根据同质性的强度，或者说根据颜色的扩散速度，最终将得到呈现绿色的社区、呈现红色的社区以及桥接点集合（一半红色、一半绿色）。

如下所示，每种方法的解向量均满足非常类似的方程：它们都涉及求解线性方程组，该线性方程组的系数矩阵由对角矩阵加上邻接矩阵的加权或者归一化版本组成。表3.3给出了结果方程式，表格经过仔细对齐，以突出对应关系。

表3.3 用于展示对应关系的主要结果。矩阵（黑斜体大写字母）为$n\times n$维；向量（黑斜体小写字母）为$n\times 1$维；标量（小写标准字体）对应于影响力强度。详细定义见正文

方法	矩阵	未知	已知
RWR	$[\boldsymbol{I}-c\boldsymbol{A}\boldsymbol{D}^{-1}]\ \times$	$\boldsymbol{x}$	$(1-c)\boldsymbol{y}$
SSL	$[\boldsymbol{I}+\alpha\boldsymbol{D}-\boldsymbol{A}]\ \times$	$\boldsymbol{x}$	$\boldsymbol{y}$
GaBP = SSL	$[\boldsymbol{I}+\alpha\boldsymbol{D}-\boldsymbol{A}]\ \times$	$\boldsymbol{x}$	$\boldsymbol{y}$
FaBP	$[\boldsymbol{I}+a\boldsymbol{D}-c'\boldsymbol{A}]\ \times$	$\boldsymbol{b}_h$	$\boldsymbol{\phi}_h$

接下来给出这3种方法的等价结果，以及FaBP的收敛性分析。高斯BP是BP的一种变体，参考文献[148]和[221]对其收敛性进行了研究。关注BP的原因如下：①它有一个坚实的贝叶斯基础；②它比其他方法更具通用性，能够处理异质性问题（以及多分类问题，将在3.3节中详细阐述）。

定理3.2 FaBP 信念传播的解可以通过线性系统来近似：

$$[\boldsymbol{I}+a\boldsymbol{D}-c'\boldsymbol{A}]\boldsymbol{b}_h=\boldsymbol{\phi}_h \tag{3.4}$$

式中，$a=4h_h^2/(1-4h_h^2)$，$c'=2h_h/(1-4h_h^2)$，h_h是“近半”同质性因数，这是传播矩阵中的相关概念；$\boldsymbol{\phi}_h$是节点的先验信念向量，当$\phi_h(i)=0$时表示第i个节点没有明确的初始信息；$\boldsymbol{b}_h$是节点最终的信念向量。

证明：3.2.1节给出了FaBP方程的推导过程。

引理3.3 个性化RWR 对于给定观察值$\boldsymbol{y}$的RWR线性系统可由下式描述：

$$[\boldsymbol{I}+c\boldsymbol{A}\boldsymbol{D}^{-1}]\boldsymbol{x}=(1-c)\boldsymbol{y} \tag{3.5}$$

式中，$\boldsymbol{y}$是初始向量；$1-c$是重启概率，$c\in[0,1]$。

证明：见参考文献[93]和参考文献[209]。

初始向量$\boldsymbol{y}$对应于BP中每个节点的先验信念。初始向量$\boldsymbol{y}$的不同赋值之间有细微的差别，$y_i=0$意味着对节点i一无所知，而正数值$y_i>0$意味着节点属于正类（值的大小与相关性强度对应）。在5.1.2节中，将详细阐述RWR和FaBP的等价性（见引理5.2和定理5.3）。Cohen[48]揭示了个性化PageRank与树状结构马尔可夫随机场推断之间的联系。

引理3.4 SSL 假设给定l个带标签的节点（x_i，y_i），$i=1,\cdots,l$，$y_i\in\{0,1\}$，和u个不带标签的节点（x_{l+1}，…，x_{l+u}）。SSL问题的解可由如下线性系统给出：

$$[\alpha(\boldsymbol{D}-\boldsymbol{A})+\boldsymbol{I}]\boldsymbol{x}=\boldsymbol{y} \tag{3.6}$$

式中，α与相邻节点的耦合强度（同质性）有关；$\boldsymbol{y}$是标记节点的标签向量；$\boldsymbol{x}$是最终标签的向量。

证明：对于SSL问题，根据能量最小化公式，给定l个带标签的节点（x_i，y_i），$i=1,\cdots,l$，$y_i\in\{0,1\}$，以及u个不带标签的节点（x_{l+1}，…，x_{l+u}），可通过最小化泛涵E来求解x_i的标签：

$$E(\boldsymbol{x})=\alpha\sum_{j\in N(i)}a_{ij}(x_i-x_j)^2+\sum_{1\leqslant i\leqslant l}(y_i-x_i)^2 \tag{3.7}$$

式中，α与相邻节点的耦合强度（同质性）有关；$N(i)$表示i的邻居。

如果所有点都带有标签，则上述泛函可以按矩阵形式重写为

$$\begin{aligned}E(\boldsymbol{x})&=\boldsymbol{x}^{\mathrm{T}}[\boldsymbol{I}+\alpha(\boldsymbol{D}-\boldsymbol{A})]\boldsymbol{x}-2\boldsymbol{x}\cdot\boldsymbol{y}+K(\boldsymbol{y})\\&=(\boldsymbol{x}-\boldsymbol{x}^*)^{\mathrm{T}}[\boldsymbol{I}+\alpha(\boldsymbol{D}-\boldsymbol{A})](\boldsymbol{x}-\boldsymbol{x}^*)+K'(\boldsymbol{y})\end{aligned}$$

式中，$\boldsymbol{x}^*=[\boldsymbol{I}+\alpha(\boldsymbol{D}-\boldsymbol{A})]^{-1}\boldsymbol{y}$；$K$和$K'$是一些仅依赖于$\boldsymbol{y}$的常数项。

显然，E达到最小值时：

$$\boldsymbol{x}=\boldsymbol{x}^*=[\boldsymbol{I}+\alpha(\boldsymbol{D}-\boldsymbol{A})]^{-1}\boldsymbol{y}$$

3.1.2节对SSL进行了解释，参考文献［235］也对其进行了更深入的阐述。SSL和高斯随机场BP（GaBP）的联系可参见参考文献［235，236］。

如前所述，$\boldsymbol{y}$是已标记节点的标签，因此它与BP中的先验信念有关；$\boldsymbol{x}$对应于所有节点的标签，即BP中的最终信念。

引理3.5 R-S对应关系 对于正则图而言（即所有节点具有相同的度d），满足以下条件时，RWR和SSL可以得到相同的结果：

$$\alpha=\frac{c}{(1-c)d} \tag{3.8}$$

也就是说，需要仔细调整同质性强度α和c。

证明：根据式（3.5）和式（3.6），满足下式时，这两种方法将得到相同的结果：

$$\begin{gathered}(1-c)[\boldsymbol{I}-c\boldsymbol{D}^{-1}\boldsymbol{A}]^{-1}=[\boldsymbol{I}+\alpha(\boldsymbol{D}-\boldsymbol{A})]^{-1}\Leftrightarrow\\\left(\frac{1}{(1-c)}\boldsymbol{I}-\frac{c}{(1-c)}\boldsymbol{D}^{-1}\boldsymbol{A}\right)^{-1}=[\alpha(\boldsymbol{D}-\boldsymbol{A})+\boldsymbol{I}]^{-1}\Leftrightarrow\\\left(\frac{1}{1-c}\right)\boldsymbol{I}-\left(\frac{c}{1-c}\right)\boldsymbol{D}^{-1}\boldsymbol{A}=\boldsymbol{I}+\alpha(\boldsymbol{D}-\boldsymbol{A})\Leftrightarrow\\\left(\frac{c}{1-c}\right)\boldsymbol{I}-\left(\frac{c}{1-c}\right)\boldsymbol{D}^{-1}\boldsymbol{A}=\alpha(\boldsymbol{D}-\boldsymbol{A})\Leftrightarrow\\\left(\frac{c}{1-c}\right)[\boldsymbol{I}-\boldsymbol{D}^{-1}\boldsymbol{A}]=\alpha(\boldsymbol{D}-\boldsymbol{A})\Leftrightarrow\\\left(\frac{c}{1-c}\right)\boldsymbol{D}^{-1}[\boldsymbol{D}-\boldsymbol{A}]=\alpha(\boldsymbol{D}-\boldsymbol{A})\Leftrightarrow\end{gathered}$$

$$\left(\frac{c}{1-c}\right)\boldsymbol{D}^{-1}=\alpha\boldsymbol{I}$$

如果一个图是正则的，即 $d_i=d(i=1,\cdots)$ 或 $\boldsymbol{D}=d\cdot\boldsymbol{I}$，此时，条件将变为

$$\alpha=\frac{c}{(1-c)d}\Rightarrow c=\frac{\alpha d}{1+\alpha d} \tag{3.9}$$

式中，d 是所有节点共同的度。

虽然引理 3.5 是关于正则图的，但其结论可以扩展到任意图。在这种情况下，不使用单一同质性强度 α，而是针对每一个节点 i 引入同质性因数 $\alpha_i=\frac{c}{(1-c)d_i}$，其中 d_i 为节点 i 的度。RWR 和 SSL 之间的联系在参考文献［79］中有详细解释。

算法实例

在本节中，将阐明 SSL 和 RWR 的解是密切相关的。记同质性强度 $\alpha=\frac{c}{(1-c)\cdot\bar{d}}$，其中 $\bar{d}$ 是平均度。

图 3.2 展示了两种算法得分对应的散点图：红色实心圆（x_i，y_i）对应于第 i 个节点，记为节点 i；坐标轴分别是 RWR 和 SSL 的分值。蓝色圆圈表示相应的 RWR 分值和 SSL 分值相等，因此它们位于与 x 轴呈 45°的线上。图 3.2 中的左图包含了 3 个主要分组，从右上角到左下角分别对应于“+”标记的节点、未标记的节点和“-”标记的节点。图 3.2b 展示了中心部分的放大图（未标记的节点）。值得注意的是，红色实心圆接近 45°线。由此可得出结论：①SSL 和 RWR 分值相近；②对节点的排名相同，被 SSL 标记为“正样本”的节点，交给 RWR 处理也会得到高的分值，反之亦然。

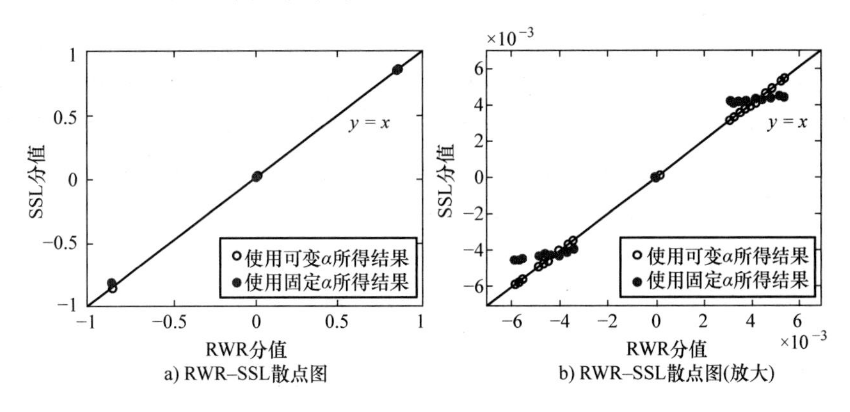

图 3.2　SSL 和 RWR 近似等价的示意图。展示了随机图中节点的 SSL 分数和 RWR 分值、蓝色圆圈（理想情况，完全相等）和红色实心圆。右图：左图的放大图。大多数红色实心圆在对角线上或靠近对角线：两种方法得到的分数相近，并且为节点指派了相同的正类或者负类标签（见插页彩图）

3.2.1　推导

现在推导 FaBP，即用于近似信念传播的闭合公式（定理 3.2）。其关键思路是将值集中在 $\frac{1}{2}$ 附近，只允许较小偏差，并且对每个变量使用正类的**几率**。

传播或耦合矩阵（参见3.1.3节和图3.1）是BP的核心，因为它描述了网络效应，即状态/类/标签之间的边势（或强度）。通常传播矩阵是对称的，也就是说边势不依赖于消息传送的方向（例如图3.1c）。此外，因为传播矩阵也是左随机的，可以用一个数值来完整地描述它，例如第一个元素 $P[x_i = + | x_j = +] = \psi("+", "+")$。用 h_h 来表示这个值，并称为"近半"同质因数（见表3.2）。

更具体的推导的核心思想如下：

1）将BP相关的所有量的取值都集中于$\frac{1}{2}$附近。具体来说，令向量$\boldsymbol{m}_h = \boldsymbol{m} - \frac{1}{2}$、$\boldsymbol{b}_h = \boldsymbol{b} - \frac{1}{2}$、$\boldsymbol{\phi}_h = \boldsymbol{\phi} - \frac{1}{2}$，标量 $h_h = h - \frac{1}{2}$。允许这些值与$\frac{1}{2}$点之间的偏差小于一个非常小的常数 ε，使用麦克劳林（Mac Laurin）级数展开，只保留一阶项，见表3.4。通过这样的方式避开了BP中的sigmoid函数或者非线性方程。

2）对于每个量 p，使用正类的几率，即 $p_r = p/(1-p)$，而不是概率。这样一来，每个节点 i 仅有一个值，$p_r(i) = \frac{p_+(i)}{p_-(i)}$，而不是两个值。此外，也无须使用标准化因数。

表3.4　FABP推导过程中使用的对数近似和除法近似

	公式	麦克劳林级数	近似值
对数	$\ln(1+\varepsilon)$	$= \varepsilon - \frac{\varepsilon^2}{2} + \frac{\varepsilon^3}{3} - \cdots$	$\approx \varepsilon$
除法	$\frac{1}{1-\varepsilon}$	$= 1 + \varepsilon + \varepsilon^2 + \varepsilon^3 + \cdots$	$\approx 1 + \varepsilon$

从3.1.3节给出的最初的BP方程开始，运用上述两个主要思想来获得BP消息和信念方程的几率表达式。在下面的等式中，使用符号 $\text{var}(i)$ 来表示与节点 i 相关的变量。注意到，在最初的BP方程中［见式（3.2）和式（3.3）］，必须使用 $\text{var}_i(x_i)$ 来表示与节点 i 和状态 x_i 相关的变量。然而通过引入正类的几率，不再需要注意节点 i 的状态或类别。

引理3.6　用比例的形式表达BP的消息和信念方程为

$$m_r(i,j) \leftarrow B[h_r, b_{r,\text{adjusted}}(i,j)] \tag{3.10}$$

$$b_r(i) \leftarrow \phi_r(i) \cdot \prod_{j \in N(i)} m_r(j,i) \tag{3.11}$$

式中，$b_{r,\text{adjusted}}(i,j) = b_r(i)/m_r(j,i)$；$B(x,y) = \frac{x \cdot y + 1}{x + y}$是一个融合函数。

证明：基于第二个关键思想引入的符号，$b_+(i) = b_i(x_i = +)$［后者是式（3.3）中的表示形式］。通过对 b_r 的分子和分母使用式（3.3）进行变换，可以得到

$$\begin{aligned} b_r(i) &= \frac{b_+(i)}{b_-(i)} \overset{\text{式(3.3)}}{=} \frac{\eta \cdot \phi_+(i) \cdot \prod_{j \in N(i)} m_+(j,i)}{\eta \cdot \phi_-(i) \cdot \prod_{j \in N(i)} m_-(j,i)} \\ &= \phi_r(i) \cdot \prod_{j \in N(i)} \frac{m_+(j,i)}{m_-(j,i)} \\ &= \phi_r(i) \cdot \prod_{j \in N(i)} m_r(j,i) \end{aligned}$$

以上为式（3.11）的证明过程。可以将式（3.11）表达为以下形式，并用它来证明式（3.10）：

$$b_r(i)=\phi_r(i)\prod_{j\in N(i)}m_r(j,i)\Rightarrow\prod_{n\in N(i)\backslash j}m_r(n,i)m_r(j,i)=\frac{b_r(i)}{\phi_r(i)}\Rightarrow$$

$$\prod_{n\in N(i)\backslash j}m_r(n,i)=\frac{b_r(i)}{\phi_r(i)m_r(j,i)} \tag{3.12}$$

为了得到式（3.10），首先给出 $m_r(i,j)$ 的定义，然后将式（3.2）代入分子和分母，在求和 $\sum_{x_i}$ 中考虑所有可能的状态 $x_i=\{+,-\}$：

$$\begin{aligned}m_r(i,j)&=\frac{m_+(i,j)}{m_-(i,j)}\\&\overset{\text{式(3.2)}}{=}\frac{\sum_{x=\{+,-\}}\phi_x(i)\cdot\psi_{ij}(x,+)\cdot\prod_{n\in N(i)\backslash j}m_x(n,i)}{\sum_{x=\{+,-\}}\phi_x(i)\cdot\psi_{ij}(x,-)\cdot\prod_{n\in N(i)\backslash j}m_x(n,i)}\\&=\frac{\phi_+(i)\cdot\psi_{ij}(+,+)\cdot\prod_{n\in N(i)\backslash j}m_+(n,i)+\phi_-(i)\cdot\psi_{ij}(-,+)\cdot\prod_{n\in N(i)\backslash j}m_-(n,i)}{\phi_+(i)\cdot\psi_{ij}(+,-)\cdot\prod_{n\in N(i)\backslash j}m_+(n,i)+\phi_-(i)\cdot\psi_{ij}(-,-)\cdot\prod_{n\in N(i)\backslash j}m_-(n,i)}\end{aligned}$$

从表3.2中 h 的定义和第二项关键思路可以得到 $h_+=\psi(+,+)=\psi(-,-)$（与节点无关，在本节开始部分进行了解释），而 $h_-=\psi(+,-)=\psi(-,+)$。将这些公式代入前述最后一个公式，并且分子分母同除以 $d_{\text{aux}}(i)=\phi_+(i)h_-\prod_{n\in N(i)\backslash j}m_-(n,i)$，可以得到

$$\begin{aligned}m_r(i,j)&=\frac{\phi_+(i)h_+\cdot\prod_{n\in N(i)\backslash j}m_+(n,i)+\phi_-(i)h_-\cdot\prod_{n\in N(i)\backslash j}m_-(n,i)}{\phi_+(i)h_-\cdot\prod_{n\in N(i)\backslash j}m_+(n,i)+\phi_-(i)h_+\cdot\prod_{n\in N(i)\backslash j}m_-(n,i)}\\&\overset{\div d_{\text{aux}}(i)}{=}\frac{h_r+\dfrac{1}{\phi_r(i)\prod_{n\in N(i)\backslash j}m_r(n,i)}}{1+\dfrac{h_r}{\phi_r(i)\prod_{n\in N(i)\backslash j}m_r(n,i)}}\\&\overset{\text{式(3.2)}}{=}\frac{h_r+\dfrac{m_r(j,i)}{b_r(i)}}{1+\dfrac{h_rm_r(j,i)}{b_r(i)}}=\frac{h_r\dfrac{b_r(i)}{m_r(j,i)}+1}{h_r+\dfrac{b_r(i)}{m_r(j,i)}}=\frac{h_rb_{r,\text{adjusted}}(i,j)+1}{h_r+b_{r,\text{adjusted}}(i,j)}=B[h_r,b_{r,\text{adjusted}}(i,j)]\end{aligned}$$

注意到，在准备 $m(j,i)$ 消息的式子时，通过除以 $m_r(j,i)$［参见式（3.12）的推导过程］消除了节点 j 的影响力。原始的消息传递方程［见式（3.2）］也能达到同样的效果。

在对“近半”信念 $\boldsymbol{b}_h$ 以及“近半”消息 $\boldsymbol{m}_h$ 进行推导之前，为所有相关的量（消息和信念）引入一些近似值，而这些量将在接下来的证明中起到重要作用。

引理3.7　近似操作　设 $\{v_r,a_r,b_r\}$ 和 $\{v_h,a_h,b_h\}$ 分别是变量 v、a、b 的几率和“近半”值集合。以下近似操作是接下来所有引理的基础，并且适用于所有相关变量（m_r、b_r、ϕ_r 和 h_r）：

$$v_r = \frac{v}{1-v} = \frac{1/2 + v_h}{1/2 - v_h} \approx 1 + 4v_h \tag{3.13}$$

$$B(a_r, b_r) \approx 1 + 8a_h b_h \tag{3.14}$$

式中，$B(a_r, b_r) = \frac{a_r \cdot b_r + 1}{a_r + b_r}$是任意变量 a_r 和变量 b_r 的融合函数。

简要证明：对于式（3.13），首先应用“几率”和“近半”操作（分别为 $v_r = \frac{v}{1-v}$和 $v_h = v - \frac{1}{2}$），然后应用麦克劳林级数对除数进行展开操作（见表 3.4）并保留一阶项：

$$\begin{aligned} v_r &= \frac{v}{1-v} = \frac{1/2 + v_h}{1/2 - v_h} \\ &= \frac{1 + 2v_h}{1 - 2v_h} \overset{\text{表3.4}}{\approx} (1 + 2v_h)(1 + 2v_h) \\ &= 1 + 4v_h^2 + 4v_h \overset{\text{保留一阶项}}{=} 1 + 4v_h \Rightarrow \\ v_r &\approx 1 + 4v_h \end{aligned}$$

对于式（3.14），从融合函数的定义开始，然后对所有变量应用式（3.13）进行变换，并应用麦克劳林级数对除数的展开操作（见表 3.4）。和上面一样，只保留一阶项进行近似：

$$\begin{aligned} B(a_r, b_r) &= \frac{a_r \cdot b_r + 1}{a_r + b_r} \overset{\text{式(3.13)}}{=} \frac{(1 + 4a_h)(1 + 4b_h) + 1}{(1 + 4a_h) + (1 + 4b_h)} \\ &= 1 + \frac{16a_h b_h}{2 + 4a_h + 4b_h} = 1 + \frac{8a_h b_h}{1 + 2(a_h + b_h)} \\ &\overset{\text{表3.4}}{\approx} 1 + 8a_h b_h(1 - 2(a_h + b_h)) = 1 + 8a_h b_h \Rightarrow \\ B(a_r, b_r) &\approx 1 + 8a_h b_h \end{aligned}$$

接下来介绍的 3 个引理，对推导 FaBP 的线性方程很有用。注意，在所有的引理中，用一些近似操作使方程线性化。省略了其中的“≈”符号，以增加证明过程的可读性。

引理 3.8 当变量与近半点之间存在较小偏差时，信念方程的“近半”变体形式可表示为

$$b_h(i) \approx \phi_h(i) + \sum_{j \in N(i)} m_h(j, i) \tag{3.15}$$

证明：使用式（3.11）和式（3.13），并应用适当的麦克劳林级数展开式得到

$$\begin{aligned} b_r(i) &= \phi_r(i) \prod_{j \in N(i)} m_r(j,i) \Rightarrow \\ \log(1 + 4b_h(i)) &= \log(1 + 4\phi_h(i)) + \sum_{j \in N(i)} \log(1 + 4m_h(j,i)) \Rightarrow \\ b_h(i) &= \phi_h(i) + \sum_{j \in N(i)} m_h(j, i) \end{aligned}$$

引理 3.9 消息方程的“近半”形式的变体为

$$m_h(i,j) \approx 2h_h[b_h(i) - m_h(j, i)] \tag{3.16}$$

证明：结合式（3.10）、式（3.13）和式（3.14），得到

$$m_r(i,j) = B[h_r, b_{r,\text{adjusted}}(i,j)] \Rightarrow m_h(i, j) = 2h_h b_{h,\text{adjusted}}(i, j) \tag{3.17}$$

通过应用式（3.13）和具有一个极小量 ε 的麦克劳林级数展开 $\frac{1}{1+\varepsilon}=1-\varepsilon$ 的近似，对 $b_{h,\text{adjusted}}(i,j)$ 进行推导：

$$
\begin{aligned}
&b_{r,\text{adjusted}}(i,j) = b_r(i)/m_r(j,i) \Rightarrow \\
&1+4b_{h,\text{adjusted}}(i,j) = (1+4b_h(i))(1-4m_h(j,i)) \Rightarrow \\
&b_{h,\text{adjusted}}(i,j) = b_h(i) - m_h(j,i) - 4b_h(i)m_h(j,i)
\end{aligned} \tag{3.18}
$$

将式（3.18）代入式（3.17）并忽略二阶项，从而得到消息方程的“近半”形式的变体。

引理 3.10 在稳定状态下，消息可以用信念表示为

$$m_h(i,j) \approx \frac{2h_h}{(1-4h_h^2)}[b_h(i) - 2h_h b_h(j)] \tag{3.19}$$

证明：通过同时应用引理3.9到 $m_h(i,j)$ 和 $m_h(j,i)$ 中，便可以求解得到 $m_h(i,j)$ 的表达式。

基于上述推导，现在可以得到 FABP（定理3.2）的公式，在3.2节中已经给出了这个方程。

证明：［关于定理3.2：FABP］通过结合式（3.15）和式（3.19），得到

$$
\begin{aligned}
b_h(i) - \sum_{j\in N(i)} m_h(j,i) &= \phi_h(i) \Rightarrow \\
b_h(i) + \sum_{j\in N(i)} \frac{4h_h^2}{1-4h_h^2} b_h(i) - \sum_{j\in N(i)} \frac{2h_h}{1-4h_h^2} b_h(j) &= \phi_h(i) \Rightarrow \\
b_h(i) + a\sum_{j\in N(i)} b_h(i) - c'\sum_{j\in N(i)} b_h(j) &= \phi_h(i) \Rightarrow \\
(\boldsymbol{I} + a\boldsymbol{D} - c'\boldsymbol{A})\,\boldsymbol{b}_h &= \boldsymbol{\phi}_h
\end{aligned}
$$

3.2.2 收敛性分析

本小节将研究 FABP 方法收敛的充分不必要条件。FABP 的实现细节将在3.2.3节中进行描述。引理3.11、引理3.12和式（3.23）给出了收敛条件。

所有的结果都是根据对 $\boldsymbol{I}-\boldsymbol{W}$ 形式的矩阵的逆矩阵做幂次展开得到；见表3.3，所有方法都依照此过程进行处理。确切地说，需要矩阵 $\boldsymbol{I}-a\boldsymbol{D}-c'\boldsymbol{A}=\boldsymbol{I}-\boldsymbol{W}$ 的逆矩阵，其展开式为

$$(\boldsymbol{I}-\boldsymbol{W})^{-1}=\boldsymbol{I}+\boldsymbol{W}+\boldsymbol{W}^2+\boldsymbol{W}^3+\cdots \tag{3.20}$$

该线性系统的解由下式给出：

$$(\boldsymbol{I}-\boldsymbol{W})^{-1}\boldsymbol{\phi}_h = \boldsymbol{\phi}_h + \boldsymbol{W}\cdot\boldsymbol{\phi}_h + \boldsymbol{W}\cdot(\boldsymbol{W}\cdot\boldsymbol{\phi}_h) + \cdots \tag{3.21}$$

该方法计算快速，因其可以在迭代中完成，且每一次迭代中都包含了一次稀疏矩阵/向量乘法，所以称为幂法。然而幂法并不总是收敛。在本节中，考察了幂法的收敛条件。

引理 3.11 最大特征值 当且仅当 $\lambda(\boldsymbol{W})<1$ 时，级数 $\sum_{k=0}^{\infty}|\boldsymbol{W}|^k=\sum_{k=0}^{\infty}|c'\boldsymbol{A}-a\boldsymbol{D}|^k$ 收敛，其中 $\lambda(\boldsymbol{W})$ 是 $\boldsymbol{W}$ 的最大特征值。

因为最大特征值的计算并不容易，建议使用引理3.12或引理3.13，它们用“近半”同质性因数 h_h 的闭合形式表示。

引理3.12　1－范数　级数 $\sum_{k=0}^{\infty} |\boldsymbol{W}|^k = \sum_{k=0}^{\infty} |c'\boldsymbol{A} - a\boldsymbol{D}|^k$ 收敛，需满足：

$$h_h < \frac{1}{2(1 + \max_j(d_{jj}))} \tag{3.22}$$

式中，d_{jj}是对角矩阵 $\boldsymbol{D}$ 中的元素。

证明：简言之，证明基于如下事实：如果对称矩阵 $\boldsymbol{W}$ 的1－范数或等价的∞－范数小于1，则幂级数收敛。

具体而言，为了使幂级数收敛，矩阵 $\boldsymbol{W}=c'\boldsymbol{A}-a\boldsymbol{D}$ 的服从乘法范数应小于1。在此分析中，使用的服从乘法范数是1－范数（或等价的∞－范数）。矩阵 $\boldsymbol{W}$ 的相关元素要么是 $c' = \frac{2h_h}{1-4h_h^2}$，要么是 $-ad_{jj} = \frac{-4h_h^2 d_{jj}}{1-4h_h^2}$。因此需满足：

$$\max_j\left(\sum_{i=1}^{n} |A_{ij}|\right) < 1 \Rightarrow (c' + a) \cdot \max_j d_{jj} < 1$$

$$\frac{2h_h}{1-2h_h}\max_j d_{jj} < 1 \Rightarrow h_h < \frac{1}{2(1 + \max_j d_{jj})}$$

引理3.13　Frobenius 范数　级数 $\sum_{k=0}^{\infty} |\boldsymbol{W}|^k = \sum_{k=0}^{\infty} |c'\boldsymbol{A} - a\boldsymbol{D}|^k$ 收敛，需满足：

$$h_h < \sqrt{\frac{-c_1 + \sqrt{c_1^2 + 4c_2}}{8c_2}} \tag{3.23}$$

式中，$c_1 = 2 + \sum_i d_{ii}$；$c_2 = \sum_i d_{ii}^2 - 1$。

证明：通过考虑矩阵 $\boldsymbol{W}$ 的 Frobenius 范数并解关于 h_h 的不等式 $\|\boldsymbol{W}\|_F = \sqrt{\sum_{i=1}^{n}\sum_{j=1}^{m} |\boldsymbol{W}_{ij}|^2} < 1$，可以获得 h_h 的上界。

当图中节点的度表现出较大的标准差时，式（3.23）优于式（3.22）。当最大的度是一个很大的数值时，1－范数所得 h_h 的值较小，而 Frobenius 范数所得 h_h 的值则具有更高的上界。不过，应该牢记 h_h 需要是一个足够小的数字以使得“近半”思路对应的近似操作成立。

3.2.3　算法

根据3.2节的分析，提出了 FABP 算法（算法3.1）。

本书推测，如果 FABP 达不到足够高的准确度，其结果对于原始的迭代 BP 算法来说仍然是初始值的最佳选择。可以将 FABP 的最终信念作为 BP 的先验信念，然后进行几次 BP 迭代直到收敛。在研究的数据集中，这个额外的步骤并不必要，因为 FABP 的准确率等于甚至高于 BP，且速度更快。

算法 3.1 FaBP

输入：图 G，先验信念 $\boldsymbol{\phi}$

输出：所有节点的信念 $\boldsymbol{b}$

1）**步骤 1**：选择合适的 h_h 以达到收敛：$h_h = \max\{$式（3.22），式（3.23）$\}$，同时根据定理 3.2 计算参数 a 和 c'。

2）**步骤 2**：求解式（3.4）的线性系统。请注意，此公式中涉及的所有参数都接近于零。

3.3 扩展到多个类

现在简要地介绍一下如何将 FaBP 扩展到类别数 $k \geqslant 2$ 的情形，同时也将介绍如何实现同质性和异质性的混合[78]。通过一个在线拍卖的例子（诸如 eBay 网）[165]进行说明：观察 $k=3$ 类人：欺诈者（F）、同谋者（A）和诚实者（H）。诚实者与其他诚实者以及同谋者进行买卖操作。同谋者建立良好声誉（得益于与诚实者人群的多重互动），他们从不与其他同谋者互动（浪费精力和金钱），但他们会与欺诈者互动，并形成基于诚实者和欺诈者这两类节点集合的近二分核结构。欺诈者主要与同谋者互动（建立声誉），而他们与诚实者的互动往往发生在欺诈者账户被关闭之前的最后几天（以欺骗诚实者）。

因此，通常情况下会有 k 个不同的类别，它们两两之间具有一定的亲密程度或耦合强度，这些亲密程度组织成一个 $k \times k$ 维的耦合矩阵，称为传播矩阵。在图 3.3 中，给出一个 eBay 情景下的耦合矩阵，它显示了一个一般意义上的例子：从中可以看到 H 类成员之间的同质性以及 A 类成员与 F 类成员之间的异质性。

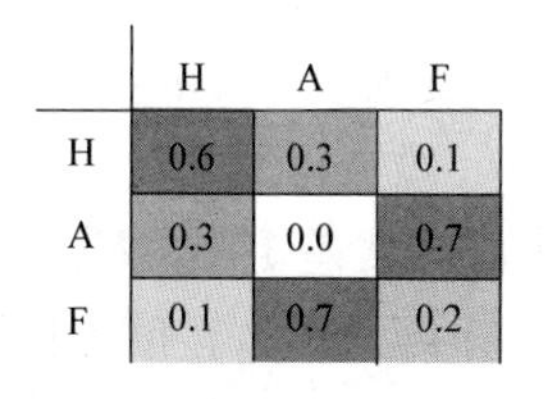

图 3.3 混合网络效应耦合矩阵的一般示例。颜色深浅对应于相邻节点类别之间的耦合强度。H：诚实者，A：同谋者，F：欺诈者

与二分类的情况类似，人们也希望应用 BP 获得图中所有节点最可能的“信念”（或标签）。其根本问题是：当知道节点之间的连接关系和网络中的某些节点的先验标签时（“初始化”的或“显式”给出的），如何为网络中的部分节点指派类标签？如何处理多类别标签的问题以及错综复杂的网络效应？

使用符号 $\boldsymbol{H}$ 来表示具有耦合权重的 $k \times k$ 维矩阵（在 $k=2$ 的情况下，使用 h 作为同质性常数因数）。具体而言，在任意 $i \neq j$ 的情况下，如果 $H(i, i) > H(j, i)$，网络具有同质性。如果对于所有 i，上述不等式大小关系相反，则网络是异质性的。否则网络中部分类别是同质性的，部分类别是异质性的。与以前的分析类似，假设在整个图中类之间的相对耦合关系是相同的，即 $H(j, i)$ 对于图中的所有边都是相同的。进一步要求这个耦合矩阵 $\boldsymbol{H}$ 是双重随机且对称的：①双重随机性是数学推导的必要条件㊀；②$\boldsymbol{H}$ 矩阵的对称性不是必需的，但由于假设了无向边，所以也要遵循对称性。

㊀ 通过将任意相邻类之间的相对耦合强度向量归一化为 1 并排列在矩阵中，可构造出矩阵的单随机特性。

这样，问题变成如下形式。

问题 3.14　最高信念分配（Top belief assignment）

- 给定：

1）具有 n 个节点的无向图以及对应的邻接矩阵 $\boldsymbol{A}$；

2）对称的双重随机耦合 $k \times k$ 矩阵 $\boldsymbol{H}$，其中 $\boldsymbol{H}(j, i)$ 表示类别为 j 的节点对其邻居中类别为 i 的节点的相对影响；

3）显示给定的信念矩阵 $\boldsymbol{\Phi}(\boldsymbol{\Phi}(s, i) \neq 0)$，其中的元素值代表节点 s 属于类别 i 的信念。

- 为每个节点找出一组具有最高终极信念的类别（即最高信念分配）。

正如特殊情况 $k=2$ 一样，主要思想是将值“向中心对齐”于某个给定的默认值（使用麦克劳林级数展开式），然后将参数限制在与这些默认值之间有较小偏差的范围内。所产生的等式用加法运算取代了乘法运算，由此可以纳入具有闭合形式解的矩阵框架中。接下来，给出第一个主要结果所需的两个定义。

定义 3.15　中心化　对于向量或矩阵 $\boldsymbol{x}$，如果对应元素都接近于 c，且均值为 c，则称该向量或矩阵“以 c 为中心”。

定义 3.16　残差向量/矩阵　如果向量 $\boldsymbol{x}$ 以 c 为中心，则对应的以 c 为中心的残差向量定义为 $\hat{\boldsymbol{x}} = [x_1 - c, x_2 - c, \cdots]$。相应地，如果矩阵 $\hat{\boldsymbol{X}}$ 每个列向量和行向量均对应于残差向量，则称该矩阵为残差矩阵。

例如，称向量 $\boldsymbol{x} = [1.01, 1.02, 0.97]$ 以 $c=1$ 为中心[㊀]。该向量对应的以 c 为中心的残差向量表示为 $\hat{\boldsymbol{x}} = [0.01, 0.02, -0.03]$。请注意，所构建的残差向量中的数值总和为 0。

将 FABP 扩展到多分类的主要结果如下。

定理 3.17　线性化的 BP（LinBP）　令 $\boldsymbol{B}_h$ 和 $\boldsymbol{\Phi}_h$ 分别为针对最终和显示信念矩阵，获得的以 $1/k$ 为中心的残差矩阵，$\boldsymbol{H}_h$ 是以 $1/k$ 为中心的残差耦合矩阵，$\boldsymbol{A}$ 是邻接矩阵，$\boldsymbol{D} = \mathrm{diag}(\boldsymbol{d})$ 是对角度矩阵。那么，信念传播的最终信念类别的确定由如下方程系统近似：

$$\boldsymbol{B}_h = \boldsymbol{\Phi}_h + \boldsymbol{A}\boldsymbol{B}_h\boldsymbol{H}_h - \boldsymbol{D}\boldsymbol{B}_h\boldsymbol{H}_h^2 \quad (\mathrm{LinBP}) \tag{3.24}$$

在实际操作中，可通过迭代计算求解式（3.24）。由于这个方程有一个闭合解，所以需要研究它迭代更新的收敛性，并根据问题的参数给出严格的收敛条件。为此，需要引入两个新的概念：令 $\boldsymbol{X}$ 和 $\boldsymbol{Y}$ 分别是 $m \times n$ 维和 $p \times q$ 维的矩阵，$\boldsymbol{x}_j$ 表示矩阵 $\boldsymbol{X}$ 的第 j 列，即 $\boldsymbol{x}_j = \{x_{ij}\} = [\boldsymbol{x}_1, \cdots, \boldsymbol{x}_n]$。首先，将矩阵中的列叠加在另一列下面从而将矩阵 $\boldsymbol{X}$ 向量化，并形成下面的单个列向量：

$$\mathrm{vec}(\boldsymbol{X}) = [\boldsymbol{x}_1, \cdots, \boldsymbol{x}_n]^{\mathrm{T}}$$

第二步，对 $\boldsymbol{X}$ 和 $\boldsymbol{Y}$ 做 **Kronecker 积**运算，它是一个 $mp \times nq$ 维的矩阵，定义如下：

$$\boldsymbol{X} \otimes \boldsymbol{Y} = \begin{bmatrix} x_{11}\boldsymbol{Y} & x_{12}\boldsymbol{Y} & \cdots & x_{1n}\boldsymbol{Y} \\ x_{21}\boldsymbol{Y} & x_{22}\boldsymbol{Y} & \cdots & x_{2n}\boldsymbol{Y} \\ \vdots & \vdots & \ddots & \vdots \\ x_{m1}\boldsymbol{Y} & x_{m2}\boldsymbol{Y} & \cdots & x_{mn}\boldsymbol{Y} \end{bmatrix}$$

基于这些符号，得到引理 3.18 中 LinBP 的闭合形式。

引理 3.18　闭合形式的 LinBP　LinBP 的闭合解［见式（3.24）］为

㊀ 本章中的所有向量 $\boldsymbol{x}$ 都设定为列向量的形式 $[x_1, x_2, \cdots]^{\mathrm{T}}$，即便写作行向量的形式 $[x_1, x_2, \cdots]$。

$$\operatorname{vec}(\boldsymbol{B}_h) = (\boldsymbol{I}_{nk} - \boldsymbol{H}_h \otimes \boldsymbol{A} + \boldsymbol{H}_h^2 \otimes \boldsymbol{D})^{-1} \operatorname{vec}(\boldsymbol{\Phi}_h) \quad \text{(LinBP)} \tag{3.25}$$

有关 LinBP 及其收敛条件的推导和深入分析的详细信息，请感兴趣的读者参阅参考文献［78］。信念传播在异构图上的扩展请参阅参考文献［62］。

3.4　实证结果

通过实证结果来回答以下问题：

问题1：FaBP 准确性能达到什么程度？

问题2：FaBP 在什么条件下会收敛？

问题3：FaBP 对参数 h 和 $\boldsymbol{\phi}$ 的鲁棒性如何？

问题4：FaBP 如何在具有数十亿节点和边的大规模图上进行计算？

表3.5 总结了在实验中使用的图。为了回答问题1（准确度）、问题2（收敛性）和问题3（鲁棒性），使用 DBLP 数据集⊖[76]，其中包括14376篇论文、14475名作者、20次会议和8920个术语。其中一小部分节点基于其所在领域知识（人工智能、数据库、数据挖掘和信息检索）进行了人工标注，共包括4057位作者、100篇论文和所有会议。将节点的标签调整为两类：AI（人工智能）和非 AI（＝数据库、数据挖掘和信息检索）。在每次实验中，在 DBLP 网络上运行 FaBP，丢弃了$(1-p)\%=(1-a)\%$的论文和作者的标签。然后对被丢弃标签的节点测试分类准确度。a 和 p 统一取值为0.1%、0.2%、0.3%、0.4%、0.5%和5%。为了避免组合爆炸，考虑$\{h_h$, priors$\}=\{\pm 0.002, \pm 0.001\}$作为锚定值，然后每次改变一个参数。由于版面限制，对于在不同比例 $a\%=p\%$ 情况下得到相同结果的情况，仅随机选择部分结果进行呈现。

为了回答问题4（可扩展性），使用了真实的 YahooWeb 图和人工的 Kronecker 图数据集。YahooWeb 是一个网页链接图，包含14亿个网页和66亿条边；标注了1100万个教育网站。使用90%的标记数据来设置节点的先验知识，并使用剩余的10%来评估准确度。关于参数，使用引理3.13（Frobenius 范数）将 h_h 设置为0.001，并将先验信念的大小设置为0.05 ± 0.001。Kronecker 图是 Kronecker 生成器生成的人工图[131]。

表3.5　FaBP：图的顺序和大小

数据集	节点	边
Yahoo Web	1413511390	6636600779
Kronecker 1	177147	1977149596
Kronecker 2	120552	1145744786
Kronecker 3	59049	282416200
Kronecker 4	19683	40333924
DBLP	37791	170794

3.4.1　准确度

图3.4 展示了 DBLP 数据中每个节点的信念散点图（FaBP 与 BP）。从图3.4 中可以看

⊖ http://web.engr.illinois.edu/~mingji1/DBLP_four_area.zip。

出，当使用相同的参数时，FABP 和 BP 在图中所有节点的结果几乎相同，因此它们的准确度相同。尝试用不同比例的测试集，其结论都相同（图 3.4 中显示的是 0.1% 和 0.3%）。

观测结果 3.19　FABP 和 BP 在使用相同参数时具有相同的分类结果。

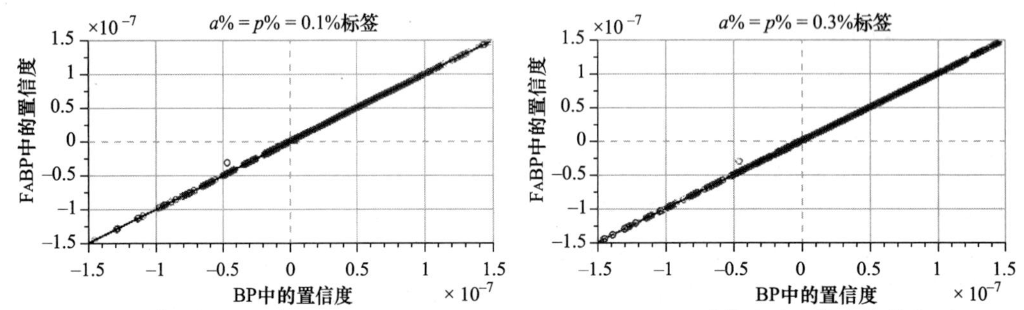

图 3.4　参数为（h，proirs）=（0.5 +/ -0.002，0.5 +/ -0.001）时算法对应信念的散点图。FABP 的得分与 BP 几乎完全一致，即 DBLP 子网中的所有节点对应的信念散点图（FABP 与 BP）均落在 45°线上；红色点/绿色点分别对应于分类为“AI/非 AI”的节点（见插页彩图）

3.4.2　收敛性

本书研究了“近半”同质性因数的数值如何影响 FABP 的收敛性。图 3.5 用“max |eval| = 1”标记的线将图分成两个区域：①左边，幂法收敛且 FABP 是准确的；②右边，由于幂法发散导致分类准确度显著下降。这里标记了对应于同质性值为 h_h 的已分类节点的数量，其中由于数字表示问题，一些节点未被分类。当 h_h 取值最小时，对应的准确度较低，这是由未分类的节点造成的，因为这些节点被当作错误分类的节点处理。基于 Frobenius 范数的方法与基于 1 - 范数的方法相比 h_h 的上限更高，这防止了数值计算带来的数值表示问题。

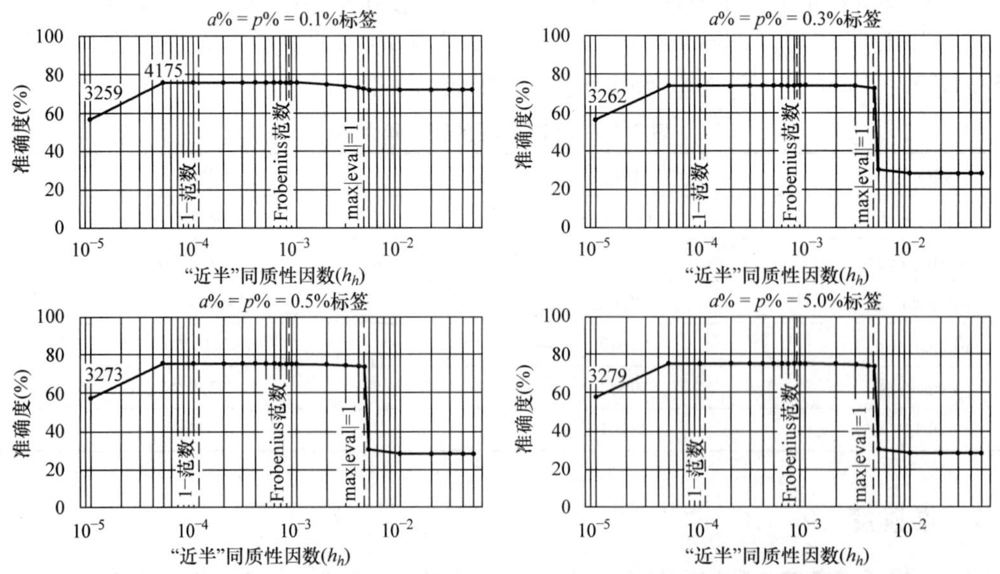

图 3.5　准确度与 h_h（先验信念 = ±0.00100）。FABP 在收敛范围内达到最高准确度。如果 FABP 未对部分节点分类，用数值标记已分类节点的数量

观测结果 3.20 收敛范围始终与高准确度区域一致。因此，建议使用式（3.23）并选择基于 Frobenius 范数的同质性因数。

3.4.3 鲁棒性

如图 3.5 所示，只要“近半”同质性因数 h_h 处于收敛范围内，FABP 对于 h_h 就是鲁棒的。在图 3.6 中，观察到准确度分数对先验信念的大小不敏感。只呈现了 a，$p \in \{0.1\%, 0.3\%, 0.5\%, 5\%\}$ 的示例，除了 a，$p = 5\%$，其他情况下的准确度几乎相同。算法在不同的“近半”同质性因数下结果相似。

观测结果 3.21 准确性结果对先验信念和同质性因数的大小不敏感——只要同质性因数的值分布在 3.2.2 节中给出的收敛范围内。

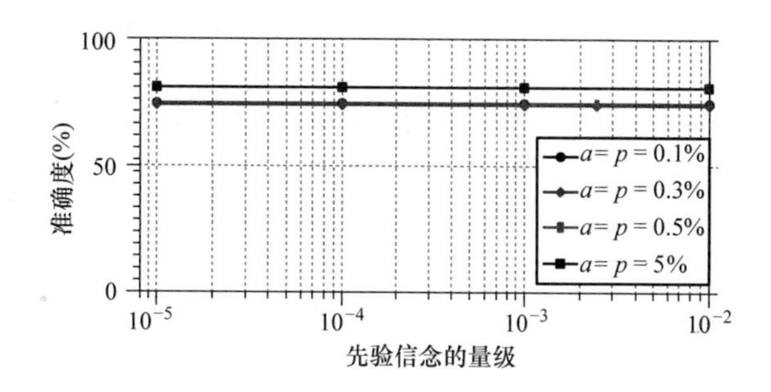

图 3.6 先验信念大小为 $h_h = \{\pm 0.002\}$ 时，FABP 算法对应的准确度，结果表明该算法对于先验信念的大小不敏感（见插页彩图）

3.4.4 可扩展性

为了展示 FABP 的可扩展性，在 HADOOP（一个开源的 MapReduce 框架，已经成功应用于大规模图的分析[106]）上实现 FABP。首先展示 FABP 在 Kronecker 图的边数上的可扩展性。如图 3.7 所示，FABP 的运行时间随边的数量的增长呈线性增长。接下来，在 YahooWeb 图上比较了 FABP 和 BP[102] 的 HADOOP 版本的运行时间和准确度。图 3.8a 和 b 展示了 FABP 用幂法进行两次迭代后达到的最大准确度，并且计算速度大约是 BP 的 2 倍。

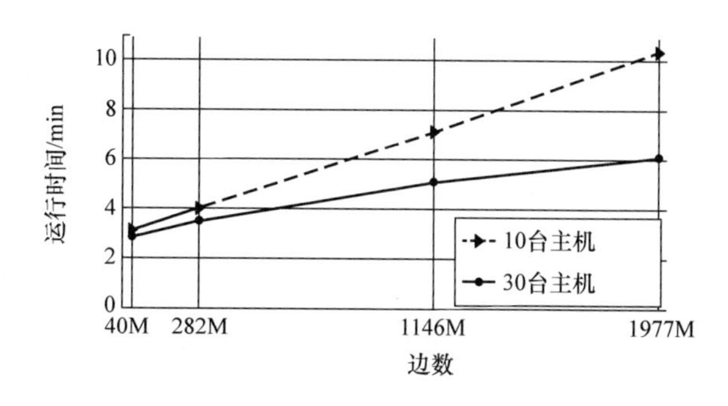

图 3.7 在 Kronecker 图上，FABP 的运行时间与 HADOOP 平台上使用 10 台和 30 台主机时对应的边数

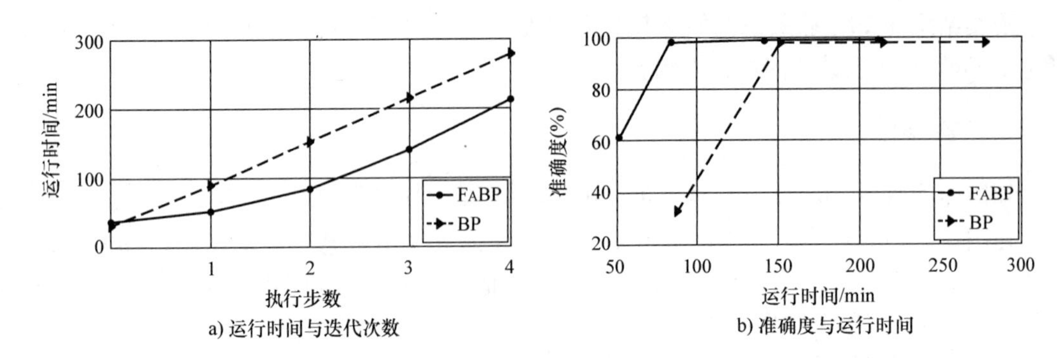

图 3.8 FABP 和 BP 算法在 YahooWeb 图上的表现：FABP 在速度上和准确度上均更优。在图 3.8b 中，每种方法都包含 4 个点，这些点对应于第 1 ~4 步。请注意，FABP 在 84min 后达到最高准确度，而在 151min 后 BP 达到相同准确度

观测 3.22 FABP 的运行速度与边数呈线性关系，且在 HADOOP 上的运行速度是 BP 的 2 倍左右。

第二部分　群图挖掘

第 4 章　动态图概要抽取

合作者：Neil Shah 等人，计算机科学系，卡耐基·梅隆大学—2015 年 KDD 工作中出现的内容[189]

在许多应用中，集中探索多个图是必要的，或者说至少是有益的。这些图可以是同一组对象的时间序列（时序演化图），也可以是不同来源的不同网络。在本章中，将重点放在动态网络上：给定一个随时间推移而变动的大规模电话呼叫网络，如何简短地向从业人士描述它？对于真实世界的图，传统上假设它的度是有偏的，除去这个假设，连通性方面有哪些值得关注？例如，动态图是由固定时间间隔出现的多个大型派系组成，还是由几个持续存在的大型星形枢纽结构组成？本章将重点讨论这些问题，并聚焦于如何构建大型真实动态图的简明概要，从而更好地理解其潜在行为。在本章中，还将推广第 2 章中描述的单图概要抽取工作。

动态图概要抽取问题有许多实际应用。动态图常用于建模各种实体随时间变化建立的关系，这在几乎所有以节点代表用户或人员的应用中都是有价值的[2,21,37,82,87,135,163,203]。例如在线社交网络、电话呼叫网络、协同网络、合著关系网络以及其他交互网络。

聚类和社区检测的传统目标（例如基于模块度的社区检测、谱聚类和基于分割的划分算法）与本书的方向并不完全一致。这些算法通常产生满足或接近一些优化函数的节点分组。但是它们没有提供关于算法输出的结果说明——检测到的聚类分组是小型星形结构，还是链式结构，还是密集的块？此外，在分组中也缺乏明确的排序，这使得从业人员在理解数据时需要花费更多时间和精力。

TimeCrunch 是针对大规模动态图（并不局限于传统的具有密集块和“穴居”社区的图）而提出的一种有效的概要抽取方法。与第 2 章中单图概要抽取工作类似，本章将利用 MDL（Minimum Description Length，最小描述长度）来寻找简明的图模式。与之前介绍的静态词汇表相反，在本章中，将尝试使用能够描述时序连续行为的**时序短语**词典来识别或更好地描述随时间变化的图。图 4.1 展示了将 TimeCrunch 应用到实际动态图中的效果。

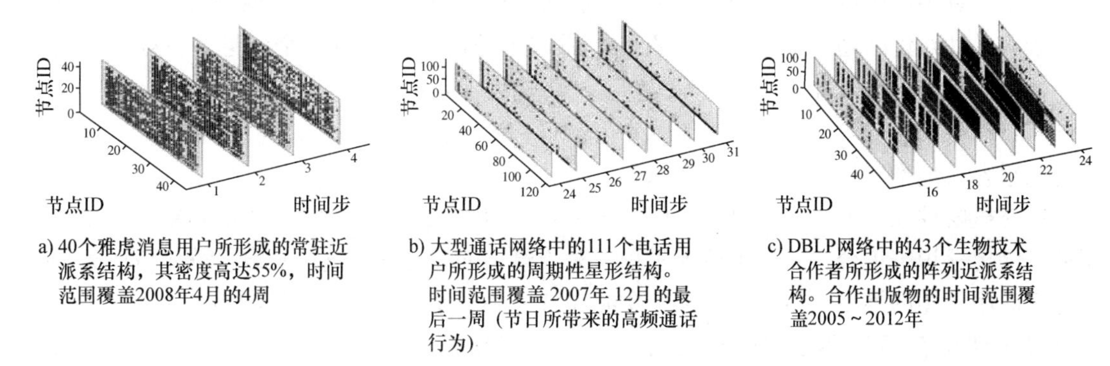

a) 40个雅虎消息用户所形成的常驻近派系结构，其密度高达55%，时间范围覆盖2008年4月的4周

b) 大型通话网络中的111个电话用户所形成的周期性星形结构。时间范围覆盖 2007年 12月的最后一周（节日所带来的高频通话行为）

c) DBLP网络中的43个生物技术合作者所形成的阵列近派系结构。合作出版物的时间范围覆盖2005～2012年

图 4.1　TimeCrunch 找到的连贯的、可解释的时序结构。给出了按照相关时间点对子图重新排序后的对应邻接矩阵，每个时序结构包含在一个灰色框中；为了易于辨认不同的时间步，此处交替使用的红色和蓝色边加以区分（见插页彩图）

• 图4.1a展示了一个**常驻近派系结构**，该结构覆盖Yahoo！40个用户在2008年4月共4周的消息通信网络。相关子图在此期间的密度高达55%，这非同寻常。一种可能的解释是，这些用户可能是互相发送消息的聊天机器人，试图伪装成普通用户从而避免被系统识别。由于该数据集出于隐私保护进行了匿名化，所以无从验证。

• 图4.1b展示了一个**周期性星形结构**，该结构覆盖亚洲一个匿名的大城市中111名用户在2007年12月最后一个星期形成的电话通信网络。从中观察到，星形行为随时间而振荡。具体来说，奇数时间步数比偶数时间步具有更强的星形结构。此外，星形结构在12月25日和31日的表现最强（对应于重大的节日）。

• 最后，图4.1c展示了一个**阵列近派系**结构，该结构覆盖DBLP网络中43个作者在2005～2012年在生物技术类期刊（如Nature和Genome Research）上共同发表论文而构成的合著网络。观察到的现象与直觉一致，因为这个领域通常有许多合作者。第一个和最后一个时间步的连通性非常稀疏且不属于检测到的结构的一部分——它们仅用于划分活动范围。

在本章中，将针对以下问题提供可扩展的解决方案。

问题4.1　动态图概要抽取——非形式化定义　给定一个动态图（如一个关于邻接矩阵㊀$\boldsymbol{A}_1$，$\boldsymbol{A}_2$，…，$\boldsymbol{A}_t$的时间序列），找到一组可能重叠的时序子图，以可扩展的方式对给定的动态图进行简明地描述。

4.1　问题描述

本节给出了本工作的第一项主要贡献，即使用MDL将动态图概要抽取形式化为压缩问题。为了清楚起见，在表4.1中提供了本章中的常用符号——第2章中介绍过的用于静态图概要抽取的符号定义也在表4.1中进行了描述。

需要提醒的是，MDL的原理旨在提供一个柯尔莫洛夫复杂性（Kolmogorov Complexity）[138]问题的实际应用，且通常与压缩推理相关。MDL规定，给定模型族$\mathcal{M}$，对于一些观测数据$\mathcal{D}$，最佳模型$M \in \mathcal{M}$是使$L(M)+L(\mathcal{D}|M)$最小化的那个模型，其中$L(M)$是用于描述M的位长度，$L(\mathcal{D}|M)$是用模型M对$\mathcal{D}$进行编码的位长度。为了保证模型选择过程的公平性，MDL强调无损压缩。

对于本章中的应用，关注于用张量方式分析固定离散时间间隔的无向动态图。所定义的符号表明，针对该问题，是把动态图看作一系列单独的快照或者一个张量进行处理。具体为，考虑一个不包含自环的动态图$G(\mathcal{V},\mathcal{E})$，其中包含$n=|\mathcal{V}|$个节点、$m=|\mathcal{E}|$条边和$t$个时间步。此时，$G=\cup_x G_x(\mathcal{V}_x,\mathcal{E}_x)$，其中$G_x$和$\mathcal{E}_x$对应于第$x$个时间步的图和边集。这种思想可以很容易地推广到其他类型的动态图中。

针对概要抽取，考虑一组时序短语$\Phi=\Delta\times\Omega$，其中Δ对应于时序特征码集合，Ω对应于静态结构标识符集合，×表示笛卡尔积。对于给定的动态图，这些集合的确定依赖于想要找到的时序子图的类型。尽管能够把任意时序特征和静态结构标识符都囊括进这些集合，但只选择了期待在实际动态图中找到的5个时序特征码[18]：单发（o）、阵列（r）、周期

㊀　如果图具有不同但重叠的节点集$\mathcal{V}_1$，$\mathcal{V}_2$，…，$\mathcal{V}_t$：则假定$\mathcal{V}=\mathcal{V}_1\cup\mathcal{V}_2\cup\cdots\mathcal{V}_t$，不连通的节点被视为孤立节点。

(p)、闪烁(f)和常驻(c)以及在实际静态图中的 6 种常见结构(见第 2 章)——星形结构(st)、派系和近派系结构(fc, nc)、二分核和近二分核结构(fb、nb)以及链式结构(ch)。总体而言,我们构造了时序特征码 $\Delta=\{o, r, p, f, c\}$,静态标识符 $\Omega=\{st, fc, nc, bc, nb, ch\}$ 和时序短语 $\Phi=\Delta\times\Omega$。将在形式化这里的目标之后进一步描述这些特征码、标识符和短语。

表 4.1　TIMECRUNCH:常用符号及其定义

符号	描　述
G, $\boldsymbol{A}$	分别为动态图和邻接张量
G_x, $\boldsymbol{A}_x$	分别为 G 对应的第 x 时间步的快照和邻接矩阵
$\mathcal{E}_x$, m_x	分别为 G_x 的边集和边数
fc, nc	分别为派系和近派系
fb, nb	分别为二分核和近二分核
st	星形图
ch	链式结构图
o	单发
c	常驻
r	阵列
p	周期
f	闪烁
t	动态图的时间步总数
Δ	时序特征码集合
Ω	静态标识符集合
Φ	词典,时序短语集合 $\Phi=\Delta\times\Omega$
$\times$	笛卡尔积计算
M, s	模型 M 和时序结构 $s\in M$
$\|S\|$	集合 S 的基数
$\|s\|$	结构 s 中的节点数量
$u(s)$	结构 s 出现的时间步列表
$v(s)$	结构 s 的时序短语类型,$v(s)\in\Phi$
$\boldsymbol{M}$	由 M 生成的 $\boldsymbol{A}$ 的近似矩阵
$\boldsymbol{E}$	误差矩阵 $\boldsymbol{E}=\boldsymbol{M}\oplus\boldsymbol{E}$
$\oplus$	异或操作
$L(G, M)$	给定 M 用于编码 M 和 G 的位数
$L(M)$	编码 M 所需的位数

为借助这些时序短语并利用 MDL 抽取动态图概要,定义了一个模型族$\mathcal{M}$,其中的模型 $M\in\mathcal{M}$可用于描述动态图,此外还将给出以位为单位量化编码代价的方法。

4.1.1 动态图概要抽取的 MDL 准则

用节点重叠但是边不重叠的时序图结构组成的有序列表作为模型 $M \in \mathcal{M}$。根据节点之间的内部连通情况，每个 $s \in M$ 描述了邻接张量 $\boldsymbol{A}$ 的一个确定区域。使用 area$(s, M, \boldsymbol{A})$ 描述根据 s 导出的边 $(i, j, x) \in \boldsymbol{A}$，当 M 和 $\boldsymbol{A}$ 的上下文明确时，仅记为 area(s)。

模型族$\mathcal{M}$由$\mathcal{C}$的子集的所有可能排列组成，其中$\mathcal{C} = \cup_{v} \mathcal{C}_v$,$\mathcal{C}_v$ 表示所有可能的时序结构短语 $v \in \Phi$ 的集合，这些结构遍及所有可能的时间步组合。也就是说，$\mathcal{M}$由所有可能的模型 M 组成，该模型是一些时序短语的有序列表，例如闪烁的星形结构（fst）、周期性派系结构（pfc）等，它们遍及$\mathcal{V}$和 G_1，…，G_t 中所有可能的子集。利用 MDL，可以搜索到一个特定的模型 $M \in \mathcal{M}$，使得 M 的编码长度和给定 M 后对邻接张量 $\boldsymbol{A}$ 进行编码的长度最小。

接下来将描述通过模型 M 传输邻接张量 $\boldsymbol{A}$ 的基本方法。首先，发送 M。接着，对于给定的 M，引入邻接关系张量的近似，记为 $\boldsymbol{M}$，该近似由每一个时序结构 $s \in M$ 共同描述。对于每个结构 s，从 $\boldsymbol{A}$ 的 area(s) 中导出相应的边。鉴于 $\boldsymbol{M}$ 是对 $\boldsymbol{A}$ 的近似，很可能 $\boldsymbol{M} \neq \boldsymbol{A}$。由于 MDL 需要无损编码，还必须发送误差 $\boldsymbol{E} = \boldsymbol{M} \oplus \boldsymbol{A}$，即 $\boldsymbol{M}$ 和 $\boldsymbol{A}$ 之间进行异或计算。给定 $\boldsymbol{M}$ 和 $\boldsymbol{E}$，接收者可用无损方式构造完整的邻接张量 $\boldsymbol{A}$。

因此，将所解决的问题形式化如下。

问题 4.2　最小化动态图描述　给定具有邻接张量 $\boldsymbol{A}$ 和时序短语词典 Φ 的动态图 G，找到能够最小化总编码长度的模型 M：

$$L(G, M) = L(M) + L(\boldsymbol{E})$$

式中，$\boldsymbol{E} = \boldsymbol{M} \oplus \boldsymbol{A}$ 是误差矩阵，$\boldsymbol{M}$ 是由 M 导出的 $\boldsymbol{A}$ 的近似张量。

在下面的内容中，将进一步形式化编码模型 M 和误差矩阵 $\boldsymbol{E}$。

4.1.2 编码模型

完整描述模型 $M \in \mathcal{M}$的编码长度是

$$L(M) = \underbrace{L_{\boldsymbol{N}}(|M|+1) + \log\binom{|M| + |\Phi| - 1}{|\Phi - 1|}}_{\text{总的结构数量以及各类型的结构数量}} + \underbrace{\sum_{s \in M}(-\log P(v(s) \mid M) + L(c(s)) + L(u(s)))}_{\text{每个结构的类型、连通性和时序描述}} \tag{4.1}$$

首先用$L_{\boldsymbol{N}}$传输 M 中的时序结构总数，即大于或等于 1 的 Rissanen 最优整数编码[184]。接下来，对 M 中每个短语 $v \in \Phi$ 的时序结构的数量进行最优编码。然后对于每个结构 s，使用最优前缀码编码每个结构的时序短语类型 $v(s)$[52]、连通特性 $c(s)$ 和 s 的时序存在性，它主要由 s 出现的有序时间步列表 $u(s)$ 构成。

为了得到协调一致的模型编码方案，接下来定义每个短语 $v \in \Phi$ 的编码，这样就可以计算 M 中所有结构的 $L(c(s))$ 和 $L(u(s))$ 了。连通性 $c(s)$ 对应于由 s 导出的 area(s) 中的边，而时序存在性 $u(s)$ 对应于 s 存在的时间步。这里分别考虑了连通性和时序存在性，因为短语 v 所描述的时序结构 s 的编码是相应的 Ω 中静态结构标识符对应的联通性编码代价和 Δ 中时序特征码的时序存在性编码代价的总和。

连通性编码

为了计算标识符集合 Ω（即派系、近派系、二分核、近二分核、星形结构和链式结构）中每种静态结构标识符连通性的编码代价 $L(c(s))$，使用 2.2.2 节中介绍的公式。

时序存在性编码

对于给定的短语 $v \in \Phi$，仅编码基本的静态结构的连通性是不够的。对于每个结构 s，还必须对时序存在性 $u(s)$（由 s 出现的时间步所组成的有序列表）进行编码。本节将描述如何计算特征码集合 Δ 中每个时序特征码的时序存在性编码代价 $L(u(s))$。

注意到，在 Δ 中用时序特征描述一组时间步 $u(s)$ 是另一个模型选择问题，可以利用 MDL 实现。与连通性编码一样，用给定的时序特征标记 $u(s)$ 可能不是那么准确——但其中出现的任意错误将会添加到传输误差的代价中。时序存在性编码中的误差将在 4.1.3 节中进一步详述。

单发（Oneshot）：单发结构只出现在 G_1，…，G_t 中的一个时间步——也就是 $|u(s)|=1$。这些结构表征了图的某些异常，因为这些结构不是反复出现，它们只出现一次。对于单发结构 o 的时序存在性的编码代价 $L(o)$ 可以写为 $L(o)=\log(t)$。由于该结构只出现一次，只需要从 t 个观察的时间步中识别出结构所出现的时间步。

阵列（Ranged）：阵列结构由短暂活跃存在特性来刻画。这些结构在再次消失前仅连续出现在几个时间步内——它们被定义为一次突发活动。阵列结构 r 的编码代价 $L(r)$ 由下式给出：

$$L(r) = \underbrace{L_{\mathbb{N}}(|u(s)|)}_{\text{时间步数量}} + \underbrace{\log\binom{t}{2}}_{\text{开始时间步和结束时间步的ID}}$$

首先对结构出现时的时间步的数量编码，然后对用于标记活跃持续期的起始时间步 ID 以及结束时间步 ID 编码。

周期（Periodic）：周期结构是阵列结构的扩展，以固定的间隔出现。而这些时间间隔的间距大于 1 个时间步。因此，这里用与阵列结构相同的编码代价函数计算即可。也就是说，$L(p)$ 对于周期性结构 p 由 $L(p)=L(r)$ 给出。

对于阵列和周期性结构，时间周期可由开始和结束标记以及时间步数 $|u(s)|$ 推断得到，从而使得可以重建初始 $u(s)$。

闪烁（Flickering）：如果结构仅出现在 G_1，…，G_t 中的某些时间步中，且不符合任何可辨别的阵列或周期性结构的模式，则该结构为闪烁结构。闪烁结构 f 的编码代价 $L(f)$ 表示如下：

$$L(f) = \underbrace{L_{\mathbb{N}}(|u(s)|)}_{\text{时间步数量}} + \underbrace{\log\binom{t}{|u(s)|}}_{\text{发生的时间步对应ID}}$$

除了对出现的时间步 ID 编码，还要对结构发生的时间步数量进行编码。

常驻（Constant）：常驻结构在所有时间步中持续存在。也就是说，它们在 G_1，…，G_t 中每个时间步均出现，没有例外。在这种情况下，对于常驻结构 c，编码代价 $L(c)$ 被定义为 $L(c)=0$。直观而言，结构出现的时间步的相关信息是“免费的”，因为它已经通过编码短语描述符 $v(s)$ 给出。

4.1.3 误差编码

鉴于 M 是概要，并且由 M 导出的 $\boldsymbol{M}$ 只是 $\boldsymbol{A}$ 的近似，所以有必要对由 M 产生的误差进行编码。具体而言，需要考虑两种类型的误差。第一类是连通性误差——如果结构 s 引入的 area(s)不能准确等同于 $\boldsymbol{A}$ 中与之对应的部分，那么将对相关的误差进行编码。第二类误差是在对具有固定时序特征码的时间步集合 $u(s)$ 编码时产生的，这是因为给定的 $u(s)$ 无法精确遵循编码所用的时序模式。

连通性误差编码

遵循 2.2.3 节中同样的描述原理，将误差张量 $\boldsymbol{E}=\boldsymbol{M}\oplus\boldsymbol{A}$ 编码为两个不同的部分：$\boldsymbol{E}^+$ 和$\boldsymbol{E}^-$。第一部分$\boldsymbol{E}^+$，指 $\boldsymbol{A}$ 中被 M 建模，但 $\boldsymbol{M}$ 中包含却没有呈现在原始图中多余的边构成的区域。第二部分$\boldsymbol{E}^-$，指 $\boldsymbol{A}$ 中没有被 M 建模从而没有被描述的区域。为了便于理解，展示了$\boldsymbol{E}^+$和$\boldsymbol{E}^-$的编码：

$$L(\boldsymbol{E}^+) = \log(|\boldsymbol{E}^+|) + \|\boldsymbol{E}^+\| l_1 + \|\boldsymbol{E}^+\|' l_0$$

$$L(\boldsymbol{E}^-) = \underbrace{\log(|\boldsymbol{E}^-|)}_{\text{边数}} + \underbrace{\|\boldsymbol{E}^-\| l_1 + \|\boldsymbol{E}^-\|' l_0}_{\text{边}}$$

式中，$\|\boldsymbol{E}\|$ 和 $\|\boldsymbol{E}\|'$分别表示 area($\boldsymbol{E}$)中存在的和不存在的边的数量；$l_1=-\log(\|\boldsymbol{E}\|/(\|\boldsymbol{E}\|+\|\boldsymbol{E}\|'))$和 $l_0=-\log(\|\boldsymbol{E}\|'/(\|\boldsymbol{E}\|+\|\boldsymbol{E}\|'))$分别表示存在的和不存在的边的最优前缀码的长度。

更详细的解释，请参阅 2.2.3 节。

时序存在性误差编码

针对将 $u(s)$ 标识为时序标记符中的具体某种时序结构时所引发的编码误差，将会返回应用于每一个结构 s 的误差分布的最优前缀码。给定用于编码 Δ 中每个特征码类型的相关信息，可以重建原始时间步集合的近似 $\tilde{u}(s)$，使得 $|u(s)|=|\tilde{u}(s)|$。使用这个近似值，误差 $e_u(s)=u(s)-\tilde{u}(s)$的编码代价 $L(e_u(s))$定义为

$$L(e_u(s)) = \sum_{k\in h(e_u(s))} (\underbrace{\log(k)}_{\text{误差量级}} + \underbrace{\log c(k)}_{\text{发生次数}} + \underbrace{c(k) l_k}_{\text{误差}})$$

式中，$h(e_u(s))$表示 $e_u(s)$中互不相同的元素构成的集合[⊖]；$c(k)$表示 $e_u(s)$中元素 k 出现的次数；l_k 表示 k 的最优前缀码的长度。

对于每个元素 k 产生的误差，用量级的大小、该量级出现的次数以及最优编码产生的实际误差来表示。通过将模型与时序存在性和连通性误差进行结合，接收方首先可以恢复每个 $s\in M$ 对应的 $u(s)$，接着根据 M 导出 $\boldsymbol{A}$ 的近似 $\boldsymbol{M}$，然后利用$\boldsymbol{E}^+$和$\boldsymbol{E}^-$生成 $\boldsymbol{E}$，最后通过 $\boldsymbol{A}=\boldsymbol{M}\oplus\boldsymbol{E}$ 无损地恢复得到 $\boldsymbol{A}$。

备注：对于具有 n 个节点的动态图 G，从搜索空间中寻找最佳模型 $M\in\mathcal{M}$非常棘手。因为它包含了由词典 $\boldsymbol{\Phi}$ 中所有可能的短语、节点集$\mathcal{V}$上所有可能的子集和 G_1，…，G_t 中所有可能的时间步序列构成的所有可能的时序结构的排列组合。此外，在$\mathcal{M}$中实现有效

⊖ 通过一个例子介绍 $h(e_u(s))$中 k 的获取过程：以周期结构为例，某个静态结构出现的时间步构成的列表 $u(s)$可能并不是精确的周期模式，时间间隔是逐渐变动的，可以为 [1, 3, 5, 8, 13]，此时用周期结构编码静态结构的时序模式会产生误差。为了计算这个误差，可以根据该时间序列的起始时间和时间步数构建标准的参照周期序列，此例中为 [1, 4, 7, 11, 14]。对两个序列做差得到$e_u(s)$：[0, 1, 2, 3, 1]，该列表里的数字即 k。——译者注

的搜索不容易实现。为此提出了几种实用方法，以便找到 G 中好的、解释性强的时序模型或图概要。

4.2　TimeCrunch：基于词汇表的动态图概要抽取

到目前为止，已经阐述了把动态图概要抽取问题形式化为一个压缩问题的具体细节，其中用到了 MDL 技术。具体而言，详细描述了如何编码一个模型及相关误差，从而用于无损的重构原始动态图 G。模型由时序结构的有序列表来表征，这些时序结构来自词典 Φ 中的短语。每个 $s \in M$ 通过以下方式由短语 $p \in \Phi$ 标识：

- 节点连通性 $c(s)$，即由静态结构标识符（如 st、fc 等）导出的边的集合；
- 相关的时序存在性列表 $u(s)$，即根据某个时序结构活跃的时序特征码（如 o、r 等）构成的有序时间步列表。

模型对应的误差包含了原始张量 $\boldsymbol{A}$ 中未被 $\boldsymbol{M}$（由 M 导出的 $\boldsymbol{A}$ 的近似张量）覆盖的边。

接下来，将讨论如何找到好的候选时序结构来填充候选集$\mathcal{C}$，以及如何找到最佳模型 M 对动态图进行概要抽取。算法的伪代码在算法 4.1 中给出，4.2.1 节将详细介绍这种方法的每一个步骤。

4.2.1　生成候选静态结构

TimeCrunch 采用增量方法应用于动态图概要的抽取。换言之，首先对静态图 G_1，…，G_t 中潜在有用的子图进行概要抽取。寻找有用的子图可通过很多用于社区检测、聚类和图划分等静态图分解算法实现，如 EigenSpokes[176]、METIS[108]、谱划分[13]、Graclus[54]、交叉关联[40]、Subdue[113]和 SlashBurn[103]。总之，对于 G_1，…，G_t 中的每个静态图，都会生成一组子图集合$\mathcal{F}$。

算法 4.1　TimeCrunch

输入：从时间步 1 到时间步 t 的动态图：G_1，…，G_t

输出：动态图 G 的概要 M

1）**生成候选静态子图**：使用传统静态图分解方法为每个 G_1，…，G_t 生成静态子图集合；

2）**标记候选静态子图**：用能够使对应子图局部编码代价最小化的标识符 $x \in \Omega$ 对应的静态结构标记每个静态子图；

3）**拼接候选时序结构**：将来自 G_1，…，G_t 中的静态结构拼接在一起以形成具有一致的连通性的时序结构，并且根据使时序存在性编码代价最小化的短语 $p \in \Phi$ 来标记它们；

4）**合成时序结构**：使用 Vanilla、Top-10、Top-100 和 Stepwise 启发式方法构造一个重要的、非冗余的时序结构模型 M。M 选用的启发式方法需产生最小的总编码代价。

4.2.2　标注候选静态结构

一旦从 G_1，…，G_t 中获得一组静态子图$\mathcal{F}$，就用 Ω 中与相应子图连通性最吻合的静态结构来标记$\mathcal{F}$中的每个子图。

定义 4.3　静态结构　静态结构是用$\Omega=\{\mathrm{fc},\ \mathrm{nc},\ \mathrm{fb},\ \mathrm{nb},\ \mathrm{st},\ \mathrm{ch}\}$中的静态标识符标记的静态子图。

对于每个固定时间步长中的节点集合$\mathcal{L}\in\mathcal{V}$所构成的子图，$\mathcal{L}$对应的邻接矩阵是否最接近星形结构、派系或近派系结构、二分核或近二分核结构，还是链式结构？为了回答这个问题，结合了 2.3.2 节中讨论过的编码方案。简言之，尝试使用Ω中的每个静态标识符对$\mathcal{L}$对应的子图进行编码，并用标识符$x\in\Omega$对其进行标记，从而最大限度地降低编码代价。

4.2.3　组装候选时序结构

到目前为止，有一组通过G_1，…，G_t得到的静态子图集合$\mathcal{F}$，并以能够最好地表示这些子图连通性的动态标志符对其进行了标记（从现在起，将$\mathcal{F}$记为一组静态**结构**而不是**子图**，因为它们已用标识符进行了标记）。这里的目标是从这个集合中找到时序结构，也就是说，试图找到在一个或多个时间步中具有相同连通模式的静态子图，然后将它们拼接在一起。这就把在G中寻找一致时序结构的问题形式化为在$\mathcal{F}$中的聚类问题。虽然已有几个准则可用于静态结构聚类，但还是采用了如下直观含义进行定义。

定义 4.4　时序结构　如果两个静态结构属于同一个时序结构（即它们在同一个聚类簇中），则它们需要满足：

- 它们子图对应的节点存在大量重叠；
- 有完全相同或相似（派系和近派系，或二分核和近二分核）的静态结构标识符。

以上准则（如果满足）允许随着时间的推移找到能够共享相关连通模式的许多节点分组。例如在电话呼叫网络中，节点“Smith”“Johnson”和“Tompson”每个星期天都会互相打电话，这就形成了周期性派系结构（时序结构）。

只需要简单地把$\mathcal{F}$中的每个静态结构与其余静态结构比较，就可以得到想要的聚类结果，但其计算复杂度是**二次方级**的，从可扩展性的角度来看这是不可取的。因此提出了一种增量方法，使用重复的 rank - 1 奇异值分解（Singular Value Decomposition，SVD）对静态结构进行聚类，这为具有m条边的图G提供了线性时间复杂度的解决方案。

用于聚类的矩阵定义　首先定义用于静态结构聚类的矩阵。

定义 4.5　SNMM　结构 - 节点隶属度矩阵（SNMM）$\boldsymbol{B}$是一个$|\mathcal{F}|\times|\mathcal{V}|$维的矩阵，其中$\boldsymbol{B}_{ij}$表示$\mathcal{F}(\boldsymbol{B})$中的第$i$行（结构）是否包含节点$j$。因此，$\boldsymbol{B}$是一个描述$\mathcal{V}$中的节点与$\mathcal{F}$中的静态结构对应关系的矩阵。

注意到，$\boldsymbol{B}$矩阵中任意两行等价是由共享了相同节点集的结构来描述的（但两个结构可能具有不同的静态标识符）。由于聚类准则要求只对具有相同或相似静态标识符的结构进行聚类，因此这里的算法构造了 4 个 SNMM 矩阵：$\boldsymbol{B}_{\mathrm{st}}$、$\boldsymbol{B}_{\mathrm{cl}}$、$\boldsymbol{B}_{\mathrm{bc}}$和$\boldsymbol{B}_{\mathrm{ch}}$，分别对应于星形结构、近派系和派系结构、近二分核和二分核结构、链式结构。现在，$\boldsymbol{B}_{\mathrm{cl}}$中的任何两个等价行可按如下结构特征描述：它们共享相同节点集；有相同或相似的静态标识符（如派系或近派系）。其他 3 个矩阵的情况类似。接下来，利用 SVD 对每个 SNMM 矩阵中的行进行聚类，从而有效地对$\mathcal{F}$中的结构进行聚类。

利用 SVD 进行聚类　首先给出 SVD 的定义，然后描述如何使用它来对静态结构进行聚类并挖掘时序结构。

定义 4.6　SVD　$m \times n$ 维的矩阵 $\boldsymbol{A}$ 的 rank $-k$ SVD 将分解得到3个矩阵：左奇异向量组构成的 $m \times k$ 维矩阵 $\boldsymbol{U}$、奇异值构成的 $k \times k$ 维对角矩阵 $\boldsymbol{\Sigma}$ 和右奇异向量组构成的 $n \times k$ 维矩阵 $\boldsymbol{V}$，以上可表示为 $\boldsymbol{A} = \boldsymbol{U\Sigma V}^{\mathrm{T}}$。

rank $-k$ SVD 可有效地将输入数据规约为最佳的 k 维表示。每个维度都可以单独深挖，用于聚类和社区检测。然而以这种方式使用 SVD 的一个关键问题是，预先确定想要的类簇总数 k 并不简单。为此，参考文献［169］证明得到当输入为稀疏矩阵时，使用 k 个 rank -1 分解一次次地聚类，同时调整输入矩阵，得到的结果可以近似于批量 rank $-k$ 分解得到的聚类结果。在本案例中这是一个有价值的结果。由于最初并不知道对$\mathcal{F}$中的结构进行分组所需簇的数量，所以不考虑一次性定义 k 进行聚类，而是使用幂迭代法重复应用 rank -1 SVD，并不断地移除从每个 SNMM 中已发现的簇，直到找到所有簇（所有 SNMM 因完全稀疏而规模缩小时）。然而在实践中针对概要抽取的问题并不需要它完全缩小，因为 SVD 的本身具有的性质使得算法在最初的几次迭代中就能找到最主要的簇。对于每个 SNMM 矩阵，第 $i+1$ 次迭代使用的矩阵 $\boldsymbol{B}$ 可由以下计算得到：

$$\boldsymbol{B}^{i+1} = \boldsymbol{B}^{i} - \boldsymbol{I}^{\mathcal{G}_i} \circ \boldsymbol{B}^{i}$$

式中，$\mathcal{G}_i$表示第 i 次迭代中聚在一起的结构所对应的行 ID 的集合；$\boldsymbol{I}^{\mathcal{G}_i}$表示指示矩阵，矩阵中对应$\mathcal{G}_i$ 所含 ID 的行值全为“1”；$\circ$表示 Hadamard 矩阵乘积。

在迭代的过程中需要对 $\boldsymbol{B}$ 进行更新，如果不减去先前找到的聚类簇，重复的 rank -1 分解将无限次地找到相同的聚类簇，算法将不能收敛。

尽管只需要假设每次迭代能够删除一个聚类簇，算法就可以工作，但仍然不知道怎样用给定的奇异向量找出这个聚类簇。首先对奇异向量进行排序，根据投影大小对行重新排列。直观来看，投影强度最大的结构（行）是对特定簇的最佳表征，并作为期望找到的匹配的**基准**结构。从基准结构出发，对排序后的列表中的行依次迭代并计算对应的结构和基本结构的 Jaccard 相似度，其中节点集$\mathcal{L}_1$ 与节点集$\mathcal{L}_2$ 之间的 Jaccard 相似度定义为 $J(\mathcal{L}_1, \mathcal{L}_2) = \dfrac{|\mathcal{L}_1 \cap \mathcal{L}_2|}{|\mathcal{L}_1 \cup \mathcal{L}_2|}$。其他由相同或相似节点集组成的结构在聚类簇上的投影也会更强，从而拼接到基础结构中。一旦遇到一系列不符合预定义相似性标准的结构，将调整 SNMM，然后继续下一次迭代。

将相关的静态结构拼接到一起后，使用可以最小化编码代价的 Δ 中的时序特征对每个时序结构进行标记，从而得到 $\boldsymbol{\Phi}$ 中能够对该时序结构进行最小编码代价的短语，该编码代价用 4.1.2 节中的时序编码框架计算。使用这些时序结构来填充模型的候选集合$\mathcal{C}$。

4.2.4　概要合成

给定时序结构$\mathcal{C}$的候选集合，接下来尝试找到能够对 G 进行最佳概要抽取的模型 M。但实际上寻找最佳模型是组合优化问题。因为这需要考虑$\mathcal{C}$中子集的所有可能的排列并选择出具有最小编码代价的那个。因此本节提出了几种启发式方法，它们能够提供快速的近似解决方案，且不会遍及整个搜索空间。与第 2 章中提到静态图的情况一样，为了减少搜索空间，通过定义的质量测度——**局部编码收益**，将一种度量与每个时序结构相关联。局部编码收益定义为将给定时序结构编码为误差的代价与使用最佳短语（局部编码代价）对其进行编码的代价之间的比率。局部编码收益的值高表明可压缩性高，因此潜在数据结构易于被发现。这里将使用与静态图概要抽取（见第 2 章）相同的启发式方法。

Plain：这是作为对比的基准方法。该方法中的概要包含候选集中的所有结构，即 $M=\mathcal{C}$。

Top-k：在这种方法中，M 由 $\mathcal{C}$ 中按照局部编码收益大小进行排序获得的前 k 个结构组成。

Greedy'nForget：这种方法需要考虑 $\mathcal{C}$ 的每个结构并按照局部编码收益进行排序，如果全局编码代价降低则将其添加到 M。在概要抽取过程中，如果将结构添加到 M 会增加全局编码代价，则结构将被视为冗余或无价值而剔除。

在实际操作中，TimeCrunch 使用每种启发式方法，并将产生最小编码代价那个作为 G 的最佳概要。

4.3 实证结果

在本节中，将评估 TimeCrunch 并寻求以下问题的答案：真实世界中，动态图是具有清晰的结构还是充满噪声难以描述？如果它们是结构化的，在这些图中将看到什么样的时序结构，它们有什么样的意义？最后一个问题是，TimeCrunch 是否可以扩展到大规模的图中？

数据集和实验设置　在这里的实验中使用了 5 个真实的动态图数据集，表 4.2 给出了这些数据集，随后给出了它们的相关说明。

表 4.2　用于实证分析的动态图

图	节点	边	时间步
Enron [202]	151	2 万	163 周
Yahoo！IM [233]	10 万	210 万	4 周
Honeynet	37.2 万	710 万	32 天
DBLP[55]	130 万	1500 万	25 年
Phonecall	630 万	3630 万	31 天

- **Enron**：Enron 电子邮件数据集是一个公开数据集。该数据集包含 1999 年 5 月 ~ 2002 年 6 月，163 周时间范围内，151 个用户之间 20000 次的电子邮件通信记录。
- **Yahoo！IM**：Yahoo！IM 数据集是一个公开数据集。该数据的时间跨度为从 2008 年 4 月 1 日起的 4 周时间，包含来自 5709 个邮政编码的 10 万个用户之间，210 万对发送者—接收者的邮件来往数据。
- **Honeynet**：Honeynet 数据集包含对 honeypot（即容易受到攻击的计算机）发起的网络攻击对应的信息数据。它包含源 IP、目标 IP 和 37.2 万台计算机（攻击者和 honeypot）在 2013 年 12 月 31 日起的 32 天内所产生的 710 万次互不重复的日常攻击发生的时间戳。
- **DBLP**：DBLP 计算机科学索引是一个公开数据集。该数据集包含每年的合著信息，即表明联合发表行为。使用 DBLP 的一个子集，时间跨度为 1990 ~ 2014 年的 25 年。其中，包括 25 年来的 130 万位作者和 1500 万次互不重复的合著关系。
- **Phonecall**：Phonecall 数据集描述了来自亚洲一个匿名大型城市中 630 万人的电话呼

叫行为。其中包含互不重复的3630万次日常通话。时间从2007年12月1日起持续了31天。

本书的实验使用 SlashBurn[103]生成候选静态结构。因为该算法的可扩展性好，其设计的初衷是从真实世界的非穴居图中提取结构㊀。得益于本书的MDL方法，包含有额外的图分解步骤的那些算法所得到的结果也提升了。进一步，在拼接过程中对每个已排序的奇异向量进行聚类时，10次失败的匹配后（Jaccard相似度小于阈值0.5即匹配失败）将进入矩阵收缩的下一次迭代。其中，Jaccard相似度阈值0.5是根据实验结果选择的，该阈值选择下表明它不仅能够给出最佳编码代价且能够对模型过于简洁或过于冗长（可能是错误的编码）进行权衡。最后运行 TimeCrunch，对于所有图进行共计5000次迭代（每次迭代统一选择一个SNMM挖掘，共获得5000个时序结构）。其中，在Enron图中只迭代563次就能完全收敛，在Phonecall图中为了提高效率，将迭代次数限制为1000次。

4.3.1　定量分析

在本节中，使用 TimeCrunch 来提取表4.2中的每个真实动态图的概要，并展示其产生的编码代价。具体来说，评估过程是通过所得模型的编码代价与使用空模型对图进行编码所得的编码（Original）代价之间的压缩比来进行的。

值得注意的是，正如静态图概要抽取的情况，虽然是在压缩上下文的过程中提供了结果，但压缩并不是 TimeCrunch 的主要目标，而是识别合适的结构对动态图进行概要抽取的方法，从而能够引导从业者的注意力。出于这个原因，尽管其他以压缩为导向的方法可以利用书中一些相关特性降低编码代价、节省位，但此处并不将本章方法与这些方法进行比较。出于类似原因，本书的方法也不与其他仅仅只关心怎样提取密集分块的时序聚类方法和社区检测方法进行比较。

在本书的评估中，考虑①Original 和②本书提出的基于启发式的 TimeCrunch 概要抽取方法。在 Original 方法中，整个邻接张量使用空模型 $M=\varnothing$ 进行编码。由于空模型不描述图的任何部分，所有的边都使用 $L(\boldsymbol{E}^-)$ 来编码。用这个作为基准来评估使用 TimeCrunch 后的改进程度。为了使用 TimeCrunch 进行概要抽取，应用 Vanilla、Top-10、Top-100 和 Greedy'nForget 等启发式模型选择方法。需要注意的是，实验忽略了Enron网络中节点数不超过5的极小结构，而在其他更大的数据集中忽略了节点数小于8的结构。

表4.3展示了各种概要抽取方法的编码代价与原始方法进行比较的结果。较小的压缩比表示概要抽取的结果更好，所选模型可解释更多的结构。例如 Greedy'nForget 仅使用78%的位就能对Enron数据集进行编码，而 Vanilla 则需要89%。在本书的实验中，Greedy'nForget 启发式产生的结构比 Vanilla 少得多，同时给出了更加简洁的图概要（见图4.2）。这是因为它会根据之前见过的结构来评估新的结构，从候选集 C 中高效地剪除冗余、重叠或者容易出错的结构。

㊀ 穴居图可通过修改一组全连接聚类簇（穴）实现：通过移除从每一个聚类簇出发的边，并将这条边连接相邻的聚类簇，从而使这一组聚类簇形成单环结构[220]。

表 4.3 TimeCrunch 找到的可以用于压缩真实图的时序结构。Original 表示用空模型编码每个图的代价位数。TimeCrunch 下的列代表使用对应的启发式方法编码输入图所需的相对编码代价（括号内为模型大小）。最低的描述代价进行了加粗表示

图	源数据/位	TimeCrunch			
		Vanilla	Top-10	Top-100	Greedy'nForget
Enron	86102	89%（563）	88%	81%	**78%（130）**
Yahoo！IM	16173388	97%（5000）	99%	98%	**93%（1523）**
Honeynet	72081235	82%（5000）	96%	89%	**81%（3740）**
DBLP	167831004	97%（5000）	99%	99%	**96%（1627）**
Phonecall	478377701	100%（1000）	100%	99%	**98%（370）**

观测结果 4.7 真实动态图是结构化的。相比于 Original，TimeCrunch 能够提供更优的编码代价，这表明了时序图结构的存在性。

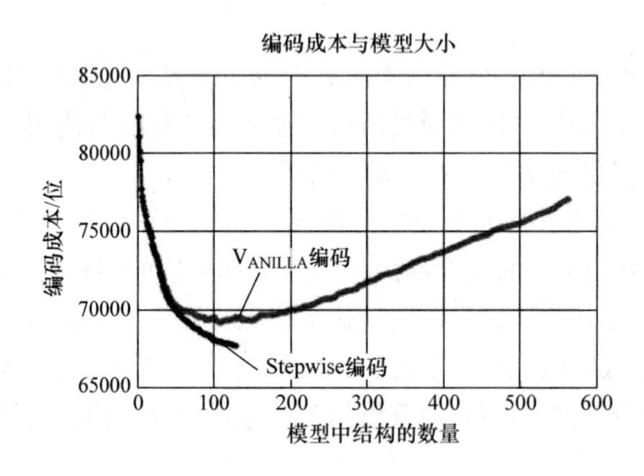

图 4.2 通过从候选集中删除无用的结构，在 Enron 数据的概要抽取中，TimeCrunch-Greedy'n Forget 仅仅使用了 Original 方法 78% 的位长度和 130 个结构，而 TimeCrunch-Vanilla 则需要使用 89% 的位长度和 563 个结构

4.3.2 定性分析

在本节中，将对表 4.2 中应用 TimeCrunch 对图概要抽取所得的结果进行定性分析。

Enron Enron 图的主要特点是具有许多周期性、阵列和单发的星形结构以及多个周期性和闪烁的派系结构。周期性反映了办公室电子邮件通信行为（例如会议、提醒）。图 4.3a 展示了一个闪烁近派系结构的片段，该派系结构对应 Enron 律师团队的几名成员，包括 Tana Jones、Susan Bailey、Marie Heard 和 Carol Clair，他们都是 Enron 的律师。图 4.3b 展示了闪烁星形结构的片段，对应于许多与闪烁派系相同的成员——该星形结构的中心被确定为老板，Tana Jones（Enron 的资深法务专员）——注意，与节点 1 垂直的点对应于星形结构的外围节点，它们随着时间振荡。有趣的是，闪烁的星形结构和派系结构涉及观测期间的大部分时间步段。此外，其中一些单发星形结构对应于由 John Lavorato（Enron 美国公司首席执行官）、Sally Beck（首席运营官）和 Kenneth Lay（首席执行官/主席）发出的全公司范围的电子邮件图。

Yahoo！IM　Yahoo！IM 图由许多时序星形结构、各种类型的派系结构以及其中一方仅含有少数几个成员的小型二分核结构组成（表示大部分朋友组都相似但本身没有交互的朋友）。此处对这些数据中的一些有趣模式进行了观察。图 4. 3d 对应于一个常驻星形结构。该星形结构的中心在 4 周内一直与 70 个用户进行通信。怀疑这些用户是小型办公室网络的部分成员，老板使用群组消息向员工发布重要的更新和事务——注意到，每星期星形结构中仅有少量边缺失。而外围节点的平均度大致为 4，对应于员工之间可能发生的沟通行为。图 4. 3c 描绘了 40 个用户之间的常驻近派系结构，平均密度超过 55%——怀疑这些可能是垃圾邮件机器人为了伪装成正常用户而进行的互相发送消息的操作，或者是一大群拥有多个消息群的朋友。由于缺乏基础事实，所以无法对此猜测进行验证。

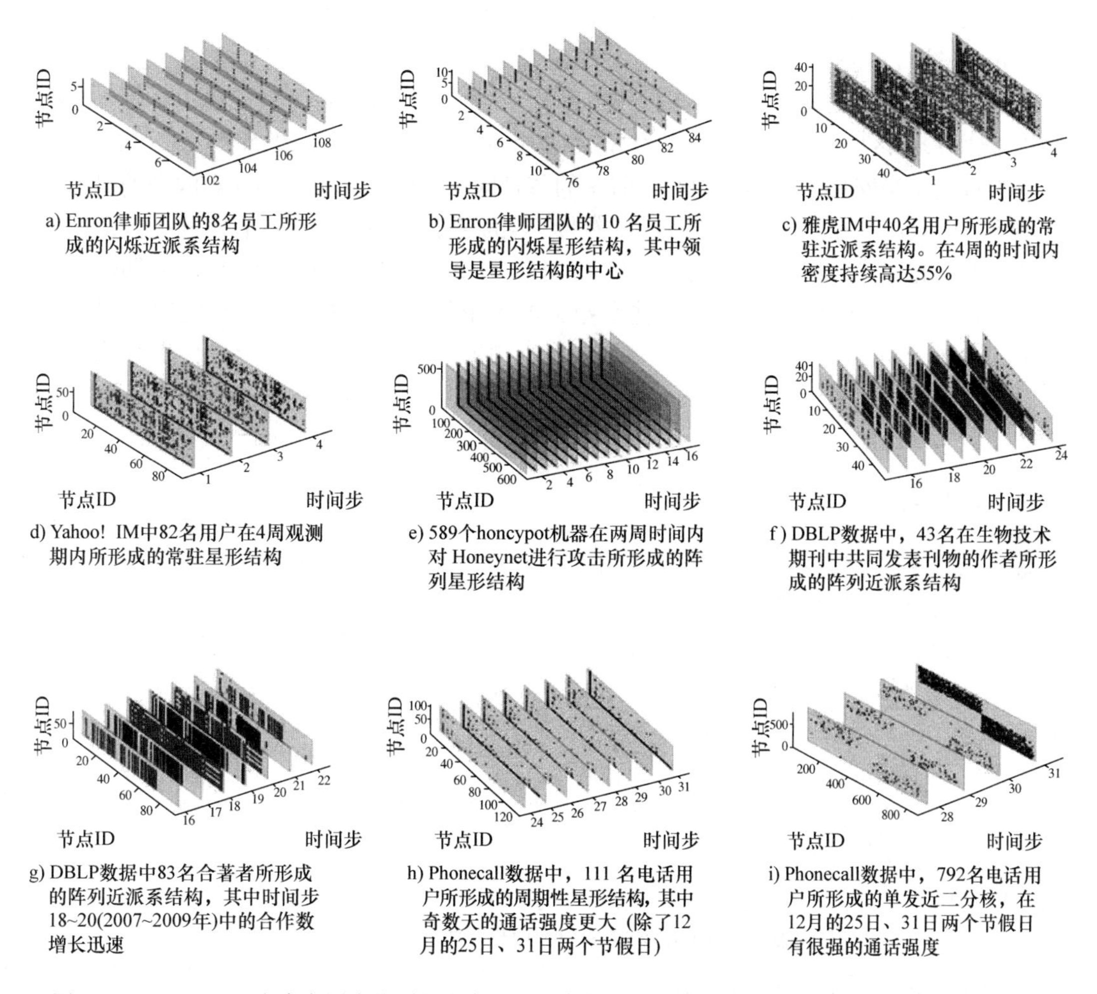

a) Enron律师团队的8名员工所形成的闪烁近派系结构

b) Enron律师团队的 10 名员工所形成的闪烁星形结构，其中领导是星形结构的中心

c) 雅虎IM中40名用户所形成的常驻近派系结构。在4周的时间内密度持续高达55%

d) Yahoo! IM中82名用户在4周观测期内所形成的常驻星形结构

e) 589个honcypot机器在两周时间内对 Honeynet进行攻击所形成的阵列星形结构

f) DBLP数据中，43名在生物技术期刊中共同发表刊物的作者所形成的阵列近派系结构

g) DBLP数据中83名合著者所形成的阵列近派系结构，其中时间步18~20(2007~2009年)中的合作数增长迅速

h) Phonecall数据中，111 名电话用户所形成的周期性星形结构，其中奇数天的通话强度更大 (除了12月的25日、31日两个节假日)

i) Phonecall数据中，792名电话用户所形成的单发近二分核，在12月的25日、31日两个节假日有很强的通话强度

图 4. 3　TimeCrunch 在真实图中找到的有意义的时序结构。通过多个时间步长展示了重新排序后的子图邻接矩阵。独立的时间步用灰色边框表示，边用红色和蓝色交替绘制以便于区分（见插页彩图）

Honeynet　正如之前所提到的，Honeynet 是攻击者和 honeypot 机器人（受害者）之间的二分图。因此，它用时序星形结构和二分核结构进行刻画。许多攻击仅持续一天，在该数据中用 3512 个单发星形结构表示，而且没有一个攻击是持续 32 天之久的。有趣的是，有 2520 次（71%）单发星形结构对应的攻击行为发生在观察期的第一天和第二天（12 月 31

日和 1 月 1 日)，即所谓的“新年”袭击。图 4.3e 展示了一个阵列星形结构，在两周内持续不断地针对 589 台机器进行攻击（节点 1 是星形中枢节点，其余为外围节点)。

DBLP 与直觉相一致，DBLP 由许多合著关系的独立实例对应的单发时序结构组成。当然也发现了多种多样的阵列/周期性星形结构和派系结构，这表明了合著者之间多年的或间歇性的合作出版关系。图 4.3f 展示了 43 位合著者在 2007—2012 年每年合作出版所形成的一个阵列近派系结构。这些作者大多是 NIHNCBI（美国国立卫生研究院国家生物技术信息中心）的成员，并在各种生物技术期刊上发表了他们的研究成果，如 Nature、Nucleic Acids Research 和 Genome Research。图 4.3g 展示了 2005 ~ 2011 年每年进行联合出版的 83 名合著者所形成的一个阵列派系结构。其中包含了一段特别的持续了 3 年的合作关系（时间步长 18 ~ 20)，从 2007 年开始到 2009 年结束，最后恢复到正常状况。

Phonecall Phonecall 数据集主要由时序星形结构、少数稠密的派系结构和二分核结构组成。同样的，也存在很大比例的单发星形结构，它们仅出现在一个时间步内。进一步分析这些结果，发现 187 个单发星形结构中有 111 个（59%）出现在 12 月 24 日、25 日和 31 日，分别对应于平安夜、圣诞节和新年前夕的节日问候。此外许多周期性和闪烁的星形结构通常由 50 ~ 150 个节点组成，这些节点可能与定期联系其客户的企业或者由同一个人固定使用的公共电话相对应。图 4.3h 展示了 111 位用户在 12 月的最后一周所形成的周期性星形结构。其中，12 月 25 日和 31 日以及其他奇数天的星形结构特别明显。与此同时，偶数天的星形结构明显较弱。图 4.3i 展示了 12 月 31 日出现的一个奇特的单发近二分核结构。它包含两组几乎相同规模的电话用户集合，规模分别为 402 和 390。虽然没有真实标签来解释这些结构，但长期接触通话数据的从业者可对其含义进行较好的解释。

4.3.3 可扩展性

TimeCrunch 的所有部分（候选子图生成、静态子图标记、时序拼接和概要组合）都经过精心设计，使其复杂度与边的数量保持近线性关系。图 4.4 展示了以不同的时间间隔从 DBLP 数据集取得的一些导出时序子图（最多 1400 万条边）上，TimeCrunch 的运行时间为 $O(m)$。在拥有 80 个 Intel Xeon（R）4850 2GHz 的 CPU 及 256 GB RAM 的计算机上进行该实验。用 MATLAB 执行候选子图的生成和时序拼接过程，并使用 Python 语言运行模型选择的启发式算法。

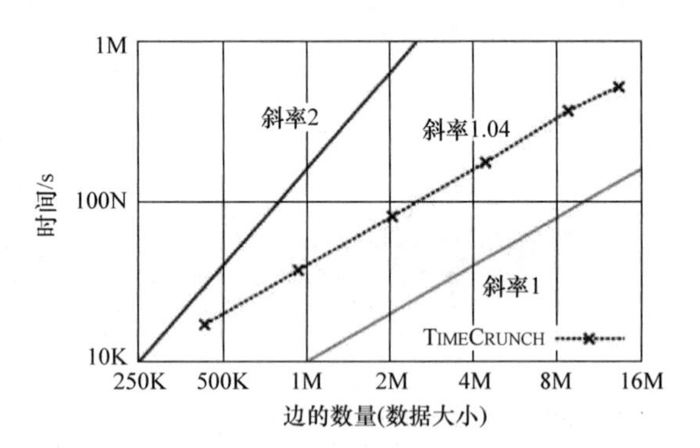

图 4.4 运行时间与数据大小。图中 TimeCrunch 的增长率是接近线性的。在这里，使用从 DBLP 中导出的一些时序子图，其中最大规模为 1400 万条边

4.4 相关工作

相关工作分为三大类：静态图挖掘、时序图挖掘和图压缩与概要抽取。表 4.4 给出了 TimeCrunch 与现有方法的直观比较。

表 4.4　TimeCrunch 与其他方法的相关特征比较

	时序性	时间连续	时间不确定	密集块	星形	链式	可解释	可扩展	是否有参数
GraphScope [210]	√	√	×	√	×	×	×	√	√
Com2 [18]	√	√	√	√	√	×	×	√	×
Graph partitioning [13,57,115]	×	×	×	√	×	×	×	√	×
Community detection[29,168,196]	×	×	×	√	×	×	×	?	?
VoG [131]，第2章	×	×	×	√	√	√	√	√	√
TimeCrunch	√	√	√	√	√	√	√	√	√

静态图挖掘　大多数工作能够找到特定的、紧密结合的结构，如针对（近）派系结构和二分核结构挖掘对应的方法：特征分解[188]、交叉关联[40]和基于模块度的优化方法[28,160]。Dhillon 等人[55]提出了基于互信息优化的信息论协同聚类方法。然而这些方法的词汇表中的结构数量有限，并且无法找到其他有趣的结构类型，如星形结构或链式结构。参考文献［54，109］提出基于分割的划分方法，而参考文献［13］建议使用多个特征向量进行谱划分——这些方案试图对所有节点进行硬聚类而非识别社区，并且多数情况下都具有参数。Subdue[50]和其他快速挖掘频繁出现子图的算法[100]可在具有标签的图数据中操作。而 TimeCrunch 可适用于无标签图和无损压缩。多层网络（实体参与多种关系的网络）的分析已经在物理学界进行了研究[30,115]，尽管它们的重点不在于抽取概要。

时序图挖掘　大多数关于时序图的研究主要关注特定属性的演化[21,87]、动态检测（例如使用投影聚类[3]）或社区检测。例如 GraphScore[201]和 Com2[18]使用了图搜索和 PARAFAC（或 Canonical Polyadic－CP）张量分解，并利用 MDL 来查找密集的时序派系结构和二分核结构。参考文献［68］使用增量交叉关联方法实现时序稠密块的动态检测，参考文献［174］提出了一种挖掘交叉图㊀近派系结构（尽管不是在时序上下文中进行）的算法。Fu 等人[74]提出了基于混合隶属度块模型的概率方法。还有一些重要的研究集中用频繁出现的网络模体或模式来刻画时序网络[97,129,170,234]。上述方法词汇表有限，且不支持时序可解释性。动态聚类[223]通过惩罚增量静态聚类产生的偏差来发现稳定的聚类。而 TimeCrunch 则重点关注那些不一定在每个时间步都出现的具有可解释性的结构。

图压缩和图概要抽取　目前，针对时序演化图的概要抽取和压缩所开展的工作非常有限[141]。压缩静态图的例子包括 Slash－Burn[103]，这是一种递归的对节点重排序的方法，它利用游程长度编码（run－length encoding）实现对图的压缩；加权图压缩算法[208]，它利用结构等价特性来折叠节点/边，从而简化对图的描述；还有其他在 2.6 节中进行过大量讨论的方法。但这些方法不容易在动态图上进行操作。此外 VoG（见第 2 章[123,124]）根据静态图上的词汇表，利用 MDL 来标记子图。这些静态图由星形结构、（近）派系结构，（近）二分核结构和链式结构组成。这种方法仅适用于静态图，并且没有提供清晰地扩展到动态图的思路。本章介绍了一个适用于动态图的词典，使用 MDL 来标记时序连贯的子图，并提供了一个有效的可扩展算法来挖掘它们。最近，时序演化网络的相关工作包括：以提高查询效率（基于梗概）为目标的图流概要抽取方法[204]和基于影响力的图概要抽取方法[1,178,194]，后者目的在于抽取社交网络或其他网络中影响或传播过程的概要。

㊀ 交叉图是指多源图，用于描述相同实体在不同网络场景中的连接关系。如同一用户集合可以在天猫这样的平台上购物，也可以在爱奇艺这样的平台上观看影视作品。它们在不同的网络中的行为模式是否有一种统一的刻画方式，是一个十分有趣的问题。——译者注

第 5 章　图的相似性

当人们研究多个网络时，脑海中通常会浮现一个问题：两个图或网络在连通性上有多大不同，哪些节点和边导致了它们不同？例如，一个网络今昔相比发生了多大变化？Bob（一个左撇子男性）的大脑连接和 Alice（一个右撇子女性）的大脑连接有什么差异，主要区别又在哪里？

对齐图（即节点对应关系已知的图）的相似性或比较是意义建构的核心任务：如网络流量的异常变化或许预示一次网络攻击；处于不同时间片的通话网络（who - calls - whom）存在的巨大差异可能暗示一次全国性庆祝的节日或一场电话通信问题。此外，网络相似性可作为基于相似性分类算法[45]的构建模块，同时也能为迁移学习和行为模式挖掘提供深刻洞见：比如 Facebook 的信息发送图（message graphs）和 Facebook **墙到墙**（wall - to - wall）发帖图㊀相似吗？到目前为止，追踪网络随时间的演化、识别异常和监测重大事件已成为众多研究人员青睐的研究方向（参见参考文献［39，161，219］）。

经过研究人员长期以来的不懈努力，图的相似性问题已得到深入研究，一些用于解决这类问题变体的方法也应运而生。然而结合节点/边的归因对图的差异进行比较仍然是一个开放性难题，与此同时对该解决方案的需求却与日俱增：图的指数级增长（包括图的数量和规模）要求提出的方法不仅要保证算法准确度，同时又能够扩展到亿级节点规模的图上。

本章主要解决 3 个问题：①如何有效地比较两个网络；②如何评价两者的相似程度；③如何识别导致两个网络产生差异的关键节点/边。本章提出的 DeltaCon（δ 连通性动态检测）图相似性算法，具有良好的理论基础，直观、可扩展并可用于实际应用中，如时序异常检测和图的聚类/分类。表 5. 1 给出了本章使用的主要符号和相关定义。

表 5. 1　DeltaCon 相关符号和定义（黑斜体大写字母：矩阵；黑斜体小写字母：向量；普通字体：标量）

符号	描述
$\text{sim}(G_1, G_2)$	图 G_1 和图 G_2 之间的相似性
$d(G_1, G_2)$	图 G_1 和图 G_2 之间的距离
$\boldsymbol{S}$	以 s_{ij} 为元素值的 $n \times n$ 维最终亲和度矩阵
$\boldsymbol{S}'$	$n \times g$ 维的最终约化矩阵
$\boldsymbol{e}_i$	$n \times 1$ 维的单位向量，其中第 i 个元素为 1
$\boldsymbol{b}_{h0k}$	群组 k 对应的 $n \times 1$ 维种子向量
$\boldsymbol{b}_{h_i}$	相对于节点 i 的 $m \times 1$ 维最终亲和度①向量
g	群组数（节点的划分数）
ϵ	$= 1/(1 + \max_i(d_{ii}))$ 的正值常量（<1）；编码邻居之间的影响力
DC_0，DC	DeltaCon$_0$，DeltaCon

㊀ 墙到墙发帖图中的节点代表 Facebook 用户，当用户 A 在用户 B 的 Facebook 墙上发帖便会产生一条从 A 到 B 的有向边，发帖内容包括想法、观点、评论等。——译者注

（续）

符号	描述
VEO	节点/边的重叠度
GED	图编辑距离[40]
SS	签名相似性[175]
λ - D Adj.	基于邻接矩阵 $\boldsymbol{A}$ 的 λ - 距离
λ - D Lap.	基于拉普拉斯矩阵 $\boldsymbol{L}$ 的 λ - 距离
λ - D N. L.	基于标准化的拉普拉斯矩阵 $\boldsymbol{L}_{norm}=\boldsymbol{D}^{-1/2}\boldsymbol{L}\boldsymbol{D}^{-1/2}$ 的 λ - 距离

① 注意，这里把亲和度（affinity）和相似性（similarity）加以区分。在信念传播的语境下，亲和度强调的是节点对节点的一种影响力；而本章中的相似性更多的是描述两个图的客观相似程度。——译者注

5.1 直觉

如何发现两个图在连通性上的相似性或形式化为如何解决下述问题？

问题 5.1 DeltaConnectivity　给定①两个具有相同节点集合[⊖] $\mathcal{V}$ 及不同边集合 $\mathcal{E}_1$ 的 $\mathcal{E}_2$ 的图，即 $G_1(\mathcal{V},\mathcal{E}_1)$ 和 $G_2(\mathcal{V},\mathcal{E}_2)$，及②节点对应关系。获取两个图之间的相似性分值，$\text{sim}(G_1,G_2)\in[0,1]$。值为 0 表示两个图完全不同，值为 1 则表示两个图完全一致。

解决该问题显而易见的方式是度量两个图重叠的边。但为何该方法在实际应用中常常失效呢？来看一个例子，根据重叠法，图 5.2 所示的两对杠铃图，（$B10,mB10$）和（$B10$，$mmB10$）有同样的相似性分值。但很明显，从信息流动的角度讲，派系 $mB10$ 中缺失的那条边在图的连通性上所起的作用不如 $mmB10$ 中的“桥”边重要。所以是否可以进一步用 1 阶、2 阶等邻域信息度量图的差异？如若可以，又如何衡量呢？DeltaCon 以一种理论方法解决了该问题（见观测 5.4）。

5.1.1 概述

DeltaCon 的第一步是计算第一个图中节点对的亲和度，然后和第二个图的节点对亲和度进行比较。为使符号更加紧凑，这里将节点对的亲和度存储到一个 $n\times n$ 维亲和度矩阵[⊜] $\boldsymbol{S}$ 中。矩阵中的元素 s_{ij} 表示节点 i 对节点 j 的影响力。例如，在人类关系网络（who - knows - whom）中，如果节点 i 是共和党人，同时假定该网络同质（即邻居节点都比较相似），那么节点 j 有多大可能也是共和党人？直觉上认为，如果节点 i 到节点 j 之间存在很多长度短、权重大的路径，节点 i 对节点 j 就会有更大的影响/亲和度。

第二步是测量两个图中相应节点对的亲和度值差异，并以此作为两个图的最终相似性。

5.1.2 节点亲和度测量

PageRank[35]、个性化带重启的随机游走（Random Walks with Restarts，RWR）[93]、惰性带重启随机游走（lazy RWR）[10] 和电网模拟技术（electrical network analogy）[57] 仅为计算

⊖ 如果两个图的节点集合 $\mathcal{V}_1$ 和 $\mathcal{V}_2$ 不同但是有重叠，可以假设 $\mathcal{V}=\mathcal{V}_1\cup\mathcal{V}_2$，且额外节点可看作孤立节点。

⊜ 事实上，并不会计算所有节点对的亲和度（有效的近似方法详见 5.2.2 节）。

节点亲和度算法的冰山一角。这里本可以直接使用个性化 RWR：$[\boldsymbol{I}-(1-c)\boldsymbol{A}\boldsymbol{D}^{-1}]\boldsymbol{b}_{h_i}=c\boldsymbol{e}_i$，其中 c 是从初始节点随机游走的重启概率，$\boldsymbol{e}_i$ 是起始（种子）向量（向量中除了第 i 个位置元素为1，其他元素都为0）；$\boldsymbol{b}_{h_i}$是未知的个性化 PageRank 列向量。这里用s_{ij}表示节点j 相对于节点 i 的亲和度。但由于下述原因，还是选择快速的信念传播算法（FaBP [125]）。该推理算法由第 3 章引入，此处使用下述引理给出 FaBP 的简化形式：

引理 5.2 FaBP［见式（3.4）］可简化为

$$[\boldsymbol{I}+\epsilon^2\boldsymbol{D}-\epsilon\boldsymbol{A}]\cdot\boldsymbol{b}_{h_i}=\boldsymbol{e}_i, \tag{5.1}$$

式中，$\boldsymbol{b}_{h_i}=[s_{i1},\cdots,s_{in}]^{\mathrm{T}}$ 是从第 i 个节点出发进行随机游走得到的节点 i 与其他节点的亲和度/影响力列向量；ϵ 是用于获取相邻节点之间影响力的一个较小常量；$\boldsymbol{I}$ 为单位矩阵；$\boldsymbol{A}$ 为邻接矩阵；$\boldsymbol{D}$ 是以节点 i 的度作为对角元 d_{ii}元素值的对角矩阵。

证明：（由 FaBP 导出 DeltaCon） 由第 3 章中的 FaBP 公式开始：

$$[\boldsymbol{I}+a\boldsymbol{D}-c'\boldsymbol{A}]\boldsymbol{b}_h=\boldsymbol{\phi}_h$$

式中，$\boldsymbol{\phi}_h$ 是具有先验值的向量；$\boldsymbol{b}_h$ 是节点的最终分值（信念）向量；$a=4h_h^2/(1-4h_h^2)$；$c'=2h_h/(1-4h_h^2)$是一个较小常量，h_h是编码相邻节点之间影响力的一个微小常量（同质因数）。

通过应用表 3.4 中对除法的麦克劳林级数进行近似操作，可得到

$$\frac{1}{1-4\,h_h^2}\approx 1+4h_h^2$$

通过将上述近似操作代入到式（3.4），并令 $\boldsymbol{\phi}_h=\boldsymbol{e}_i$，$\boldsymbol{b}_h=\boldsymbol{b}_{h_i}$，且 $h_h=\epsilon/2$，即可得到 DeltaCon 算法的核心式（5.1）。

为获得更紧凑且等价的符号表示，此处以矩阵形式把所有 $\boldsymbol{b}_{h_i}$向量（$i=1$，…，n）堆入 $n\times n$ 维矩阵 $\boldsymbol{S}$ 中。易证明得到：

$$\boldsymbol{S}=[s_{ij}]=[\boldsymbol{I}+\epsilon^2\boldsymbol{D}-\epsilon\boldsymbol{A}]^{-1} \tag{5.2}$$

个性化 RWR 的等价形式 介绍本章方法背后的直觉之前，定理 5.3 证明了 FaBP［见式（5.1）］在特定条件下与个性化 RWR 等价。

定理 5.3 FaBP 公式［见式（5.1）］可写为类似于个性化 RWR 的形式，即

$$[\boldsymbol{I}-(1-c'')\boldsymbol{A}_*\boldsymbol{D}^{-1}]\boldsymbol{b}_{h_i}=c''\boldsymbol{y}$$

式中，$c''=1-\epsilon$；$\boldsymbol{y}=\boldsymbol{A}_*\boldsymbol{D}^{-1}\boldsymbol{A}^{-1}\frac{1}{c''}\boldsymbol{e}_i$；$\boldsymbol{A}_*=\boldsymbol{D}(\boldsymbol{I}+\epsilon^2\boldsymbol{D})^{-1}\boldsymbol{D}^{-1}\boldsymbol{A}\boldsymbol{D}$。

证明： 从导出的 FaBP 公式［见式（5.1）］开始，做简单的线性代数运算即可。

$$[\boldsymbol{I}+\epsilon^2\boldsymbol{D}-\epsilon\boldsymbol{A}]\boldsymbol{b}_{h_i}=\boldsymbol{e}_i \qquad \text{（等号两边左乘 }\times\boldsymbol{D}^{-1}\text{）}$$

$$[\boldsymbol{D}^{-1}+\epsilon^2\boldsymbol{I}-\epsilon\boldsymbol{D}^{-1}\boldsymbol{A}]\boldsymbol{b}_{h_i}=\boldsymbol{D}^{-1}\boldsymbol{e}_i \qquad (\boldsymbol{F}=\boldsymbol{D}^{-1}+\epsilon^2\boldsymbol{I})$$

$$[\boldsymbol{F}-\epsilon\boldsymbol{D}^{-1}\boldsymbol{A}]\boldsymbol{b}_{h_i}=\boldsymbol{D}^{-1}\boldsymbol{e}_i \qquad \text{（等号两边左乘 }\boldsymbol{F}^{-1}\text{）}$$

$$[\boldsymbol{I}-\epsilon\boldsymbol{F}^{-1}\boldsymbol{D}^{-1}\boldsymbol{A}]\boldsymbol{b}_{h_i}=\boldsymbol{F}^{-1}\boldsymbol{D}^{-1}\boldsymbol{e}_i \qquad (\boldsymbol{A}_*=\boldsymbol{F}^{-1}\times\boldsymbol{D}^{-1}\boldsymbol{A}\boldsymbol{D})$$

$$[\boldsymbol{I}+\epsilon\boldsymbol{A}_*\boldsymbol{D}^{-1}]\boldsymbol{b}_{h_i}=(1-\epsilon)\left(\boldsymbol{A}_*\boldsymbol{D}^{-1}\boldsymbol{A}^{-1}\frac{1}{1-\epsilon}\boldsymbol{e}_i\right)$$

5.1.3 信念传播的应用

选择 BP 算法及式（5.2）中快速近似的原因：①它具有良好的理论背景（边缘极大似

然估计)；②运行快速（与网络边数呈线性关系）；③与直觉一致，不仅考虑直接邻居，同时以权重逐级递减方式考虑了2阶、3阶和k阶的邻域信息。最后一条原因阐述如下。

观测5.4　邻居影响力衰减效应

通过暂时忽略式（5.2）中的回声消除（echo cancellation）项$\epsilon^2\boldsymbol{D}$，从而对逆矩阵进行展开并近似得到$n\times n$维亲和度矩阵$\boldsymbol{S}$：

$$\boldsymbol{S}\approx[\boldsymbol{I}-\epsilon\boldsymbol{A}]^{-1}\approx\boldsymbol{I}+\epsilon\boldsymbol{A}+\epsilon^2\boldsymbol{A}^2+\cdots$$

如前所述，本章的方法以加权方式捕获1阶、2阶和3阶等邻域信息的差异；长路径上的差异对亲和度计算的影响小于短路径上差异的影响。此外，$\epsilon<1$，且$\boldsymbol{A}^k$具有关于k阶路径的信息。该直觉与Katz中心性[111]背后的原理有关[⊖]。注意，这仅为本章方法背后的直觉，但本章并未使用该简化公式计算矩阵$\boldsymbol{S}$。

5.1.4　相似性度量的预期性质

$G_1(\mathcal{V},\mathcal{E}_1)$和$G_2(\mathcal{V},\mathcal{E}_2)$表示两个图，$\mathrm{sim}(G_1,G_2)\in[0,1]$表示两个图的相似性。

人们希望相似性度量满足以下规则：

A1. 等价性：$\mathrm{sim}(G_1,G_1)=1$。

A2. 对称性：$\mathrm{sim}(G_1,G_2)=\mathrm{sim}(G_2,G_1)$。

A3. 零特性（Zero property）：当$n\to\infty$时，$\mathrm{sim}(G_1,G_2)\to 0$，其中$G_1$为完全图（$K_n$），$G_2$为空图（两者边集互补）。

此外，度量方式须服从下述性质：

1. 直觉

需满足以下需求：

P1. ［边重要性］对于无权图，相比于移除后依然保持图连通的边，移除后造成图不连通的边要受到更大惩罚。

P2. ［边“次模性”］对于具有相同节点规模的无权图，同样的改变对具有少量边的图的影响大于具有稠密边的图。

P3. ［权重感知］在加权图中，移除的边权重越大，对相似性影响就越大。

5.2.3节中将形式化上述预期性质，并从理论角度讨论所提相似性方法对该类性质的可满足性。此外，5.4节将引入并讨论一个附加的、非形式化性质，即

IP. ［靶向感知］图中“随机”的变化不如同等程度“有针对性”的变化重要。

2. 可扩展性

大量巨大规模的图急需一个能快速计算，且能够处理具有亿级节点规模的图相似性度量方法。

5.2　DeltaCon：“δ”连通性动态检测

以上为本章方法的整体思路，接下来展开介绍具体实施细节。

⊖ 最近一项链路预算法的展开形式给出了和Katz类似的数学表示，但具有与之完全不同的物理意义和更好的预测效果。详细内容请参见文献［R. PECH, D. HAO, Y. -L. LEE, Y. YUAN, T. ZHOU. “Link prediction via linear optimization,” arXiv preprint arXiv: 1804.00124, 2018.］。——译者注

5.2.1 算法描述

给定待比较的图$G_1(\mathcal{V},\mathcal{E}_1)$，$G_2(\mathcal{V},\mathcal{E}_2)$，若这两个图具有不同的节点集合，如$\mathcal{V}_1$和$\mathcal{V}_2$，则假定$\mathcal{V}=\mathcal{V}_1\cup\mathcal{V}_2$，其中一些节点并不连通。

如上所述，本章所提相似性算法的主要思想是对给定两个图中节点对的亲和度进行比较。该算法步骤如下：

步骤 1 基于式（5.2），对每个图计算得到由节点对亲和度构成的 $n\times n$ 维矩阵（图 G_1 和G_2的亲和度矩阵分别为 $\boldsymbol{S}_1$ 和 $\boldsymbol{S}_2$）；

步骤 2 针对文献中出现的众多距离和相似性指标［如欧几里得距离（又称欧式距离，ED）、余弦相似性、相关系数］，本章采用欧几里得二次方根距离（RootED，又名 Matusita 距离），即

$$d = \text{RootED}(\boldsymbol{S}_1,\boldsymbol{S}_2) = \sqrt{\sum_{i=1}^{n}\sum_{j=1}^{n}(\sqrt{s_{1,ij}}-\sqrt{s_{2,ij}})^2} \tag{5.3}$$

使用 RootED 距离的原因如下：

1）它与 ED 非常相似，唯一区别在于它对节点对的亲和度s_{ij}取二次方根。

2）它可以“增强”节点之间的亲和度[⊖]，通常能得到更好的效果。因此即便图中出现很小的变化也能被检测到（包括 ED 在内的其他距离指标无论图有多大差异都会求得较高的相似性）。

3）满足预期性质 P1 ~ P3，以及非形式化性质 IP。如 5.2.3 节所述，ED 至少不满足性质 P1。

步骤 3 为增强可解释性，此处应用公式 $\text{sim}=\frac{1}{1+d}$ 将距离 d 转换为相似性指标 sim。结果值限定在区间［0,1］内，而不是无界的［0,∞）。请注意，距离到相似性转换不会更改最近邻查询中结果的排名。

针对 DeltaCon$_0$算法（算法 5.1），计算矩阵 $\boldsymbol{S}$ 中n^2个节点对亲和度值的最直接方式是使用式（5.2）。此处可用幂法（Power Method）或任何其他有效方法求逆。

算法 5.1 DeltaCon$_0$

输入：图$G_1(\mathcal{V},\mathcal{E}_1)$ 和 $G_2(\mathcal{V},\mathcal{E}_2)$ 的边文件

输出：$\text{sim}(G_1,G_2)$

1. $\boldsymbol{S}_1=[\boldsymbol{I}+\epsilon^2\boldsymbol{D}_1-\epsilon\boldsymbol{A}_1]^{-1}$ //其中的元素$s_{1,ij}$表示图G_1中节点 i 对节点 j 的亲和度/影响力
2. $\boldsymbol{S}_2=[\boldsymbol{I}+\epsilon^2\boldsymbol{D}_2-\epsilon\boldsymbol{A}_2]^{-1}$
3. $d(G_1,G_2)=\text{RootED}(\boldsymbol{S}_1,\boldsymbol{S}_2)$
4. $\text{sim}(G_1,G_2)=\frac{1}{1+d(G_1,G_2)}$

5.2.2 快速计算

DeltaCon$_0$满足 5.1 节中的所有性质，但时间复杂度却是二次方级的（n^2个亲和度分值

⊖ 因为节点的亲和度在［0,1］的区间内，所以二次方根可使它们变大。

s_{ij}通过幂法求稀疏矩阵的逆获得)，因此不可扩展。本节提出一个更快的线性算法——DeltaCon（算法5.2），它近似于DeltaCon$_0$，但在第一步有所不同。此处仍要求每个节点刚好有一次机会成为种子节点，以便找到剩余节点相对它的亲和度；但每次计算使用多个种子节点，而不是一个。将节点集随机分为g个群组，并通过求解线性系统$[\boldsymbol{I}+\epsilon^2\boldsymbol{D}-\epsilon\boldsymbol{A}]\boldsymbol{S}'_k=\sum_{i\in \text{group}k}\boldsymbol{e}_i$计算每个节点$i$对群组$k$的亲和度分值$\boldsymbol{S}'_k$。共需计算$n\times g$个分值，然后将其按列存储到$n\times g$维矩阵$\boldsymbol{S}'$中（$g\ll n$）。从直观上看，是将一个群组内包含的节点所在列的分值相加获得$n\times g$维矩阵$\boldsymbol{S}'(g\ll n)$，以此替代$n\times n$维亲和度矩阵$\boldsymbol{S}$。分值s'_{ik}是节点i与第k组节点的亲和度（$k=1$，…，g）。下述引理给出了计算节点与群组之间亲和度的复杂性。

引理5.5　计算约化的亲和度矩阵$\boldsymbol{S}'$的时间复杂度与边的数目呈线性关系。

证明：通过求解公式$[\boldsymbol{I}+\epsilon^2\boldsymbol{D}-\epsilon\boldsymbol{A}]\boldsymbol{S}'=[\boldsymbol{b}_{h_{01}},\cdots,\boldsymbol{b}_{h_{0g}}]$快速计算“瘦身”后的$n\times g$维矩阵$\boldsymbol{S}'$，其中$\boldsymbol{b}_{h_{0k}}=\sum_{i\in\text{group}_k}\boldsymbol{e}_i$，$\boldsymbol{e}_i$是群组$k$对应的$n\times1$维隶属度向量（除成员节点所在位置为1，其余位置的值都为0）。求解该系统等价于求解每个群组$k\in\{1,\cdots,g\}$对应的线性系统$[\boldsymbol{I}+\epsilon^2\boldsymbol{D}-\epsilon\boldsymbol{A}]\boldsymbol{S}'_k=\boldsymbol{b}_{h_{0k}}$，从而获得节点与群组之间的亲和度向量$\boldsymbol{S}'_k$。使用幂法（见3.2.2节）可以用正比于矩阵$\epsilon\boldsymbol{A}-\epsilon^2\boldsymbol{D}$中非零元个数的线性时间求解该公式，非零元的个数相当于输入图$\boldsymbol{G}$中的边数m。因此，g个线性系统需要$O(g\cdot m)$的时间，这对于较小的常数g而言，时间复杂度仍线性正比于边数。值得一提的是，g个线性系统之间没有依赖关系可并行求解，故总体时间仅需$O(m)$。

因此，针对每个节点计算g个亲和度分值，这些分值表示它对每组种子节点的亲和度，而不是式（5.2）中所示的对每个种子的亲和度。通过细节方面的处理，DeltaCon线性依赖于边的数目和分组的数目g。正如5.4.3节所示，用常规计算机进行处理，160万节点的图只需160s。一旦得到两个图约化后的亲和度矩阵$\boldsymbol{S}'_1$和$\boldsymbol{S}'_2$，再使用RootED计算这两个$n\times g$维得分矩阵之间的相似性，其中$g\ll n$。DeltaCon的伪代码在算法5.2中给出。

算法5.2　DeltaCon

输入：图$G_1(\mathcal{V},\ \mathcal{E}_1)$和$G_2(\mathcal{V},\ \mathcal{E}_2)$的边文件和$g$（群组：节点分组个数）

输出：sim(G_1，G_2)

1：$\{\mathcal{V}_j\}_{j=1}^{g}$ = random_partition（$\mathcal{V}$，g）　　//g个群组
2：//估计节点$i=1$，…，n相对于群组k的亲和度向量
3：**for** $k=1\to g$ **do**
4：　　$\boldsymbol{\phi}_{h_k}=\sum_{i\in\mathcal{V}_k}\boldsymbol{e}_i$
5：　　求解$[\boldsymbol{I}+\epsilon^2\boldsymbol{D}_1-\epsilon\boldsymbol{A}_1]\boldsymbol{b}_{h'_{1k}}=\boldsymbol{\phi}_{h_k}$
6：　　求解$[\boldsymbol{I}+\epsilon^2\boldsymbol{D}_2-\epsilon\boldsymbol{A}_2]\boldsymbol{b}_{h'_{2k}}=\boldsymbol{\phi}_{h_k}$
7：**end for**
8：$\boldsymbol{S}'_1=[\boldsymbol{b}_{h'_{11}},\boldsymbol{b}_{h'_{12}},\cdots,\boldsymbol{b}_{h'_{1g}}]$；$\boldsymbol{S}'_2=[\boldsymbol{b}_{h'_{21}},\boldsymbol{b}_{h'_{22}},\cdots,\boldsymbol{b}_{h'_{2g}}]$；
9：比较亲和度矩阵$\boldsymbol{S}'_1$和$\boldsymbol{S}'_2$
10：$d(G_1,G_2)=\text{RootED}(\boldsymbol{S}'_1,\boldsymbol{S}'_2)$
11：$\text{sim}(G_1,G_2)=\dfrac{1}{1+d(G_1,G_2)}$

为尝试观察第一步中给出的随机性节点划分算法与约束规则更多的节点划分技术的区别，本章测试了 METIS 算法[108]。本质上，该方法是用于发现内部紧密连接的子图对图中剩余节点的影响，而不是随机选择的节点集合对图中剩余节点的影响。实证发现，基于 METIS 的亲和度变体方法在大多数小的人工图中可提供符合直觉的结果，但对于真实网络却没有同样效果。这可能与稀疏的真实网络中缺乏良好割边集合有关[134]，而且当一个群组包含的节点属于同一个社团而不是随机分散的节点时，群组内的变化会被削弱。

接下来将给出 DeltaCon 的时间复杂度以及 DeltaCon_0和 DeltaCon 对应的相似性分值之间的关系。

引理 5.6　当在输入图上应用并行运算时，DeltaCon 的时间复杂度与图的边数呈线性关系，即 $O(g\cdot\max(m_1,m_2))$。

证明：使用幂法（见 3.2.2 节）对每个图求解式（5.1）的时间复杂度为 $O(m_i)(i=1,2)$。节点划分需 $O(n)$的时间；亲和度计算方法在每个图上需运行 g 次，并在 $O(gn)$时间内计算出亲和度分值。因此，DeltaCon 的复杂性为 $O((g+1)n+g(m_1+m_2))$，其中 g 是一个较小常数。除非这些图是树，即$|\varepsilon_i|<n$，此时算法复杂度降低到 $O(g(m_1+m_2))$。假定亲和度计算方法在图上并行运算，由于计算之间不存在依赖关系，所以 DeltaCon 复杂度为 $O(g\cdot\max(m_1,m_2))$。

在给出两种方法相似性分值之间的关系之前，此处先引入一个有用的引理。

引理 5.7　每个节点与一个群组的亲和度（由 DeltaCon 计算得到）等于该节点与该组中每个节点的亲和度分值的总和（由 DeltaCon_0计算得到）。

证明：设 $\boldsymbol{B}=\boldsymbol{I}+\epsilon^2\boldsymbol{D}-\epsilon\boldsymbol{A}$。$\text{DeltaCon}_0$包含针对每个节点 $i\in\mathcal{V}$ 所对应的公式 $\boldsymbol{B}\cdot\boldsymbol{b}_{h_i}=\boldsymbol{e}_i$ 的求解；DeltaCon 包含对所有群组 $k\in(0,g]$所对应公式 $\boldsymbol{B}\cdot\boldsymbol{b}'_{h_k}=\boldsymbol{\phi}_{h_k}$的求解，其中 $\boldsymbol{\phi}_{h_k}=\sum_{i\in \text{group}_k}\boldsymbol{e}_i$。根据矩阵的线性可加性，对于所有群组 k,$\boldsymbol{b}'_{h_k}=\sum_{i\in \text{group}_k}\boldsymbol{b}_{h_i}$ 总成立。

定理 5.8　DeltaCon 计算得到的任意两个图 G_1 和 G_2 之间的相似性是 DeltaCon_0计算得到的相似性分值的上界，即 $\text{sim}_{\text{DC}_0}(G_1,G_2)\leqslant\text{sim}_{\text{DC}}(G_1,G_2)$。

证明：直观上可知节点分组模糊了影响力信息，使得节点之间看起来比原来亲和度更强。

形式化表述方式为，令 $\boldsymbol{S}_1$ 和 $\boldsymbol{S}_2$是应用 DeltaCon_0到图 G_1和 G_2上得到的 $n\times n$ 维亲和度矩阵；$\boldsymbol{S}'_1$和 $\boldsymbol{S}'_2$为应用 DeltaCon 得到的 $n\times g$ 维亲和度矩阵。此处应证明 DeltaCon_0获取的距离：

$$d_{\text{DC}_0}=\sqrt{\sum_{i=1}^{n}\sum_{j=1}^{n}(\sqrt{s_{1,ij}}-\sqrt{s_{2,ij}})^2}$$

比 DeltaCon 获取的距离更大：

$$d_{\text{DC}}=\sqrt{\sum_{k=1}^{g}\sum_{i=1}^{n}(\sqrt{s'_{1,ik}}-\sqrt{s'_{2,ik}})^2}$$

或等价为$d^2_{\text{DC}_0}>d^2_{\text{DC}}$。选定 DeltaCon 中的一组节点，只要能证明 d_{DC}中对应的项求和比d_{DC_0}中对应的项求和小便足以说明问题。通过抽取 DeltaCon 中的一个群组及 DeltaCon_0中该群组成员节点相关的二次方距离，并应用引理 5.7 可得到以下结果：

$$t_{\text{DC}_0}=\sum_{i=1}\sum_{j\in \text{group}}(\sqrt{s_{1,ij}}-\sqrt{s_{2,ij}})^2$$

$$t_{\text{DC}}=\sum_{i=1}^{n}\left(\sqrt{\sum_{j\in \text{group}}s_{1,ij}}-\sqrt{\sum_{j\in \text{group}}s_{2,ij}}\right)^2$$

继续锁定其中一个求和过程（例如 $i=1$），通过展开二次方项并使用 Cauchy - Schwartz 不等式可得到以下结果：

$$\sum_{j\in \text{group}} \sqrt{s_{1,ij}s_{2,ij}} < \sqrt{\sum_{j\in \text{group}} s_{1,ij} \sum_{j\in \text{group}} s_{2,ij}}$$

或等价为$t_{\text{DC}_0} > t_{\text{DC}}$。

5.2.3　预期性质

之前已详细展示了计算图相似性的可扩展算法，从理论角度看，唯一存在的问题是 DeltaCon 是否满足 5.1.4 节中给出的规则和性质。

A1. 等价性：$\text{sim}(G_1, G_1) = 1$。

由于两个输入图在算法 5.1 中对应的线性系统完全一样，因此输入图的亲和度矩阵 $\boldsymbol{S}$ 等同，从而得到 RootED 距离 d 为 0，且 DeltaCon 相似性，$\text{sim} = \dfrac{1}{1+d}$，等于 1。

A2. 对称性：$\text{sim}(G_1, G_2) = \text{sim}(G_2, G_1)$。

与前述类似，用于计算 $\text{sim}(G_1, G_2)$ 和 $\text{sim}(G_2, G_1)$ 的公式相同，唯一区别是算法 5.1 中求解它们的顺序。因此无论是 RootED 距离 d 还是 DeltaCon 相似性值 sim 都相同。

A3. 零特性：当 $n\to\infty$ 时，$\text{sim}(G_1, G_2)\to 0$，其中 G_1是完全图（K_n），G_2是空图（两者边集互补）。

证明：首先证明完全图的所有节点都在 $\{s_g, s_{ng}\}$ 中获取最终分值，具体取决于它们是否包含在群组 g 中。接下来要证明这些分值在有限的区间里，具体为当 $n\to\infty$ $\left(\text{对于有限值}\dfrac{n}{g}\right)$时，$\{s_g,\ s_{ng}\} \to \left\{\dfrac{n}{2g}+1,\ \dfrac{n}{2g}\right\}$。在该条件下可推导出空图和完全图的 $\boldsymbol{S}$ 矩阵之间的 RootED，$d(G_1, G_2)$会变得无限大。所以当 $n\to\infty$ 时，$\text{sim}(G_1, G_2) = \dfrac{1}{1+d(G_1, G_2)}\to 0$。

DeltaCon 满足相似性度量必须遵循的 3 个规则。接下来将详细讨论其对性质 P1 ~ P3 的可满足性。

P1. ［**边重要性**］对于无权图，相比于移除后依然能保持图连通的边，移除后造成图不连通的边要受到更大惩罚。

在具有任意类型的非连通图的例子中形式化该性质都比较困难，因而此处专注于一个易于理解且直观的例子：杠铃图。

证明：假定 $\boldsymbol{A}$ 是对应于具有两个大小分别为 n_1 和n_2派系的无向杠铃图的邻接矩阵（例如图 5.2 中的 B10，$n_1 = n_2 = 5$），且（i_0, j_0）是“桥”边。为不失一般性，假定 $\boldsymbol{A}$ 为块对角形式，用一条边（i_0, j_0）连接这两个块：

$$a_{ij} = \begin{cases} & i,j\in\{1,\cdots,n_1\}\text{ 且 } i\neq j \\ 1 & \text{或 } i,j\in\{n_1+1,\cdots,n_2\}\text{ 且 } i\neq j \\ & \text{或 } i,j=(i_0,j_0)\text{ 或 } i,j=(j_0,i_0) \\ 0 & \text{其他} \end{cases}$$

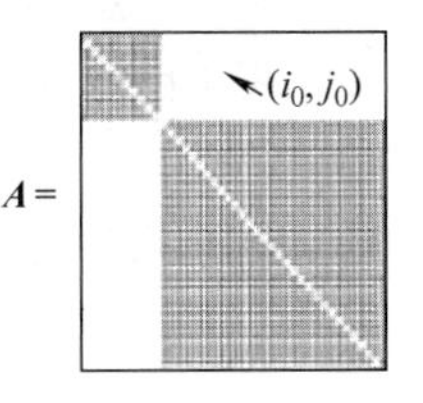

邻接矩阵 $\boldsymbol{B}$ 的元素值：

$$b_{ij}=\begin{cases}0 & \text{对于}(i,j)\neq(i_0,j_0)\text{和}(j_0,i_0)\text{的一个节点对}\\ a_{ij} & \text{其他}\end{cases}$$

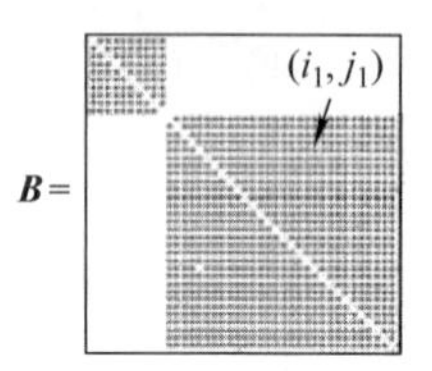

邻接矩阵 C 的元素值：

$$c_{ij}=\begin{cases}0 & \text{当节点对}(i,j)=(i_0,j_0)\text{或}(i,j)=(j_0,i_0)\\ a_{ij} & \text{其他}\end{cases}$$

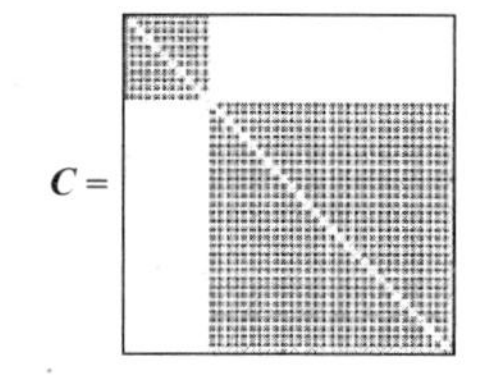

此处须证明 $\text{sim}(\boldsymbol{A},\boldsymbol{B})\geqslant\text{sim}(\boldsymbol{A},\boldsymbol{C})\Leftrightarrow d(\boldsymbol{A},\boldsymbol{B})\leqslant d(\boldsymbol{A},\boldsymbol{C})$，或等价为 $\text{d}^2(\boldsymbol{A},\boldsymbol{B})\leqslant d^2(\boldsymbol{A},\boldsymbol{C})$。

基于式（5.1），使用幂级数表示矩阵的逆且忽略大于二次方的项，针对矩阵 $\boldsymbol{A}$ 可得到如下解：

$$\boldsymbol{b}_{h_i}=[\boldsymbol{I}+(\epsilon\boldsymbol{A}-\epsilon^2\boldsymbol{D}_A)+(\epsilon\boldsymbol{A}-\epsilon^2\boldsymbol{D}_A)^2+\cdots]\boldsymbol{e}_i\Rightarrow\boldsymbol{S}_A=\boldsymbol{I}+\epsilon\boldsymbol{A}+\epsilon^2\boldsymbol{A}^2-\epsilon^2\boldsymbol{D}_A$$

其中下标（例如 A）为每个矩阵对应的图。现在使用上式可得到 $\boldsymbol{S}_A$、$\boldsymbol{S}_B$ 和 $\boldsymbol{S}_C$矩阵中的元素，并推导出它们的 RootED 距离：

$$d^2(\boldsymbol{A},\boldsymbol{B})=4(n_2-f)\frac{\epsilon^4}{c_1^2}+2\frac{\epsilon^2}{c_2^2}$$

$$d^2(\boldsymbol{A},\boldsymbol{C})=2(n_1+n_2-2)\epsilon^2+2\epsilon$$

式中，$c_1=\sqrt{\epsilon+\epsilon^2(n_2-3)}+\sqrt{\epsilon+\epsilon^2(n_2-2)}$；$c_2=\sqrt{\epsilon^2(n_2-2)}+\sqrt{\epsilon+\epsilon^2(n_2-2)}$。

如果图 B 中的缺失边和“桥”边指向同一个节点，则 $f=3$，否则 $f=2$。

从而两个距离的差异可表示如下：

$$d^2(\boldsymbol{A},\boldsymbol{C})-d^2(\boldsymbol{A},\boldsymbol{B})=2\epsilon\left(\epsilon(n_1+n_2-f)+1-\left(\frac{2\,\epsilon^3(n_1-2)}{c_1^2}+\frac{\epsilon}{c_2^2}\right)\right)$$

通过观察发现，对于 $n_2\geqslant3$，有 $c_1\geqslant2\sqrt{\epsilon}$且$c_2\geqslant\sqrt{\epsilon}$，应用该关系到上式中，可得到下述不等式：

$$d^2(\boldsymbol{A},\boldsymbol{C})-d^2(\boldsymbol{A},\boldsymbol{B})\geqslant2\epsilon\left(\epsilon(n_1+n_2-f)-\frac{\epsilon^2(n_1-2)}{2}\right)\geqslant2\,\epsilon^2(n_1+n_2-f-\epsilon(n_1-2))$$

假设 $f=2$ 或 3，$n_2\geqslant3$，可知 $n_2-f\geqslant0$。此外，根据定义可知 $0<\epsilon<1$，且$n_1-\epsilon n_1\geqslant0$。基于这些不等式可立即得到 $d^2(\boldsymbol{A},\boldsymbol{B})\leqslant d^2(\boldsymbol{A},\boldsymbol{C})$。需要注意的是，ED 并不总能满足该性质。

P2.［边“次模性”］ 对于具有相同节点规模的无权图，同样的改变对具有少量边的图的影响大于具有稠密边的图。

直觉 此处提供的模拟结果表明，DeltaCon 的简化版本满足该性质（在作者研究的一种具体的构造图上）。而针对它在更一般形式上的深入探索，留作未来工作。

在实证分析之前，先引入两对图用以形式化定义该性质。设 $\boldsymbol{A}$ 是一个无向图的邻接矩阵，具有 $m_{\boldsymbol{A}}$个非零元（边）a_{ij}，且$a_{i_0j_0}=1$，$\boldsymbol{B}$ 是与 $\boldsymbol{A}$ 几乎等同的另一个邻接矩阵，但缺失了边（i_0,j_0），其对应元素值为

$$b_{ij}=\begin{cases}0 & \text{如果}(i,j)=(i_0,j_0)\text{或}(i,j)=(j_0,i_0)\\ a_{ij} & \text{其他}\end{cases}$$

另外一对邻接矩阵 $\boldsymbol{C}$ 和 $\boldsymbol{E}$[⊖]的矩阵元素定义如下：

$$c_{ij}=\begin{cases}0 & \text{存在}\geqslant 1\text{ 个节点对}(i,j)\neq(i_0,j_0)\text{且}(i,j)\neq(j_0,i_0)\\ a_{ij} & \text{其他}\end{cases}$$

换句话说，$\boldsymbol{C}$ 的非零元个数 $m_C<m_A$。$\boldsymbol{E}$ 为另一个图的邻接矩阵，该图几乎等同于 $\boldsymbol{C}$，但缺少（i_0,j_0）这条边：

$$e_{ij}=\begin{cases}0 & \text{如果}(i,j)=(i_0,j_0)\text{或}(i,j)=(j_0,i_0)\\ c_{ij} & \text{其他}\end{cases}$$

根据 P2，此处须证明：

$$\mathrm{sim}(\boldsymbol{A},\boldsymbol{B})\geqslant\mathrm{sim}(\boldsymbol{C},\boldsymbol{E})\Leftrightarrow d(\boldsymbol{A},\boldsymbol{B})\leqslant d(\boldsymbol{C},\boldsymbol{E})$$

通过代入 RootED 距离，须进一步证明：

$$\sqrt{\sum_{i=1}^{n}\sum_{j=1}^{n}\left(\sqrt{s_{A,ij}}-\sqrt{s_{B,ij}}\right)^2}\leqslant\sqrt{\sum_{i=1}^{n}\sum_{j=1}^{n}\left(\sqrt{s_{C,ij}}-\sqrt{s_{E,ij}}\right)^2}$$

式中，s_{ij}是相应的亲和度矩阵 $\boldsymbol{S}$ 中的元素。

使用幂级数表示矩阵的逆且忽略大于二次方的项（面向 DeltaCon 的简化版本或近似版本），针对矩阵 $\boldsymbol{A}$ 可获取对应的亲和度并可从中获取s_{ij}的具体表示。

$$\boldsymbol{b}_{h_i}=[\boldsymbol{I}+(\epsilon\boldsymbol{A}-\epsilon^2\boldsymbol{D}_A)+(\epsilon\boldsymbol{A}-\epsilon^2\boldsymbol{D}_A)^2+\cdots]\boldsymbol{e}_i\Rightarrow\boldsymbol{S}_A=\boldsymbol{I}+\epsilon\boldsymbol{A}+\epsilon^2\boldsymbol{A}^2-\epsilon^2\boldsymbol{D}_A$$

式中，$\boldsymbol{S}$ 和 $\boldsymbol{D}$ 的下标（例如 A）表示每个矩阵对应的图。

为对该性质进行实证分析，这里按照如下规则构造图：从节点规模为 n 的完全图开始，$G_0=K_n$，随机选择一条边（i_0,j_0）。接下来，通过从图 G_{t-1} 中移除一条新的边（i_t,j_t），从而导出一系列图G_t。注意（i_t,j_t）不能是初始选择的那条边（i_0,j_0）。对每一个导出图计算其自身与对应的缺少了边（i_0,j_0）的图之间的 RootED 距离。期望距离随图中边数的增加而降低。换句话说，一个稀疏图和相应的缺少了边（i_0,j_0）的图的距离要大于一个稠密图与相应的缺少了边（i_0,j_0）的图之间的距离。相应的，DeltaCon 的相似性指标则相反。由于距离函数在数学上比相似函数更易操作，因而证明中采用距离。图 5.1 对不同图的节点规模 n 绘制了 RootED 距离随图中边的变化而变化的函数曲线（从左到右，图越来越稠密，逐渐趋近于完全图 K_n）。构造图上的模拟表明 DeltaCon 简化版本满足“次模性”。该分析对很多情况具有理论价值。

P3.［权重感知］ 在加权图中，移除的边权重越大，对相似性的影响就越大。

引理 5.9　设 G_A是邻接矩阵为 $\boldsymbol{A}$，矩阵元素 $a_{ij}\geqslant 0$ 的图。G_B是邻接矩阵为 $\boldsymbol{B}$ 的图，且其邻接矩阵元素为

$$b_{ij}=\begin{cases}a_{ij}+k & \text{如果}(i,j)=(i_0,j_0)\text{或}(i,j)=(j_0,i_0)\\ a_{ij} & \text{其他}\end{cases}$$

式中，k 是正整数（$k\geqslant 1$）。

此时可以确保（$\boldsymbol{S}_B$）$_{ij}\geqslant$（$\boldsymbol{S}_A$）$_{ij}$。

证明：基于式（5.1），通过使用幂级数且忽略掉大于二次方的项表示矩阵的逆，可得到解

$$\boldsymbol{b}_{h_i}=[\boldsymbol{I}+(\epsilon\boldsymbol{A}-\epsilon^2\boldsymbol{D})+(\epsilon\boldsymbol{A}-\epsilon^2\boldsymbol{D})^2+\cdots]\boldsymbol{e}_i\Rightarrow\boldsymbol{b}_{h_i}\approx[\boldsymbol{I}+\epsilon\boldsymbol{A}+\epsilon^2(\boldsymbol{A}^2-\boldsymbol{D})]\boldsymbol{e}_i$$

⊖ 用 $\boldsymbol{E}$ 代替 $\boldsymbol{D}$ 以区分图的邻接矩阵和度填充的对角矩阵，度填充的对角矩阵一般定义为 $\boldsymbol{D}$。

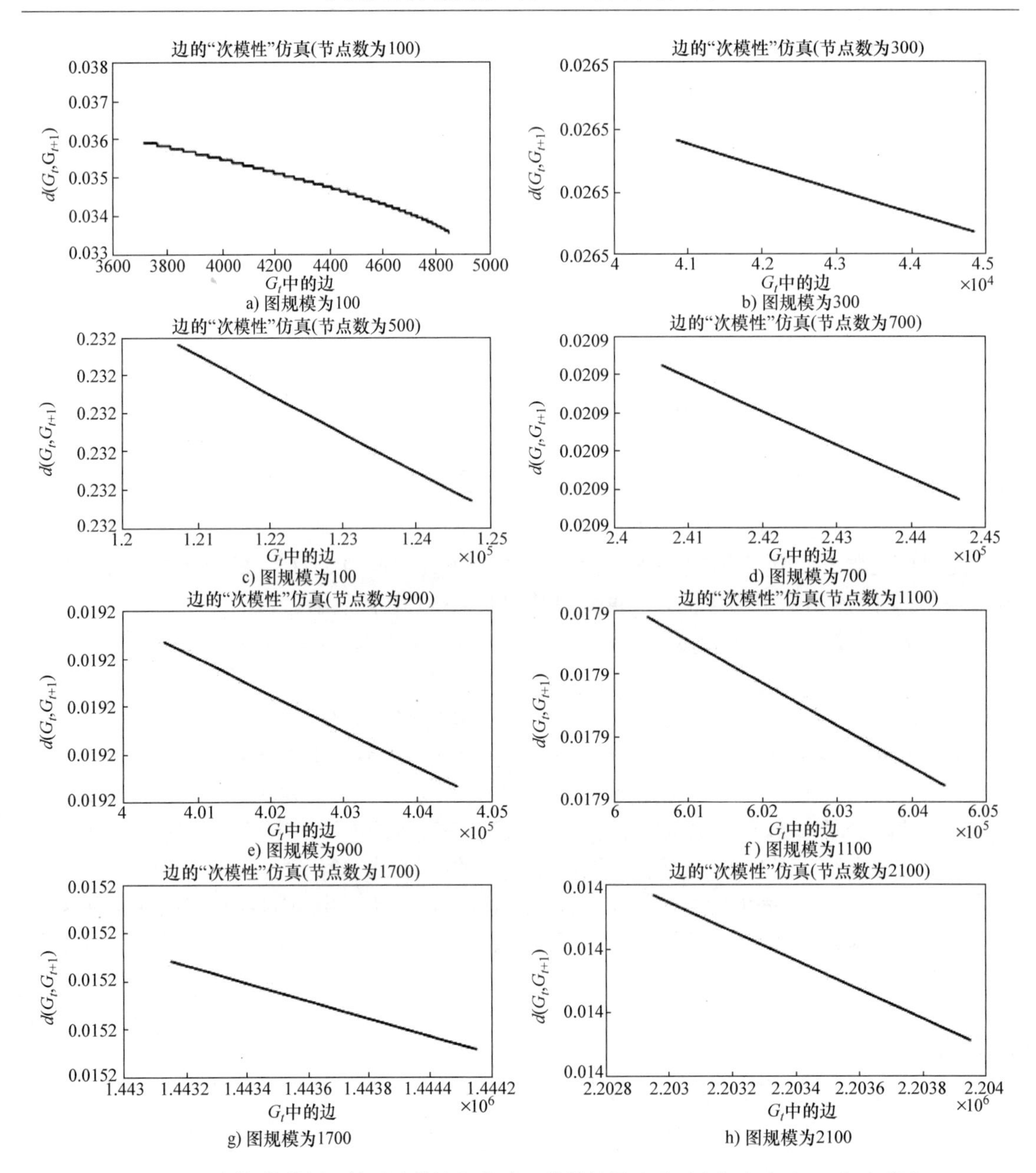

图 5.1　不同规模的图上的“次模性”仿真。模拟结果显示两个仅在边（i_0,j_0）上存在差异的图的距离随原始图 G_t中边数的增加而递减（表明边“次模性”得到满足）。相反，它们的相似性随原始图 G_t中边数的增加而递增

或等价为

$$\boldsymbol{S}_A = \boldsymbol{I} + \epsilon \boldsymbol{A} + \epsilon^2 \boldsymbol{A}^2 - \epsilon^2 \boldsymbol{D}_A$$

和

$$\boldsymbol{S}_B = \boldsymbol{I} + \epsilon \boldsymbol{B} + \epsilon^2 \boldsymbol{B}^2 - \epsilon^2 \boldsymbol{D}_B$$

此时得到

$$S_B - S_A = \epsilon(B - A) + \epsilon^2(B^2 - A^2) - \epsilon^2(D_B - D_A) \tag{5.4}$$

式中

$$(B - A)_{ij} = \begin{cases} k & 如果(i,j) = (i_0, j_0)或(i,j) = (j_0, i_0) \\ 0 & 其他 \end{cases}$$

且

$$(D_B - D_A)_{ij} = \begin{cases} k & 如果(i,j) = (i_0, i_0)或(i,j) = (j_0, j_0) \\ 0 & 其他 \end{cases}$$

通过应用基本代数运算，可得到

$$(B^2)_{ij} = \begin{cases} = (A^2)_{ij} + 2k \cdot a_{i_0 j_0} + k^2 & 如果(i,j) = (i_0, i_0)或(i,j) = (j_0, j_0) \\ \geqslant (A^2)_{ij} & 其他 \end{cases}$$

根据定义，对于所有的 i,j，满足$b_{ij} \geqslant a_{ij} \geqslant 0$。接下来，观察式（5.4）得到以下 3 种情况：

- 对所有 $(i,j) \neq (i_0, i_0)$ 和 (j_0, j_0)，有
$$(S_B - S_A)_{ij} = \epsilon(B - A)_{ij} + \epsilon^2(B^2 - A^2)_{ij} \geqslant 0$$
- 对$(i,j) = (i_0, i_0)$，有
$$(S_B - S_A)_{i_0 i_0} = \epsilon^2 k(2k \cdot a_{i_0 j_0} + k - 1) \geqslant 0$$
- 对$(i,j) = (j_0, j_0)$，有
$$(S_B - S_A)_{j_0 j_0} = \epsilon^2 k(2k \cdot a_{i_0 j_0} + k - 1) \geqslant 0$$

于是，对所有 (i, j) 可以确保 $(S_B)_{ij} \geqslant (S_A)_{ij}$。

接下来用该引理证明权重感知性质。

证明：［性质 P3—权重感知］权重感知性质形式化如下：设 A 是一个加权无向图的邻接矩阵，元素为 a_{ij}。B 是几乎等同于 A 的邻接矩阵，但边 (i_0, j_0) 的权重更大，或形式化为

$$b_{ij} = \begin{cases} a_{ij} + k & 如果(i,j) = (i_0, j_0)或(i,j) = (j_0, i_0) \\ a_{ij} & 其他 \end{cases}$$

设 C 是一个与 A 元素几乎相同的邻接矩阵，除在 c_{i_0, j_0}元素值上有所不同，该元素比 b_{i_0, j_0}稍大，于是有

$$c_{ij} = \begin{cases} a_{ij} + k' & 如果(i,j) = (i_0, j_0)或(i,j) = (j_0, i_0) \\ a_{ij} & 其他 \end{cases}$$

式中，$k' > k$ 是一个整数。

要证明权重感知的性质须证明 $\mathrm{sim}(A, B) \geqslant \mathrm{sim}(A, C) \Leftrightarrow d(A, B) \leqslant d(A, C)$。注意，该形式的定义包含了移除一条边的情况，即假定矩阵 A 的元素 $a_{i_0, j_0} = 0$。

此时 RootED 距离的二次方差可写为

$$\begin{aligned} d^2(A, B) - d^2(A, C) &= \sum_{i=1}^{n}\sum_{j=1}^{n}(\sqrt{s_{A,ij}} - \sqrt{s_{B,ij}})^2 - \sum_{i=1}^{n}\sum_{j=1}^{n}(\sqrt{s_{A,ij}} - \sqrt{s_{C,ij}})^2 \\ &= \sum_{i=1}^{n}\sum_{j=1}^{n}(\sqrt{s_{C,ij}} - \sqrt{s_{B,ij}})(2\sqrt{s_{A,ij}} - \sqrt{s_{B,ij}} - \sqrt{s_{C,ij}}) < 0 \end{aligned}$$

保证该不等式成立的判定依据：根据引理 5.9 以及矩阵 A、B 和 C 的构造方式，可以

得到对于所有的 i,j 都满足下述不等式：

$$(\boldsymbol{S}_B)_{ij} \geqslant (\boldsymbol{S}_A)_{ij}$$
$$(\boldsymbol{S}_C)_{ij} \geqslant (\boldsymbol{S}_A)_{ij}$$
$$(\boldsymbol{S}_C)_{ij} \geqslant (\boldsymbol{S}_B)_{ij}$$

5.4 节中的进一步实验表明，DeltaCon 可以满足上述所有性质，而其他相似性和距离方法并不能满足上述所有性质。

5.3 DeltaCon - Attr：节点和边的归因

到目前为止，已经讨论并介绍了设计图相似性算法的大致思想和具体设计过程。然而仅仅计算图相似性指标并不能帮助人们充分解决动态检测（change detection）和图理解的问题。揭示图改变增长方式的潜在原因同等重要。实现该目标的方法之一是把这种变化归因到节点和/或边的改变上。

具备这些信息后可解释某些变化如何影响图的连通性，以便将这种理解应用于特定领域的背景下，从而有针对性地采取保护措施防止将来发生这种变化。此外，该特性可用于测量尚未发生的变化，以便找到哪些节点和/或边对保持或破坏图的连通性最关键。本节将讨论本章方法的扩充版本——DeltaCon - Attr，该方法可以实现节点层面和边层面的归因检测。

5.3.1 算法描述

节点归因　第一个目标是寻找导致输入图之间产生差异的节点。设亲和度矩阵 $\boldsymbol{S}'_1$ 和 $\boldsymbol{S}'_2$ 已经预先得到。接下来总结节点归因算法（算法 5.3）的具体步骤，描述如下：

算法 5.3　DeltaCon - Attr 节点归因算法

输入：亲和度矩阵 $\boldsymbol{S}'_1$ 和 $\boldsymbol{S}'_2$、图 $G_1(\mathcal{V},\mathcal{E}_1)$ 和 $G_2(\mathcal{V},\mathcal{E}_2)$ 的边文件 $\boldsymbol{A}_1$ 和 $\boldsymbol{A}_2$

输出：$[\boldsymbol{w}_{\text{sorted}},\boldsymbol{w}_{\text{sortedIndex}}]$（降序排列的节点影响力分值）

1：**for** $v=1\rightarrow n$ **do**
2：　//如果邻接特定节点的边发生了改变，则该节点对此改变负有责任：
3：　　**if** $\sum|\boldsymbol{A}_1(v,:)-\boldsymbol{A}_2(v,:)|>0$　**then**
4：　　　$w_v=\text{RootED}(\boldsymbol{S}'_{1,v},\boldsymbol{S}'_{2,v})$
5：　　**end if**
6：**end for**
7：//对 $\boldsymbol{w}$ 向量进行排序
8：$[\boldsymbol{w}_{\text{sorted}},\boldsymbol{w}_{\text{sortedIndex}}]=\text{sortRows}(\boldsymbol{w},1,\text{'descend'})$

步骤 1　计算节点 v 与图 $\boldsymbol{A}_1$ 中节点集合的亲和度和节点 v 与图 $\boldsymbol{A}_2$ 中节点集合的亲和度的差异。此处使用距离 RootED 度量，该距离也被应用于两个图之间相似性的度量。

对于给定矩阵 $\boldsymbol{S}'_1$ 和 $\boldsymbol{S}'_2$ 的第 v 行向量（$v\leqslant n$），该类向量反映了节点 v 与图中其余节点的亲和度。两个向量的 RootED 距离量化了一个节点是导致图发生变化的“元凶”节点的可能性。称该指标为节点的影响力。

通过获取 S'_1 和 S'_2 中对应的行向量对之间的 RootED 距离，以量化每个节点对图产生变化的贡献 w_v，其中 $v=1, \cdots, n$。如下式所示：

$$w_v = \mathrm{RootED}(\boldsymbol{S'}_{1,v}, \boldsymbol{S'}_{2,v}) = \sqrt{\sum_{j=1}\left(\sqrt{s'_{1,vj}} - \sqrt{s'_{2,vj}}\right)^2} \tag{5.5}$$

步骤 2　对 $n\times 1$ 维节点影响力向量 $\boldsymbol{w}$ 按得分降序排序，并给出最高得分及其对应的节点。

这里默认使用与 Fukunaga 启发式方法[75] 相似的推理逻辑给出造成前 80% 变化的“元凶”。实践中发现影响力服从偏态分布（尽管存在稀疏特性，但分布却不一定满足“二八定律”）。

边归因　作为对节点归因方法的补充，本节还扩展一种边归因方法，该方法把与图变化相关的边的变化（增加和删除）进行排序。边归因算法（算法 5.4）步骤如下：

算法 5.4　DeltaCon – Attr 边归因算法

输入：邻接矩阵 $\boldsymbol{A}_1$ 和 $\boldsymbol{A}_2$，“元凶”节点集合 $\boldsymbol{w}_{\mathrm{sortedIndex},1\cdots\mathrm{index}}$ 及节点影响力向量 $\boldsymbol{w}$

输出：降序排列的边影响力分值 $\boldsymbol{E}_{\mathrm{sorted}}$

```
1: for v = 1→length (w_sortedIndex,1,···index) do
2:     srcNode = w_sortedIndex,v
3:     r = A_2,v − A_1,v
4:     for k = 1→n do
5:         destNode = k
6:         if r_k = 1 then
7:             edgeScore = w_srcNode + w_destNode
8:             添加行 [srcNode, destNode, ‘+’, edgeScore] 到 E
9:         end if
10:        if r_k = −1 then
11:            edgeScore = w_srcNode + w_destNode
12:            添加行 [srcNode, destNode, ‘−’, edgeScore] 到 E
13:        end if
14:    end for
15: end for
16: E_sorted = sortRows (E, 4, 'descend')          //对矩阵 E 的第 4 列进行排序
```

步骤 1　当一条边指向“元凶”节点集合中至少一个节点时，则为该边分配影响力分值。该分值等于对应边连接或断开连接时所指向的节点的影响力分值的总和。

算法目标是根据边对它们所接触节点的影响程度分配边的影响力分值。由于即便同样添

加或删除一条边，该边对其指向的两端节点的影响力也不尽相同，此处选择两个节点的影响力分值之和作为边的影响力指标。因此，该算法会把连接两个中等程度影响力节点的边排得更重要，而会将同时连接一个高影响力节点和低影响力节点的边排序后于前者。

步骤 2 按照边的影响力分值降序排列，同时给出相应边的排序。

对发生变化的边进行分析可以揭示与基准行为相比发生的重大差异。具体而言，大量添加或移除的边影响力较低时，标志星形结构的形成或破坏，然而当添加或移除一条或少量影响力高的边时，则表示社团通过添加或移除某些关键的桥接边实现了社团的扩张或收缩。

5.3.2 可扩展性

给定预先得到的 S_1' 和 S_2'（由于归因只能在亲和度计算后实施，故此处假定预处理已完成），由于 n 个影响力分值须按降序排序，从而可知 DeltaCon - Attr 的节点归因模块所耗时长与节点数量呈对数线性关系。详细原因为，计算节点影响力分值的时间开销与节点和群组个数呈线性关系，但鉴于一般情况下 $g << \log(n)$，因而排序开销占主导地位。

同样假定预处理已完成，因为总共可能有 m_1+m_2 条发生改变的边需要排序，从而可知 DeltaCon - Attr 的边归因部分开销同样为对数线性，但依赖于边数之和。事实上由于只需关心指向“元凶”节点的边，需要排序的边的数量应少得多。具体来讲，计算边的影响力分值的开销线性依赖于“元凶”节点数量 k 和发生改变的边的数量，但一般情况下，$k << \log(m_1+m_2)$，排序开销依然占主导地位。

5.4 实证结果

本节分别在人工网络（见图 5.2）和真实网络（表 5.4 中的无向、无权图，否则会另作说明）上执行几次实验以回答以下问题：

问题 1：DeltaCon 是否符合人们的直觉且满足对应规则/性质？其他方法在哪些规则/性质上会失效？

问题 2：DeltaCon 能否推广到大规模网络的比较中？

问题 3：该算法对节点群组的数目敏感吗？

用 MATLAB 代码实现该算法，并在 AMD Operon 处理器 854 @ 3 GHz，32GB RAM 上执行该实验。式（5.1）中的参数选择如第 3 章所述，所有参数的选择须保证系统收敛。

5.4.1 DeltaCon 与直觉的一致性

为回答问题 1，针对 3 个性质（P1 ~ P3），在节点规模为 5 ~ 100 的具有经典拓扑的图（图 5.2 中的派系图、星形图、环图、路径图、杠铃图和轮状杠铃图以及棒棒糖图）上进行实验，以便于讨论它们的相似性。关于命名规范，请参见表 5.2。DeltaCon 方法中的群组个数设置为 5（$g=5$），当设置为其他值时结果相似。除人工图，为验证非形式化性质（IP），此处使用具有高达 1100 万条边的真实网络进行测试（见表 5.4）。

接下来将 DeltaCon 与适合问题场景的 6 个前沿的相似性度量指标进行比较。

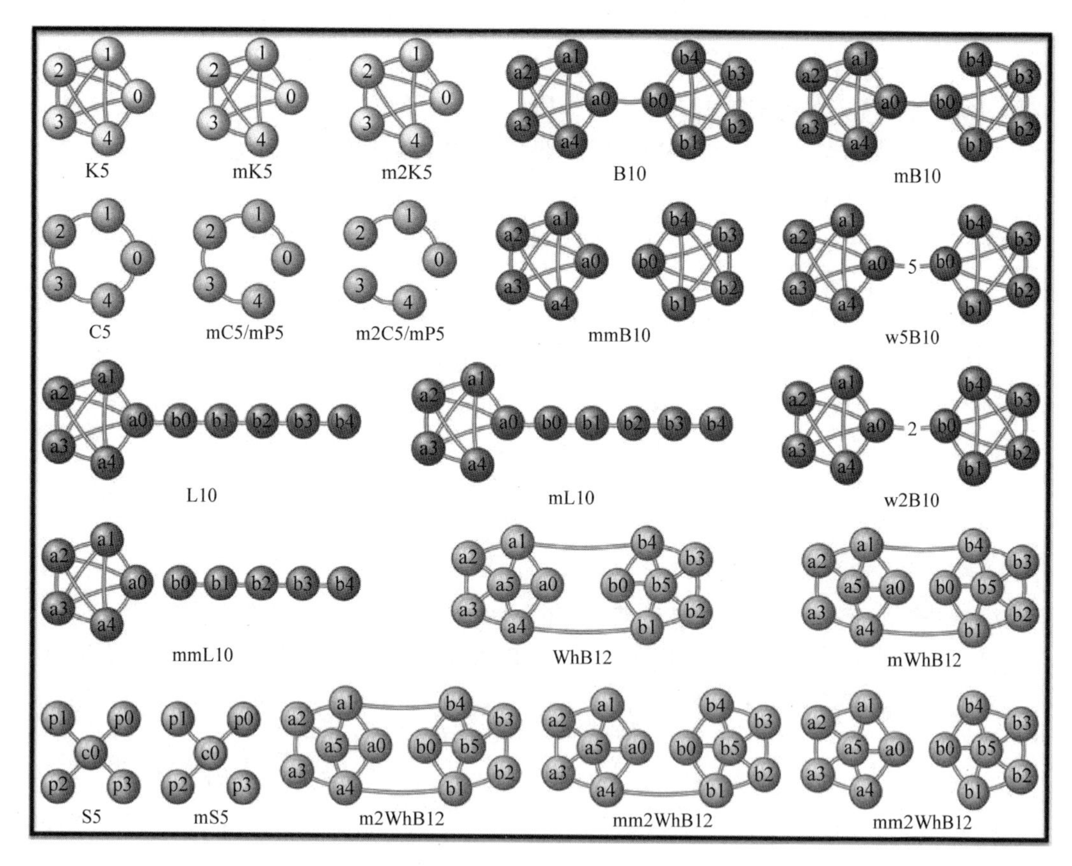

图 5.2　用于 DeltaCon 实证分析的小规模人工网络（K 表示派系，C 表示环，P 表示路径，S 表示星形，B 表示杠铃，L 表示棒棒糖，WhB 表示轮状杠铃图。关于命名规范，请参见表 5.2）

表 5.2　人工网络的命名规范。前缀（符号）后面如果数字缺失，则代表 $X=1$

符号	意义
K$_n$	规模为 n 的派系
P$_n$	长度为 n 的路径
C$_n$	规模为 n 的环
S$_n$	规模为 n 的星形结构
L$_n$	规模为 n 的棒棒糖结构
B$_n$	规模为 n 的杠铃结构
WhB$_n$	规模为 n 的轮状杠铃结构
m$_X$	缺少 X 条边
mm$_X$	缺少 X 条“桥”边
w	“桥”边的权重

1）节点/边重叠度（Vertex/Edge Overlap，VEO），两个图 $G_1(\mathcal{V}_1,\mathcal{E}_1)$ 和 $G_2(\mathcal{V}_2,\mathcal{E}_2)$ 的 VEO 相似性指标为

$$\mathrm{sim}_{\mathrm{VEO}}(G_1,G_2)=2\,\frac{|\mathcal{E}_1\cap\mathcal{E}_2|+|\mathcal{V}_1\cap\mathcal{V}_2|}{|\mathcal{E}_1|+|\mathcal{E}_2|+|\mathcal{V}_1|+|\mathcal{V}_2|}$$

2）图编辑距离（Graph Edit Distance，GED）：GED 总体上具有二次方级的复杂性，但当只允许插入和删除操作时，它与节点和边的数量呈线性关系[38]，即

$$\mathrm{sim}_{\mathrm{GED}}(G_1,G_2)=|\mathcal{V}_1|+|\mathcal{V}_2|-2|\mathcal{V}_1\cap\mathcal{V}_2|+|\mathcal{E}_1|+|\mathcal{E}_2|-2|\mathcal{E}_1\cap\mathcal{E}_2|$$

对于 $\mathcal{V}_1=\mathcal{V}_2$的无权图，$\mathrm{sim}_{\mathrm{GED}}$等价于海明距离（Hamming Distance，HD），定义为 $\mathrm{HD}(\boldsymbol{A}_1,\boldsymbol{A}_2)=\mathrm{sum}(\boldsymbol{A}_1\ \mathrm{XOR}\ \boldsymbol{A}_2)$。

3）签名相似性（Signature Similarity，SS）：这是表现最好的相似性度量指标[167]。它从节点和边的特征开始，通过应用 SimHash 算法（基于随机投影的方法）将特征投影到一个低维特征空间，该过程称为签名。图之间的相似性被定义为它们签名之间的相似性。

4）最后基于深入研究过的谱方法“λ－距离”的 3 个变体（见参考文献［38，171，222］）。设 $\{\lambda_{1i}\}_{i=1}^{|\mathcal{V}_1|}$ 和 $\{\lambda_{2i}\}_{i=1}^{|\mathcal{V}_2|}$是图 G_1和 G_2相应矩阵的特征值集合。“λ－距离”定义为

$$d_\lambda(G_1,G_2)=\sqrt{\sum_{i=1}^{k}(\lambda_{1i}-\lambda_{2i})^2}$$

式中，k 为 $\max(|\mathcal{V}_1|,|\mathcal{V}_2|)$（特征值构成的向量中最小元素部分需作填充处理）。

图对应的矩阵表示有 3 种：邻接矩阵（**λ－D Adj.**）、拉普拉斯矩阵（**λ－D Lap.**）以及标准化的拉普拉斯矩阵（**λ－D N. L.**），基于这 3 种矩阵和上述“λ－距离”的定义，可得到 3 种变体方法。

以上算法的结果对 3 条性质的可满足性在表 5. 3a～5. 3c 中给出。针对性质 P1，比较图对(A,B)和(A,C)，并给出本章提出的方法与 6 个前沿方法在两对图之间的相似性/距离上的差异。按照(A,B)比(A,C)更相似的方法对图对进行排序。因此表 5. 3 中非正项意味着相应的方法不能满足对应性质。同样，针对性质 P2 和 P3，比较图对(A,B)和(C,D)，并给出算法在它们之间的相似性/距离上的差异。

P1. 边重要性 移除后造成图不连通的边比移除后不会影响图的连通性的边更重要。边越重要，它越大可能影响相似性或距离的度量。

针对该实验，使用图 5. 2 所示的杠铃图、“轮状杠铃”图和“棒棒糖”图，以便讨论各条边的重要性。主要思想为高度连通的图内的边（例如派系图、轮状图）从信息流动角度看并不重要，而连接（几乎唯一连接）高密度连通图的边在图的连通性和信息流动中扮演着重要角色。“桥”边的重要性取决于它所连接图的规模的大小；图规模越大，对应“桥”边作用就越重要。

观测 5. 10 只有 DELTACON 能够成功区分边的连通重要性（P1），而其他方法都至少有一次不能区分（见表 5. 3a）。

P2. 边“次模性” 设 $A(\mathcal{V},\mathcal{E}_1)$ 和 $B(\mathcal{V},\mathcal{E}_2)$ 是两个具有相同节点集合的无权图，对应边的关系为 $|\mathcal{E}_1|>|\mathcal{E}_2|$。此外，假设 $m_x\mathrm{A}(\mathcal{V},\mathcal{E}_1)$ 和$m_x\mathrm{B}(\mathcal{V},\mathcal{E}_2)$ 是去除 x 条边后的导出子图。由于对于常数规模的图，边越少对应边越重要，因而人们期望得到 $\mathrm{sim}(A,\ m_x\mathrm{A})>\mathrm{sim}(B,m_xB)$。

表 5. 3b 给出了不同拓扑的图与相应的移除 1 条或 10 条边后所获得的图（前缀分别为‘m’和‘$m10$’）的比较结果。记非正值表示违反边“次模性”。

观测 5. 11 在所有的测试样例中只有 DELTACON 符合边“次模性”性质（P2）。

P3. 权重感知　具有较大权重的边的缺失比具有较小权重的边的缺失更重要。该特性在相似性度量中应有所体现。

一条边的权重定义了两个节点的连接强度，从该意义出发，可视其为与图中边重要性相关的一个特征。针对该特性，研究杠铃图的加权版本并假定除“桥”边的所有边都具有单位权重。

观测 5.12　除 VEO 和 GED 以外的所有方法都符合权重感知的性质（P3），这两种方法仅计算两个图中边和节点的重叠度（见表 5.3c）。

IP. 靶向感知　到目前为止，所有具有可比性的方法都未能完全满足预期的形式化性质。为测试 DeltaCon 是否满足非形式化性质，即能够区分图的变化程度，此处针对两种不同类型的变化分析了具有多达 1100 万条边的真实数据集（见表 5.4）。针对每个图，通过移除边的操作构造破损图实例，移除策略为①从原始图中随机选取多条边；②以针对性的方式选同样数目的边（随机选择节点并删除与它们相关的所有边，直到移除合适比例的边）。

针对该性质研究 8 个真实网络：Email EU、Enron Emails、Facebook wall、Facebook links、Google、Stanford web、Berkeley/Stanford web 及 AS Skitter。图 5.3a ~ 5.3d 给出了原始图和破损图之间的 DeltaCon 相似性分值，其中破损图中边的删除量达 30%。针对每个图分别在随机删边（实线）和针对性删边（虚线）两种情况下进行实验。

表 5.3　DeltaCon_0 和 DeltaCon（加粗）满足所有须遵循的形式化性质（P1 ~ P3）。表中每一行对应于两个图对相似性（或距离）之间的比较；对比图对（A,B）和（A,C）以验证性质（P1）；对比图对（A,B）和（C,D）以验证性质（P2）和（P3）；相似性和距离方法分别对应的 $\Delta s=\text{sim}(A,B)-\text{sim}(C,D)$ 和 $\Delta d=d(C,D)-d(A,B)$ 取值非正时将被突出强调并意味着相应性质被违反

a）“边重要性”（P1）。非正元素违反 P1

图			DC_0	DC	VEO	SS	GED (XOR)	λ − D Adj.	λ − D Lap.	λ − D N. L.
A	B	C	$\Delta s=\text{sim}(A,B)-\text{sim}(A,C)$				$\Delta d=d(A,C)-d(A,B)$			
B10	mB10	mmB10	**0.07**	**0.04**	0	-10^{-5}	0	0.21	−0.27	2.14
L10	mL10	mmL10	**0.04**	**0.02**	0	10^{-5}	0	−0.30	−0.43	−8.23
WhB10	mWhB10	mmWhB10	**0.03**	**0.01**	0	-10^{-5}	0	0.22	0.18	−0.41
WhB10	m2WhB10	mm2WhB10	**0.07**	**0.04**	0	-10^{-5}	0	0.59	0.41	0.87

b）“边的次模性”（P2）。非正元素违反 P2

图				DC_0	DC	VEO	SS	GED (XOR)	λ − D Adj.	λ = D Lap.	λ − D N. L.
A	B	C	D	$\Delta s=\text{sim}(A,B)-\text{sim}(C,D)$				$\Delta d=d(C,D)-d(A,B)$			
K5	mK5	C5	mC5	**0.03**	**0.03**	0.02	10^{-5}	0	−0.24	−0.59	−7.77
C5	mC5	P5	mP5	**0.03**	**0.01**	0.01	-10^{-5}	0	−0.55	−0.39	−0.20
K100	mK100	C100	mC100	**0.03**	**0.02**	0.002	10^{-5}	0	−1.16	−1.69	−311
C100	mC100	P100	mP100	**10^{-4}**	**0.01**	10^{-5}	-10^{-5}	0	−0.08	−0.06	−0.08
K100	m10K100	C100	m10C100	**0.10**	**0.08**	0.02	10^{-5}	0	−3.48	−4.52	−1089
C100	m10C100	P100	m10P100	**0.001**	**0.001**	10^{-5}	0	0	−0.03	0.01	0.31

（续）

c)“权重感知”(P3)。非正元素违反 P3											
图				DC_0	DC	VEO	SS	GED (XOR)	λ - D Adj.	λ - D Lap.	λ - D N. L.
A	B	C	D	$\Delta s = \text{sim}(A,B) - \text{sim}(C,D)$				$\Delta d = d(C,D) - d(A,B)$			
B10	mB10	B10	w5B10	**0.09**	**0.08**	-0.02	10^{-5}	-1	3.67	5.61	84.44
mmB10	B10	mmB10	w5B10	**0.10**	**0.10**	0	10^{-4}	0	4.57	7.60	95.61
B10	mB10	w5B10	w2B10	**0.06**	**0.06**	-0.02	10^{-5}	-1	2.55	3.77	66.71
w5B10	w2B10	w5B10	mmB10	**0.10**	**0.07**	0.02	10^{-5}	1	2.23	3.55	31.04
w5B10	w2B10	w5B10	B10	**0.03**	**0.02**	0	10^{-5}	0	1.12	1.84	17.73

表 5.4　大规模真实和人工数据集

名称	节点数	边数	描述
Brain Graphs Small[170]	70	800 ~ 1208	连接组
Enron Email[125]	36692	367662	邮件发送图
Facebook wall[224]	45813	183412	墙到墙发帖图
Facebook links[224]	63731	817090	朋友关系图
Epinions[94]	131828	841372	信任关系图
Email EU[140]	265214	420045	邮件发送图
Web Notre Dame[207]	325729	1497134	站点连接图
Web Stanford[207]	281903	2312497	站点连接图
Web Google[207]	875714	5105039	站点连接图
Web Berk/Stan[207]	685230	7600595	站点连接图
AS Skitter[140]	1696415	11095298	点对点连接图
Brain Graphs Big[170]	16777216	49361130 ~ 90492237	连接组
Kronecker 1	6561	65536	人工图
Kronecker 2	19683	262144	人工图
Kronecker 3	59049	1048576	人工图
Kronecker 4	177147	4194304	人工图
Kronecker 5	531441	16777216	人工图
Kronecker 6	1594323	67108864	人工图

观测 5.13

- “针对性改变破坏更大。” DeltaCon 符合靶向感知的性质（IP）。针对性删边会导致原图与导出图之间相似性更小，而随机删除相同数目的边，原图和导出图之间相似性更大。

- “改变较大时：随机≈针对性。”从图 5.3 中可知，随着边移除比例的增加，随机删边（实线）倾向于和有针对性删边（虚线）得到类似的相似性分值。

这是预料之中的，因为删除很大比例的边时随机删边和有针对性删边等价。

图 5.3e 和 f 给出了以移除边的比例作为自变量的相似性得分函数。具体来说，x 轴对应于从原始图中移除边的比例，y 轴为对应的相似性得分。如前所述，每个点对应于原始图和相应破损图之间相似性分值的映射关系。

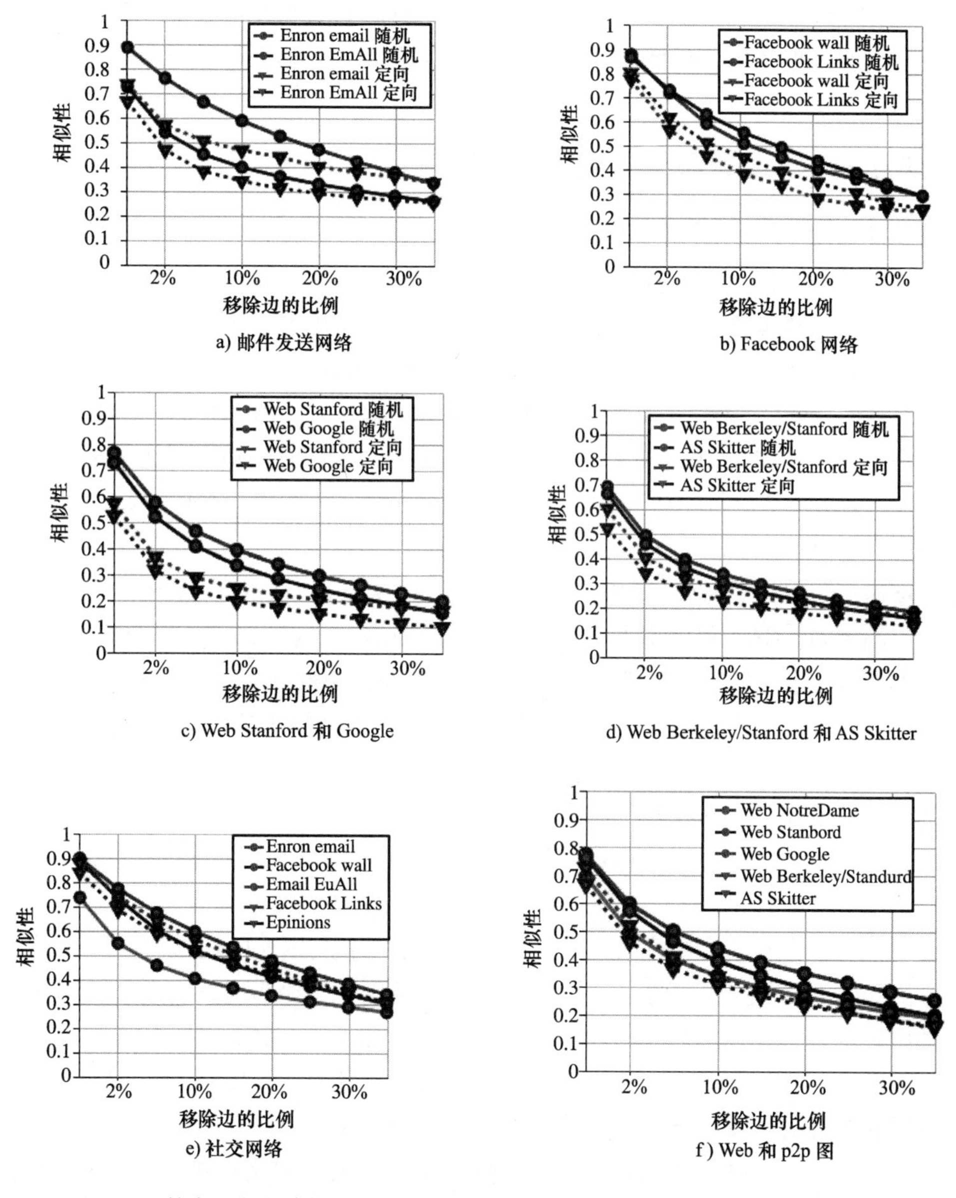

图 5.3　DeltaCon 符合“靶向感知”性质（IP）：有针对性改变比随机改变破坏力度更大。a）~ d）：随机破坏（实线）和有针对性破坏（虚线）下，图的 DeltaCon 相似性分值与从原始图中移除边的比例（x 轴）。注意到，虚线总是在同种颜色的实线之下。e）和 f）：DeltaCon 与直觉一致：一个图变化越大（例如移除边数量增加），其与原始图的相似性就越低（见插页彩图）

观测 5.14“改变越多，破坏越大。”原图破坏程度越高，导出图和原图之间的 DeltaCon 相似性越小。图 5.3 表明在大量真实图中，随着边移除比例的增加，破坏后的图与原始图的相似性逐渐减小。

总论：总之，所有基准方法都有几个预期性质不能满足。谱方法和 SS 不符合“边重要性”（P1）和边“次模性”（P2）。“λ - 距离”，计算图的所有谱需要较大计算开销，且不能区分具有相同谱的图之间的差异，而且有时小的改变会导致图的谱产生较大差异。VEO 和 GED 忽略了图的重要结构的特性，因此尽管它们可以直接并快速地计算图之间的相似性，却未能识别图的多种变化。而 DeltaCon 不仅给出了符合实际的相似性分值，而且能满足所有预期性质。

5.4.2 DeltaCon - Attr 与直觉的一致性

除评估算法 DeltaCon_0 和 DeltaCon 是否符合直觉，本节将在一系列人工和修正后的图上测试算法 DeltaCon - Attr 是否符合直觉，同时将其与一些前沿方法进行比较。本节共进行两类实验：第一类实验检查本章方法对“元凶”节点的排名是否符合直觉；第二类实验评估 DeltaCon - Attr 在寻找“元凶”节点时的分类准确度，并将其与表现最佳的方法 CAD⊖[200]进行比较，该方法与本章方法同时提出，但解决思路并不相同。CAD 使用节点间通勤时间的思想定义节点/边的异常度。在随机游走中，通勤时间被定义为从节点 i 开始经过节点 j 再回到节点 i 所需的期望步数。本书 6.6 节对 DeltaCon - Attr 和 CAD 进行了定性比较（节点/边归因）。

排序准确度　在一系列人工和修改后的图上测试算法 DeltaCon - Attr，并将其与 CAD 进行比较。注意到，CAD 仅仅用来识别时序演化图中的“元凶”，而无需对它们进行排序。为将其与本章方法进行比较，对 CAD 进行修改，使其能够返回“元凶”节点和“元凶”边的排名：①按照边的分值 ΔE 对“元凶”边进行降序排序；②针对每一个节点 v，为其分配一个分值，即其邻接边分值的加和，$\sum_{u \in N(v)} \Delta E((v,u))$，其中 $N(v)$ 是节点 v 的邻居节点集合。随后按照该分值对节点进行降序排序。

表 5.5 和图 5.4 分别给出了相应实验和实验所需的图。表 5.5 中每一行对应于图 A 和图 B 之间的比较。图 5.4 中，对造成两个图之间产生差异的节点和边进行了标注。节点颜色越深，它在“元凶”节点集合中排名越高。同样，与深色节点相连的边在“元凶”边集合中的排名要高于与较浅节点相连的边。如果返回的排序列表与预期列表一致（由形式化和非形式化性质确定），则用正确表示对应方法（对号）；如果不一致，则提供该方法返回的排序列表；如果两个节点或者边邻接，则用“ = ”表示。针对 CAD，选择合适的参数 δ，使其能够保证算法可以返回 5 条“元凶”边和对应邻接节点。因此，当 CAD 输出 5 个“元凶”边，但实际上存在更多“元凶”边时，用“ * ”标记这类返回列表。同时针对每次比较给出定义“元凶”边和节点顺序的参照性质（最后一列）。

⊖ CAD 算法用于发现“元凶”节点和边，但并未对它们进行排序。本章扩展了该方法，对“元凶”节点和边进行了排序。

观测 5.15　DeltaCon – Attr 能够体现所有预期性质（P1、P2、P3 和 IP），CAD 在某些情况下未能成功返回“元凶”节点和“元凶”边的正确排序。

下面解释说明表 5.5 中的部分比较结果。

表 5.5　DeltaCon – Attr 满足所需满足的所有性质。每行对应图 *A* 和图 *B* 之间的比较，及对算法 DeltaCon – Attr 和 CAD 在节点归因和边归因上的评价。图 5.4 中标记了边和节点的正确顺序。如果方法给出的排序与预期不同，表 5.5 则会给出相应方法得到的排序

图		DeltaCon – Attr		CAD		相关性
A	*B*	边	节点	边：δ for 1 – 5	节点	性质
K5	mK5	√	√	√	√	
K5	m2K5	√	√	√	√	IP
B10	mB10∪mmB10	√	√	√	√	P1、P2、IP
L10	mL10∪mmL10	√	√	√	5、6、4	P1、IP
S5	mS5	√	√	√	1 = 5	P1、P2
K100	mK100	√	√	√	√	
K100	w5K100	√	√	√	√	P3
mK100	w5K100	√	√	√	√	P3
K100	m3K100	√	√	√	√	P3、IP
K100	m10K100	√	√	(80,82) = (80,88) = (80,92)*	80、30、88 = 92*	P3、IP
P100	mP100	√	√	√	√	P1
w2P100	w5P100	√	√	√	√	P1、P3
B200	mmB100	√	√	√	√	P1
w20B100	m3B100	√	√	√	√	P1、P3、IP
S100	mS100	√	√	√	1 = 4	P1、P2
S100	m3S100	√	√	√	1、81 = 67 = 4	P1、P2、IP
wS100	m3S100	√	√	(1，4)，(1，67)，(1，81)	1、4 = 67、81	P1、P3、IP
Custom18	m2Custom18	√	√	(18，17)，(10，11)	18、17、10、11	P1、P2
Custom18	m2Custom18b	√	√	√	5 = 6、17 = 18	P1、P3

- K5 – mK5：这对图由一个有 5 个节点的完全图和相应的缺失了一条边（3，4）的图组成。DeltaCon – Attr 认为节点 3 和节点 4 是具有相同排名的重要“元凶”，因为它们对连通性造成的损失等价。边（3，4）被排在第一位，实际上该边是唯一一条发生改变的边。CAD 返回结果相同。
- K5 – m2K5：这对图由一个有 5 个节点的完全图和对应的缺失两条边（3，4）和（3，5）的图组成。算法 DeltaCon – Attr 和 CAD 都把 3 列为最大“元凶”，因为它邻接的两条边都被移除。节点 3 之后紧跟节点 4 和 5，因为这两个点都失去一条邻接的边（性质 IP），故它们具有相同影响力。移除的边（3，4）和（3，5）被认为对两个输入图之间的差异负有相同责任。在具有 100 个节点的较大规模的完全图中呈现出类似现象（K100 和修改后的图 mK100、w5K100 等）。在 K100 和 m10K100[⊖]的情况中，由于 CAD 参数 δ 的取值使得该算法最多返回 5 条“元凶”边[⊜]，因此其未能返回 13 个“元凶”节点和 10 条“元凶”边。

⊖　m10K100 是一个具有 100 个节点的完全图移除 10 条边后得到的图：①有 6 条边的邻接节点是 80，分别是（80，82）、（80，84）、（80，86）、（80，88）、（80，90）、（80，92）；②有 3 条边的邻接节点是 30，分别是（30，50）、（30，60）、（30，70）；③单独的一条边（1，4）。

⊜　因为输入图是对称的。如果边（*a*，*b*）被认为是“元凶”边，则 CAD 算法同时返回（*a*，*b*）和（*b*，*a*）。

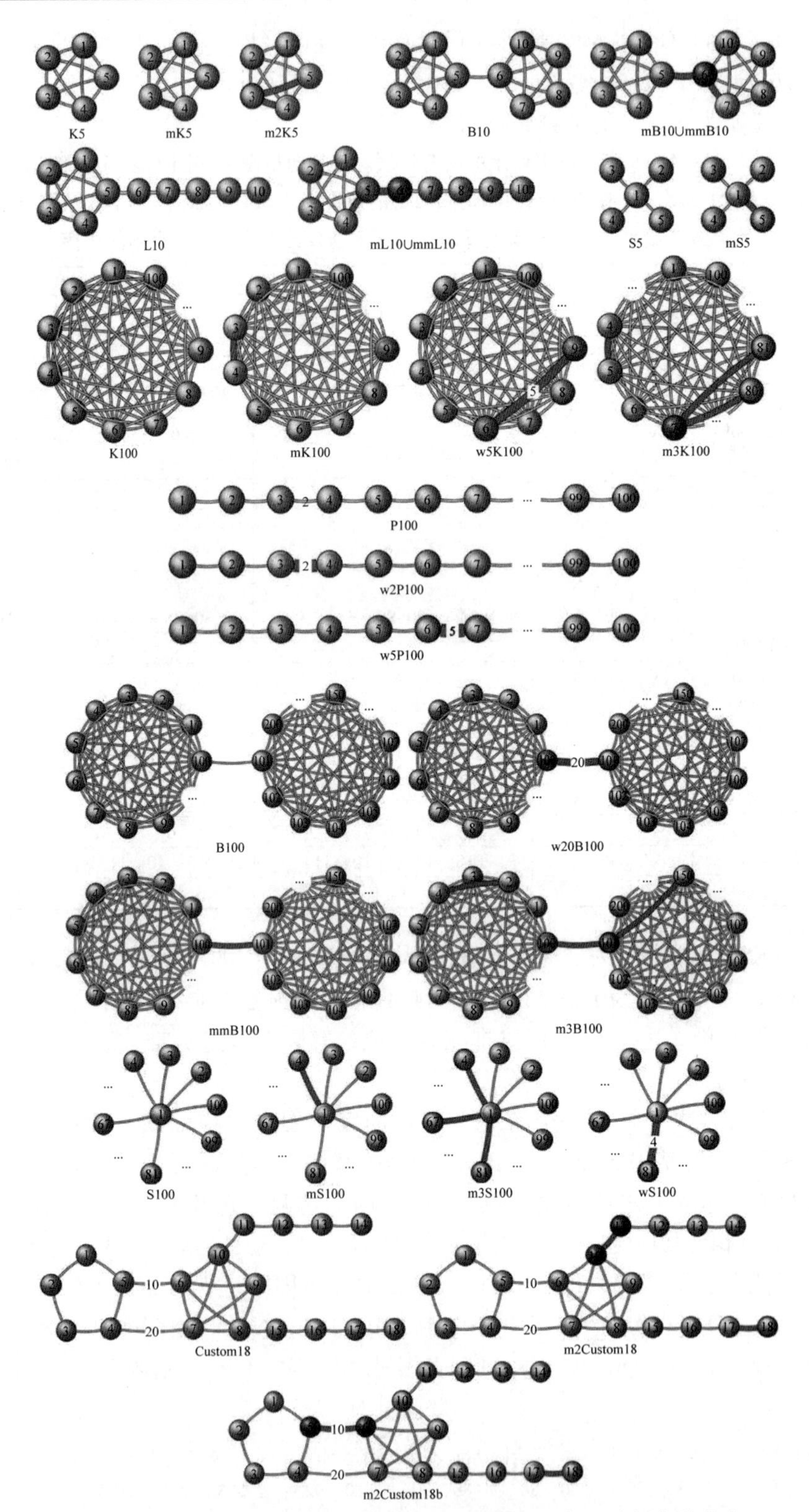

图 5.4 DeltaCon－Attr 满足性质 P1～P3 和 IP。标记为绿色的节点被识别为会导致图之间产生变化的“元凶”节点。较深的阴影对应于“元凶”列表中较高的等级。被移除的边和加权边分别被标记为红色和绿色（见插页彩图）

- B10 - mB10∪mmB10：比较具有 10 个节点的杠铃图和对应的同时缺失派系中的边（6，7）和桥接边（5，6）的图。如同预期，DeltaCon - Attr 识别 6、5、7 为最大“元凶”节点，其中节点 6 排序高于节点 5，因为 6 同时失去了和节点 5 及节点 7 的连接，而节点 5 仅仅失去了和节点 6 的连接。节点 5 排序高于节点 7，因为移除掉的桥接边比移除掉的派系中的边（6，7）更重要（性质 P1）。CAD 返回相同结果。较大规模的杠铃图上的测试（B200，mmB200，w20B100，m3B100）也呈现出类似结果。
- L10 - mL10∪mmL10：这对图对应于棒棒糖图 L10 和棒棒糖图的变体 mL10∪mmL10，其中派系中的一条边和一条“桥”边都缺失。节点 6、5 和 4 被认为是导致图之间产生差异的首要“元凶”。其中，6 被列为比 5 更需要对产生的变化负责的节点，因为与 5 相比，6 失去与更强连通分量图之间的连接（性质 P2）。然而尽管这两个连通分量在连通性上存在差异，CAD 仍将节点 5 排在节点 6 前面（违反性质 P2）。
- S5 - mS5：比较具有 5 个节点的星形图和对应缺失边（1，5）的图。DeltaCon - Attr 认为节点 5 和节点 1 是最重要的“元凶”，其中节点 5 被排在节点 1 前面[⊖]，因为这条边的移除导致节点 5 失去和星形结构中边缘节点 2、3、4 和中心节点 1 的连接。CAD 认为节点 1 和 5 同等重要，但忽略了图在连通性上的差异（违反性质 P2）。类似结果同样出现在大型星形图之间的比较中：S100、mS100、m3S100、wS100。
- Custom18 - m2Custom18：DeltaCon - Attr 找出的“元凶”节点为 11、10、18 和 17。节点 11 和节点 10 被认为比节点 18 和 17 更重要，因为边（10，11）的移除导致产生一个大规模连通图和一个小型的具有 4 个节点的链，而边（17，18）的移除导致产生一个孤立节点 18。在“元凶”列表中节点 11 比节点 10 排序更靠前，因为它失去和一个更紧密连接的图之间的连接。节点 18 和 17 的排序依据同理。CAD 由于没有考虑图的密度差异，从而导致节点排序不同。
- Custom18 - m2Custom18b：由于边（5，6）比边（17，18）更重要，DeltaCon - Attr 返回的“元凶”节点排序为 5、6、18 和 17。这与性质 P1 和 P3 一致。其中 5 被认为比 6 更需要对图之间产生的差异负责，因为节点 5 失去和更密集的图之间的连接。但这一性质被 CAD 忽略，从而导致产生不同的节点排序。

正如观察到的，在所有人工和易于控制的例子中，DeltaCon - Attr 发现的“元凶”节点和边的排名与直觉一致。

分类准确度　为进一步评价 DeltaCon - Attr，将节点分类为“元凶”节点的准确度。进行一次仿真实验，并将本章方法与 CAD 进行比较。具体为设计一个类似于参考文献［200］中介绍的仿真方法。

从具有 4 个连通分量的二维高斯混合分布中采样 2000 个点，并构建矩阵 $\boldsymbol{P} \in \mathcal{R}^{2000 \times 2000}$，其中对于每一对点（$i$，$j$），相应元素 $p(i, j) = \exp \| i - j \|$。直观上，邻接矩阵 $\boldsymbol{P}$ 对应于一

⊖ 在关键节点挖掘研究领域里，S5、mS5 这样的星形图，枢纽节点通常被认为更重要，也就是图中的节点 1。但在该研究问题中，由于是寻找造成 S5 - >mS5 之间产生变化的元凶节点，并不是寻找星形结构的关键节点。很显然，由于边（1，5）的移除，或者说是节点 5 的脱离才导致了 S5 连通性发生了变化。因此从寻找造成图连通性发生变化的角度来看，节点 5 更大概率是“元凶”节点。关键节点挖掘相关文献请参考综述［L. LÜ, D. CHEN, X. L. REN, Q. M. ZHANG, Y. C. ZHANG, T. ZHOU. Vital nodes identification in complex networks［J］, Phys. Rep, 2016（650）：1 - 63.］。——译者注

个有4个集群的图，它们各自内部有很强的连接，但它们之间的连接较弱。通过遵循相同过程并在混合模型的每个连通分量中添加噪声，构建矩阵 $\boldsymbol{Q}$，并额外增添噪声矩阵 $\boldsymbol{R}$。

$$\boldsymbol{R}_{ij}=\begin{cases}0 & \text{概率为 } 0.95\\ u_{ij}\sim\mathcal{U}(0,\ 1) & \text{其他}\end{cases}$$

式中，$\mathcal{U}(0,\ 1)$ 是（0，1）之间的均匀分布。

接下来比较这两个图：G_A 和 G_B，它们的邻接矩阵分别为 $\boldsymbol{A}=\boldsymbol{P}$ 和 $\boldsymbol{B}=\boldsymbol{Q}+(\boldsymbol{R}+\boldsymbol{R}')/2$。此处关注簇间 $\boldsymbol{R}_{ij}\neq 0$ 的“元凶”边（或异常边）和其连接的节点。根据性质P1，这些边被认为是导致图之间产生差异的重要边（主要“元凶”），因为它们在稀疏耦合的集群之间建立了更多连接。

从概念上讲 DeltaCon－Attr 和 CAD 相似，它们都基于相关方法[125]（信念传播和带重启的随机游走）。如图5.5所示，上述仿真证实了这一论点且这两种方法具有可比性，即基于数据的多项实验表明，ROC 曲线下的面积相似。通过15次以上的试验得到 DeltaCon－Attr 和 CAD 的 AUC 分别为0.9922和0.9934。

观测5.16 这两种方法在识别造成两个高度集聚的图之间产生差异的节点时都非常准确（性质P1）。

总的来说，DeltaCon－Attr 和 CAD 在检测导致两个输入图之间产生差异的“元凶”节点和边方面具有很高的准确度。DeltaCon－Attr 满足定义边重要性所需性质，而 CAD 有时无法返回预期“元凶”的列表排序。

5.4.3 可扩展性

5.1节证明了 DeltaCon 时间复杂度与边的数量呈线性关系，本节将表明这一点在实践中也成立。在 Kronecker 图上运行 DeltaCon（见表5.4），参考文献［131］表明该图与真实图共享许多属性。

观测5.17 如图5.6所示，DeltaCon 与输入的最大规模的图的边数呈线性关系。

注意到，通过并行而非顺序的方式得到两个图的节点亲和度的值可实现算法并行运算。此外，对于每个图可并行计算节点与 g 个群组中每一组的亲和度。本节实验的运行时间是指顺序执行。由于 DeltaCon 相似性计算已存储必要的亲和度矩阵，因此即使对于大规模图，DeltaCon－Attr 所花费的时间也微不足道。因为任务中所需排序时间消耗不可避免，节点和边的归因分别与节点和边的数量呈对数－线性关系。

5.4.4 鲁棒性

DeltaCon_0 满足所有预期性质，但它的运行时间为二次方级，不能很好地扩展到超过几百万条边的大规模图中。而本章提出的 DeltaCon 算法在理论和实践中都可扩展（见5.2.2节的引理5.6）。本节将讨论 DeltaCon 对群组数目 g 的敏感性，并对 DeltaCon 和 DeltaCon_0 相似性得分进行对比分析。

该实验使用完全图、星形图和政治博客（Political Blogs）数据集。针对每个人工图（具有100个节点的完全图和具有100个节点的星形图）分别去除1条边、3条边和10条边构建3个对应的破损图。针对真实数据集移除｛10%，20%，40%，80%｝的边构建政治博客网络图对应的4个破损图。对每一对 <原始，破损> 图，针对不同数目的群组计算对应相

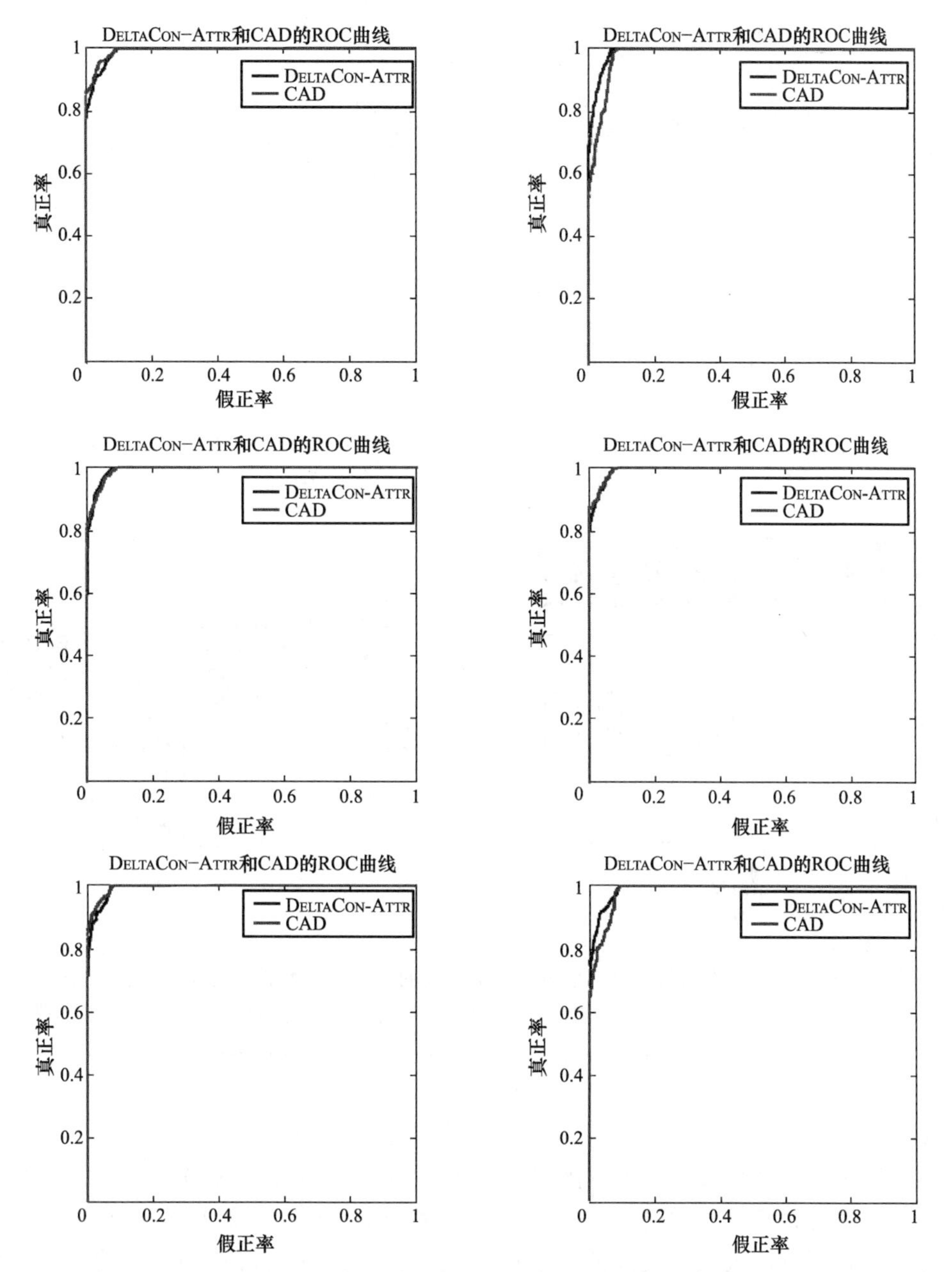

图 5.5　DeltaCon - Attr 与最前沿方法在准确度上的比较。每个图展示不同的模拟实现中 DeltaCon - Attr 和 CAD 在两个人工图上的 ROC 曲线。这些图从具有 4 个连通分量的二维高斯混合分布中点采样生成（见插页彩图）

似性。注意，当 $g=n$ 时，DeltaCon 等价于 DeltaCon_0。人工图和真实图上的结果分别呈现在图 5.7a 和 b 中。

观测 5.18　本节实验表明 DeltaCon_0 和 DeltaCon 在图对相似性的相对顺序上保持一致。

图 5.7b 中线条之间不仅没有交叉且彼此之间几乎平行。这意味着对于固定群组数 g，不同图对之间相似性差异保持不变。等价地，针对不同群组数 g，图对相似性排序保持

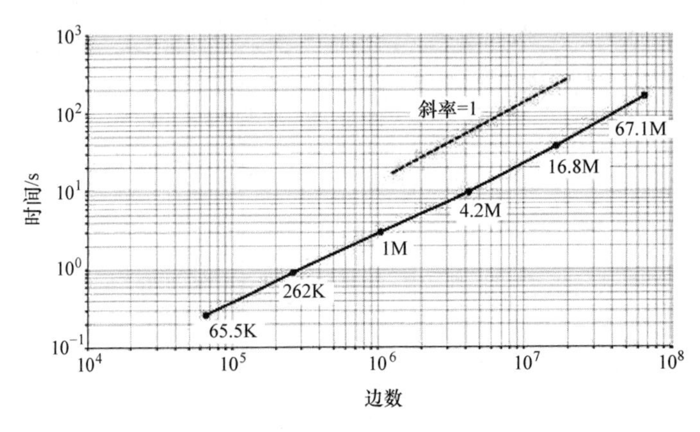

图 5.6　DeltaCon 的可扩展性。DeltaCon 与边数呈线性关系（以 s 为单位的时间与边数）。边的精确数量标注如图所示

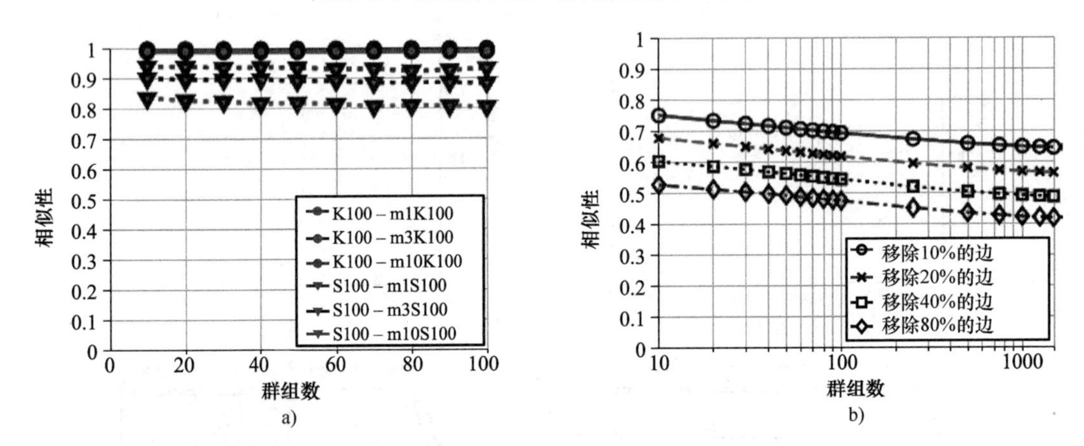

图 5.7　DeltaCon 对群组数目具有鲁棒性。更重要的是，在每类群组数水平上不同图对的相似性相对顺序保持不变（例如 sim（K100，m1K100）> sim（K100，m3K100）>⋯> sim（S100，m1S100）>⋯> sim（S100，m10S100））（见插页彩图）

一致。

观测 5.19　DeltaCon 相似性分值对于群组数目具有鲁棒性。

显然，群组数越多相似性分值越接近“理想”值，即 DeltaCon_0 分值。例如在图 5.7b 中，当每一个博客属于一个群组（$g=n=1490$）时，DeltaCon 计算得到的原始网络和导出网络（任意不同程度的破坏）之间的相似性分值与 DeltaCon_0 分值相同。但即便只考虑少量群组数，DeltaCon 对 DeltaCon_0 的近似都很好。

值得一提的是，由于算法复杂性为 $O(g\cdot\max(m_1, m_2))$，群组数目 g 越多，算法需要运行时间越长。准确度和运行时间都会随群组数量增加而增加，因此需要权衡算法的运行速度和准确度。实践证明，即便用少于 100 的 g 值，也能实现两者之间的良好折中。

5.5　应用

本节将呈现本章图相似性算法的 3 个应用，其中一个源自于社交网络，另外两个来源于神经科学领域。

5.5.1　Enron 数据集实证分析

图的相似性　首先使用 DeltaCon 分析 Enron 公司数据集，它包括跨越两年的员工邮件发送数据。图 5.8 描绘了连续日期邮件发送网络之间的 DeltaCon 相似性分值。通过应用个体移动极差质量控制（Quality Control with Individual Moving Range）获得控制范围以内的相似性分值的下限和上限。这些限制对应于中位数 $\pm 3\sigma$ ㊀。使用该方法可定义一个阈值（控制下限），该阈值以下对应的日子异常，即它们与前后几天差别“太大”。请注意，所有异常日子都与公司 2001 年历史上的关键事件有关（图 5.8 中用方框标记的点）。

1）2001 年 5 月 22 日：Jordan Mintz 向 Jeffrey Skilling（担任了几个月的 CEO）发送一封备忘录要求他签署 LJM 文件；

2）2001 年 8 月 21 日：Enron 公司的 CEO Kenneth Lay 向所有员工发送电子邮件，声明他希望“恢复投资者对 Enron 公司的信心”；

3）2001 年 9 月 26 日：Lay 告诉员工公司的会计操作“合法且完全合适”，且 Enron 公司股票当前“难以置信的便宜”；

4）2001 年 10 月 5 日：在此之前，Arthur Andersen 刚聘请 Davis Polk&Wardwell 律师事务所为公司准备一个辩护；

5）2001 年 10 月 24～25 日：Jeff McMahon 接任 CFO，向所有员工发送电子邮件称应保留所有相关文件；

6）2001 年 11 月 8 日：Enron 公司声明高估 5 年内的盈利达 5.86 亿美元；

7）2002 年 2 月 4 日：Lay 从董事会辞职。

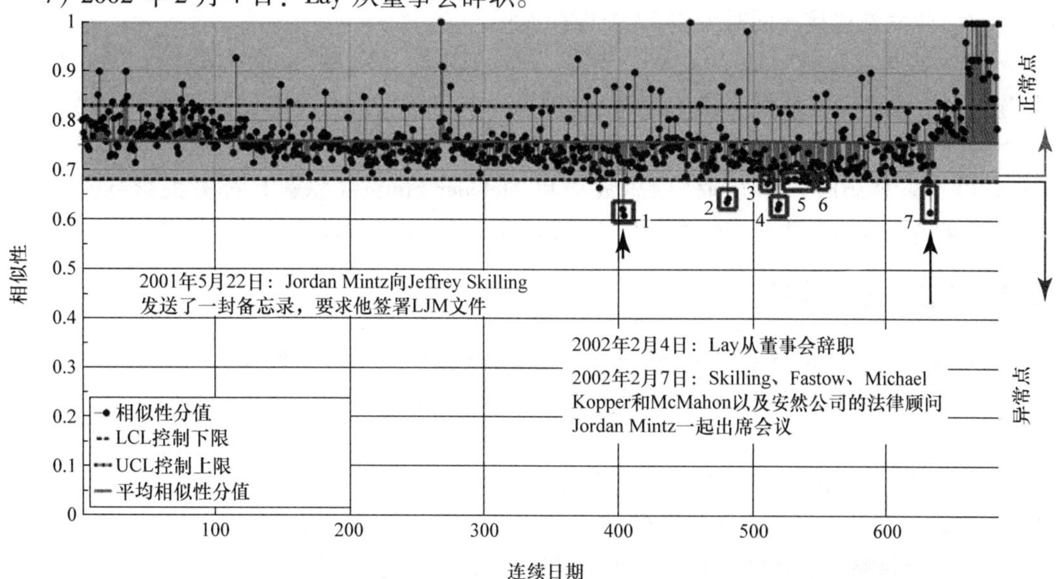

图 5.8　Enron 公司：连续日期及事件之间的相似性。DeltaCon 检测 Enron 公司数据中与主要事件相吻合的异常点。标记日期对应于异常点。黑色点是员工之间连续两天的日常电子邮件活动的相似性，被标记的日期与处于中位数的相似性分值相差 3σ 个单元

㊀ 用中位数替代均值，因为用合适的假设检验表明该数据不符合正态分布。移动范围均值用于估计 σ。

尽管连续几天之间的高度相似性并不包含异常点，但人们发现大多数周末会显示高度的相似性。例如第一次出现相似性高达100%的两个点对应于2000年圣诞节前的周末和7月的一个周末，当时只有两名员工互相发送电子邮件。值得注意的是，2002年2月以后，许多连续的日子都非常相似；这是因为在Enron公司解体之后，电子邮件交互发送活动相当低，而且往往是在特定员工之间。

归因 此处将DeltaCon－Attr应用于2001年5月和2002年2月的Enron公司数据集，这些是基于以月为基本时间尺度的数据分析得到的最不正常的月份。基于本章方法产生的节点和边的排名，得到了一些与事实相关的有趣结论。

2001年5月：

- 最有影响力的“元凶”节点：Enron公司交易运营前负责人兼Enron美国公司CEO John Lavorato在本月连接了约50个新节点。
- 第二大最有影响力的“元凶”节点：Enron公司在线副总裁Andy Zipper上个月与所有人保持联系，同时也与12位新人联系。
- 第三大最有影响力的“元凶”节点：另一位员工Louise Kitchen（Enron公司在线总裁）失去5～6个连接，并建立5～6个连接。她断开或建立的某些连接很可能对扩张/缩小办公网络非常重要。

2002年2月：

- 最有影响力的“元凶”节点：Liz Taylor这个月断开了51个连接，但没有建立新连接，她可能辞职或被解雇。
- 第二大最有影响力的“元凶”节点：Louise Kitchen（2001年5月是第三大“元凶”节点）没有建立新连接，同时失去22个现存连接。
- 第三大最有影响力的“元凶”节点：Stan Horton（Enron运输公司的CEO）建立6个新连接，并没有失去任何连接。其中一些连接对扩大他的办公网络而言可能很重要。
- 第四大、第五大和第六大最有影响力的“元凶”节点：雇员Kam Keiser、Mike Grigsby（Enron能源服务公司前任副总裁）和Fletcher Sturm（总裁）都失去所有连接且没有建立新连接。他们的情况可能类似于Liz Taylor和Louise Kitchen。

5.5.2 大脑连通图聚类

本节同时将DeltaCon应用到图的聚类和分类问题上。为实现该目标，研究了连接组（connectomes），即通过多模式核磁共振成像（Multimodal Magnetic Resonance）[85]获得的脑图。

共研究114个受试者的连接组，它们具有年龄、性别、智商等属性信息。每个图由70个皮层区域（节点）和它们之间的连接（加权边）组成（见表5.4的“Brain Graphs Small”）。此处忽略连接强度，并导出每个受试者对应的无向、无权的脑图。

首先计算脑图之间的DeltaCon成对相似性，然后使用Ward的方法进行层级聚类（见图5.9b）。如图5.9所示，脑图有两类区分明显的分组。对聚类生成的两个群体的可用属性应用t检验发现两者在复合创造力指数上（Composite Creativity Index，CCI）存在显著差异（$p<0.01$），这与个人在一系列创造性任务中的表现相关。图5.9展示了具有高创造力指数和低创造指数的受试者的大脑连接组。图5.9中显示相比于创造性欠缺的受试者，创造力更

强的受试者大脑半球中有更多、更高权重的连接。这两组在开放性指数上存在显著差异（$p = 0.0558$），对应于“大五人格”[⊖]（“Big Five Factors”）中的一项衡量指标。也就是说，具有创造性的人和刻板的人的大脑连接不同。利用方差分析（ANOVA：t 检验在两个以上的组进行分析时的推广）测试基于连接的分层聚类方法获得的多个簇，观察它们是否与其他属性间存在的差异建立联系。然而在本书研究的数据集中，没有足够统计数据证明年龄、性别、智商等与大脑连通性有关。

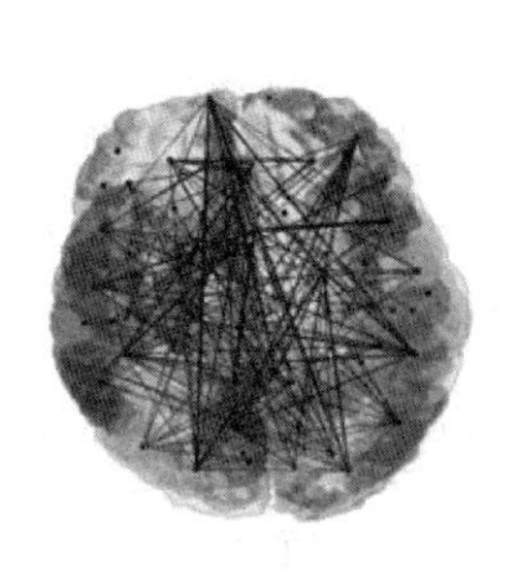

a) 连接组：大脑中的神经网络

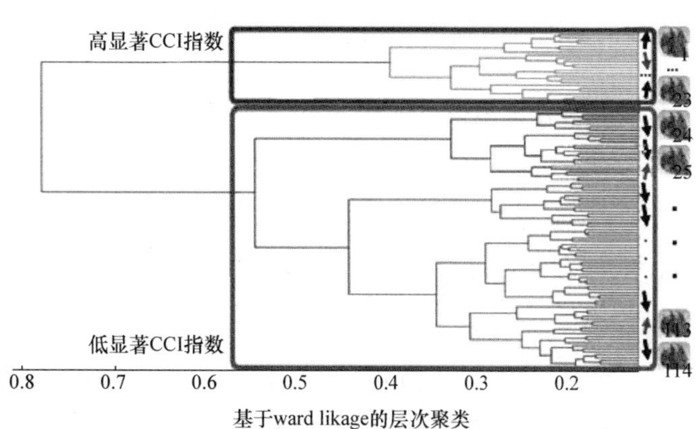

b) 根据Dendogram获取的114个连接组之间的相似性，执行层次聚类后的树状图表示

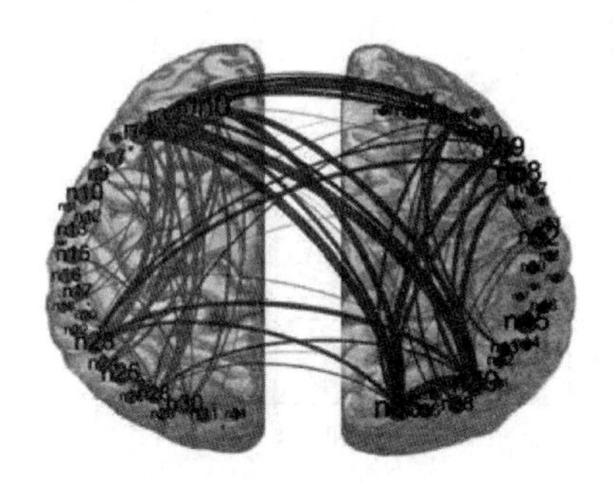

c) 具有高创造力指数的受试者大脑图

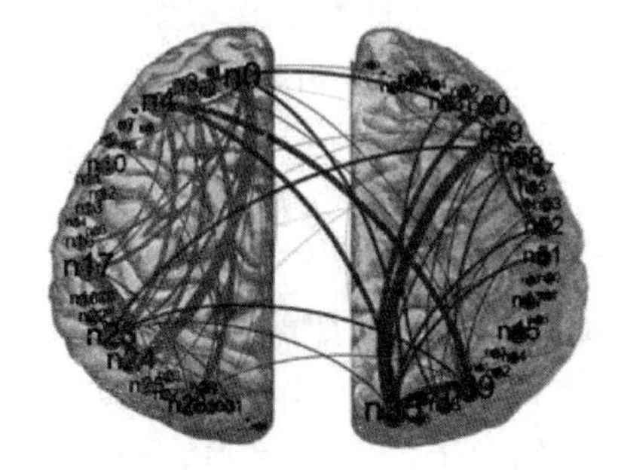

d) 具有低创造力指数的受试者大脑图

图 5.9　基于 DeltaCon 的聚类表明艺术家的大脑与其他受试者大脑连接模式不同。a）大脑网络（连接组）。不同颜色对应于 70 个皮层区域中的每一个区域，其中心由点描绘。b）基于 DeltaCon 相似性的层次聚类产生的两个连接组簇。红色元素对应高创造性分值。c）和 d）为分别具有高 CCI 和低 CCI 的受试者脑图。低 CCI 大脑与高 CCI 大脑相比半球之间连接更少，连接强度更弱（见插页彩图）

5.5.3　恢复连接组的对应关系

本节同时应用本章方法到 KKI－42 数据集[162,185]，该数据集包括 $n = 21$ 个受试者的连接组。每个受试者在不同时间进行两次功能性 MRI 扫描，因此该数据集有 $2n = 42$ 个大规模

⊖ 20 世纪，众多科学家期望基于词汇学假设（即重要的人格特质内化到人类的语言中，且浓缩为语言中的一个词出现）刻画人类的人格特质。1936 年美国心理学家 Gordon Allport 和 Henry S. Odbert 从当时的词典中抽取了 4504 个描述人格特质的形容词；后来由 Raymond Cattell 采用聚类分析 + 因数分析并结合问卷发现的 4 个人格因素编制出 16 个人格特征。最后由美国心理学家 Ernest C. Tuples 和 Raymond E. Christal 提炼出普适的 5 个因素，即今天的大五人格。它们分别是外向性、宜人性、尽责性、情绪稳定性和开放性，其中开放性指标主要刻画了人类的想象力、创造力等特性。——译者注

连接组，约有1700万个体素和49.3百万~90.4百万条连接（见表5.4）。本书的目标仅依赖脑图结构恢复对应于同一受试者的连接组对。下述分析将本章方法与神经科学参考文献［185］中的标准方法、欧氏距离（由Frobenius范数导出）以及5.4节介绍的基准方法进行比较。

在2.67GHz的32核Intel（R）Xeon（R）CPU E7-8837上执行以下实验，并使用1TB的RAM。由于大规模图上的签名相似性方法很耗内存，这里无法将其应用于此场景。此外，λ-距离的变体即便只计算几个最大特征值，计算开销也非常大，且它们在该任务中效果很差。

无权图 从FMRI扫描获得的脑图具有带权的边，权重对应于不同体素之间的连接强度。权重往往会产生噪声，因此一开始暂时忽略它，并通过将所有非零权重映射为1，从而将脑图处理为二值类型。为寻找对应于同一受试者的连接组对，首先找到连接组之间的DeltaCon成对相似性。注意到，由于DeltaCon相似性对称，因此进行$\binom{2n}{2}=861$次图对比较就足够了。然后使用以下方法找到属于同一受试者的潜在连接组对：对于每个连接组$C_i \in \{1, \cdots, 2n\}$，选择连接组$C_j \in \{1, \cdots, 2n\} \backslash i$，使得相似性分值sim（$C_i$，$C_j$）最大化。换句话说，将每个连接组与根据DeltaCon定义得到的最相似的图（不包括其自身）进行配对。结果显示预测同一受试者的连接组对的准确率高达97.62%。

除本章中方法，还计算了连接组之间的成对欧式距离（ED），并评估了ED的预测能力。具体为计算$ED(i, j) = \| C_i - C_j \|_F^2$[㊀]，其中$C_i$和$C_j$分别是连接组$i$和$j$的二值邻接矩阵，$\| \cdot \|_F$是闭合矩阵的Frobenius范数。如前所述，针对每个连接组$i \in \{1, \cdots, 2n\}$选择使$ED(i, j)$最小化[㊁]的连接组$j \in \{1, \cdots, 2n\} \backslash i$，该算法恢复同一受试者的连接组对的准确度为92.86%（DeltaCon对应的准确度为97.62%），如图5.10所示。

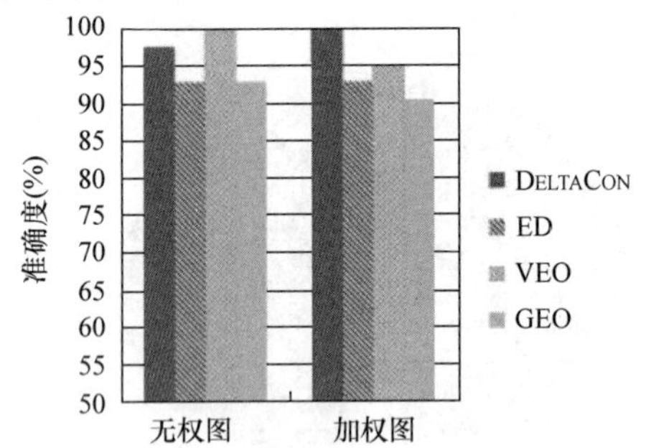

图5.10 DeltaCon几乎超越所有基准方法。对于加权图，它正确地恢复所有对应于同一受试者的连接组对（100%准确度），并超越所有基准方法。在无权图上，它也紧随VEO之后（该方法准确度最高）正确恢复几乎所有连接组对

最后，从基准方法来看，顶点/边重叠度比本章方法略好，而GED与ED具有相同准确度（见图5.10“无权图”）。λ-距离的所有变体表现得非常差，准确度仅为2.38%。如前所述，签名相似性非常耗内存，因此不适用于此应用。

加权图 人们想同时观察这些方法在恢复属于同一受试者的加权连接组对时的准确度。鉴于权重存在噪声，遵循惯例，首先应用对数函数平滑它们（以10为底）。然后遵循上面介绍的DeltaCon和欧氏距离的实施过程。本章方法在恢复连接组对时可达到100%的准确

㊀ ED的正确写法为$ED(i, j) = \| C_i - C_j \|_F$，书中作者为了计算方便，去除根号的影响对其做了二次方操作。——译者注

㊁ 注意到，DeltaCon计算两个图之间的相似性，而ED计算它们的距离。因此，当试图找到属于同一受试者的连接组对时，希望最大化相似性或等价为最小化距离。

度，而欧氏距离可达到 92.86% 的准确度。图 5.11 展示了一个 ED 方法错误恢复，但 DeltaCon成功恢复的脑图案例。

在加权图情况（见图 5.10）下，在恢复正确的脑图对时，所有基准方法的表现都比 DeltaCon 差。图中仅呈现与本章方法具有可比性的方法。λ - 距离的准确度与在无权图上表现一样，都具有相当差的准确度（所有变体准确度为 2.38%），签名相似性由于其非常高的内存要求而无法适应该场景。

因此，使用 DeltaCon 能够以几乎完美的准确度恢复属于同一受试者的大规模连接组。另一方面，一些常用的技术、ED 以及基准方法未能检测到其中一些连接组对（在无权图的比较中，VEO 表现例外）。

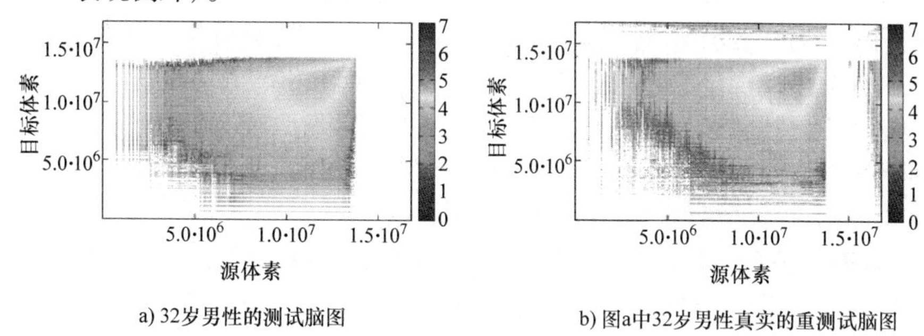

a) 32岁男性的测试脑图　　b) 图a中32岁男性真实的重测试脑图

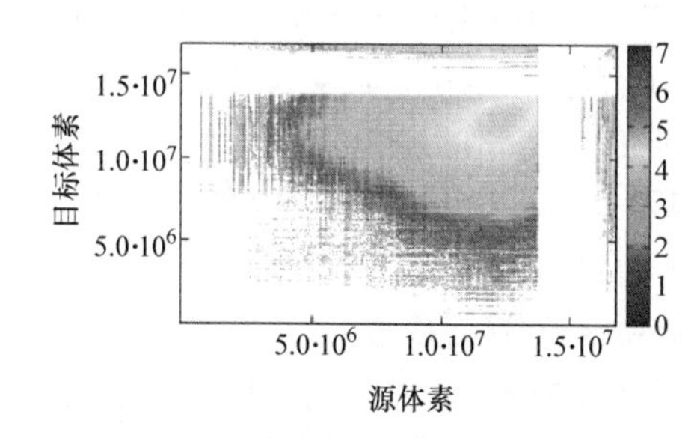

c) 通过欧式距离恢复的重测试脑图

图 5.11　在恢复脑图正确的测试 - 重测试对时，DeltaCon 优于 ED。这里绘制了 3 个脑图的 spy 图，其中节点顺序相同，且依照 a）中 spy 图中节点顺序按度升序排列。相比于 ED 发现的错误的测试 - 重测试对 a）- c），DeltaCon 恢复的正确的测试 - 重测试对 a）- b）具有视觉上与测试图更相似的呈现（见插页彩图）

5.6　相关工作

相关工作包括 3 个主要领域：图相似性、节点亲和度算法和结合节点/边归因的异常检测算法。本节将分别介绍每个领域的相关工作并阐述本章方法的独特之处。

图相似性　图相似性是指量化两个图相似程度的问题。这些图可以具有相同或不同的节点集，并可分为两个主要类别：

1）节点间对应关系已知。第一类假定两个给定图对齐。换句话说，给出了两个图之间的节点对应关系。参考文献［167］提出了 5 种适用于有向网络异常检测的相似性度量方法，其中最好的是基于 SimHash 算法的签名相似性算法（Signature Similarity，SS），顶点/边重叠度（Vertex/Edge Overlap，VEO）表现也非常好。Bunke[38]呈现了用于追踪通信网络突变的性能监测技术。整体表现最好的方法是图编辑距离（Graph Edit Distance）和最大公共子图（Maximum Common Subgraph）。两者都是 NP－完全问题，但前者可根据应用进行简化，并达到与图中节点和边的数量呈线性关系。本章在已知节点对应关系的情况下处理图的相似性问题，同时它也是参考文献［128］中工作的延伸，该文献首次引入 DeltaCon 算法。除评估图之间相似性计算方法，还有一些基于可视化方法对图进行比较的工作。这类技术基于两个网络，或叠加/增强图或矩阵视图[12,61]进行并行可视化[15,92]。基于该类技术和其他可视化技术对信息进行比较的综述在参考文献［80］中给出。参考文献［12］使用增广图表达或增广邻接矩阵研究可视化小规模脑图之间差异的方法。但该方法仅适用于小规模图和稀疏图（40～80 个节点）。Honeycomb[213]是一种基于矩阵的可视化工具，可处理带有数千条边的大规模图，并通过展示图属性的时间序列执行图的时间序列分析。可视化方法不计算两个图之间相似性分值，仅显示两者之间的差异。这与 DeltaCon 方法找到的"元凶"节点和边有关。但这些方法倾向于将两个图之间所有的差异可视化，而本章算法将注意力引到造成输入图之间产生差异的节点和边上。总之，图的可视化更适合小型图，而对拥有数百万或数十亿节点和边的图进行可视化和比较仍然是一项挑战。

2）节点间对应关系未知。先前工作假定两个图上节点对应关系已知，但事实并非总是如此。节点间对应关系丢失的情况广泛存在于各类应用领域，例如社交网络分析、生物信息学和模式识别等。处理这类问题的方法主要分为 3 种：①特征抽取及基于特征空间的相似度计算；②图匹配以及第一类中技术的应用；③图核（graph kernels）。

有许多工作遵循第一种方法，并使用特征定义图之间的相似性。λ－距离是一种谱方法，它将两个图对应谱（特征值）之间的距离定义为两个图之间的距离，且该方法已被深入研究（见参考文献［38，171，222］，代数连通性[69]）。结构不同谱相同的图的存在以及细微变化就会造成图的谱之间存在巨大差异是 λ－距离方法的两大弱点。而且计算矩阵全特征值的谱方法难以扩展到具有数十亿节点和边的大规模图中。此外，针对基于图相关矩阵的算法（邻接矩阵、拉普拉斯矩阵、标准化的拉普拉斯矩阵），选取的矩阵不同，图之间距离也不同。正如 5.4 节所述，这些方法不能满足图之间比较所需遵循的全部性质。为实现图的分类，参考文献［137］提出了基于 SVM 的方法，该方法考虑了图的全局特征构成的向量（包括平均度、离心率、节点和边的数目、特征值的个数等）。Macindoe 和 Richards[145]主要关注社交网络，提取了 3 个社交相关的特征：领导力、黏结度和多样性。最后一个特征的复杂性使得该方法最多仅适用于具有几百万条边的图。其他相关技术主要包括热内核嵌入（heat kernel embedding）[59]下的边曲率计算、生成树数量比较[112]、局部结构特征构成的图签名（graph signatures）比较[25]和基于图基元相关系数的距离度量[227]。

第二种方法首先解决图匹配或对齐问题，即找到两个图节点之间"最佳"对应关系，然后找出了图之间的距离（或相似性）。参考文献［49］对模式识别中的图匹配算法进行了总结。有超过 150 篇文章试图解决不同设置和约束条件下的图对齐问题。这些方法从遗传算法到决策树、聚类、期望最大化等。最近一些方法对大规模的图更有效，其中包括针对蛋白质网络对齐问题而提出的基于信念传播（Belief Propagation－based）的分布式算法[34]、针对稀疏网络部分匹配已知对齐剩余网络而提出的消息传递算法[23]以及针对大规模二分网络概率对齐而提出的基于梯度下降的算法（见第 6 章、参考文献［127］）。

第三种方法使用图之间的核，该方法于 2010 年由参考文献［214］引入。图核方法无需提取特征便可直接作用于图。它们主要通过比较图的结构实现，这些结构包括节点间的步数[77,110]、路径数[32]、环[95]、树[146,180]和图基元[51,192]等，这类结构计算耗费多项式时间。比较流行的一个图核算法是随机游走图核方法[77,110]，它可以找到两个输入图的共同步数。这类核方法即便是简化版本也很慢，需要 $O(n^6)$ 的运行时间，但可通过使用 Sylvester 公式加速到 $O(n^3)$。一般而言，上述图核方法不易扩展到具有 100 个节点以上的图。Kang 等人[105]提出了图核方法的快速实现版本，具有 $O(n^2)$ 的运行时间。迄今为止最快的核方法是 Shervashidze 和 Borgwardt[190,191]提出的子树核方法（subtree kernel），它与图的边数和最大度呈线性关系，即 $O(m \cdot d)$。该方法使用 Weisfeiler - Lehman 同构检验并应用于标签图中（labeled graphs）。本章的工作主要考虑大规模未标记图，然而大多数核方法要么至少需要 $O(n^3)$ 的运行时间要么需要节点或边的标签。因而无法将它们与 DeltaCon 定量比较。

备注　两类研究问题，即节点对应关系给定和缺失情况下的图相似性计算都很重要，但适用于不同的问题场景。如果节点对应关系已知，则使用该信息的算法会比省略该信息的同一算法表现好。本章讨论的方法处理的是前一个问题。参考文献［199］给出了选择网络相似性方法的指南。

节点亲和度　有许多节点亲和度算法；Pagerank[35]、带重启的个性化随机游走[93]、电网模拟（the electric network analogy）[57]、SimRank[98]及相应的扩展/改进算法[136,230]、信念传播[228]仅仅是众多成功算法里的冰山一角。本章重点关注后一种方法，以及第 3 章中介绍的一种快速计算的变体[125]。与此相关的所有技术都被成功地应用于许多问题中，例如排序、分类、恶意软件及欺诈检测[43,150]还有推荐系统[114]。

节点/边归因　检测时序演化网络中的异常行为与本章工作更相关，这在综述内容[8,181]中有所涉及。一些异常检测方法可以发现图中的异常节点和异常结构，而在一些稍有不同的场景中，获取图中节点和边的重要性也存在很多相关技术。PageRank、HITS[118]和介数中心性（betweenness centrality）（基于随机游走[159]和基于最短路径[73]）是用于识别重要节点的一类方法。参考文献［210］提出了一种通过增强或抑制节点之间信息传播确定边重要性的方法。据作者所知，这些现有方法只关注单个图中重要节点和边的识别。在异常检测的背景下，参考文献［6，200］中的检测主要用于识别造成网络随时间发生演化的“元凶”节点。

以上工作与本章最相关的是参考文献［6，200］提出的方法。前者依赖于特征的选择，并倾向于返回大量误报。此外，由于它侧重于局部自我中心网络的特征，可能无法区分时序演化网络中发生的微小变化和重大变化[200]。Sricharan 和 Das 同时提出了独立于本章工作的算法 CAD[200]，这是一种基于节点间通勤时间定义异常边的方法。通勤时间是从 i 出发到达节点 j 再返回节点 i 随机游走所需的预期步数。该方法与 DeltaCon 相关，因为在特定条件下，信念传播算法（本章方法的核心）与带重启的随机游走（CAD 的核心）等价[125]。然而这些方法的工作方向不同：DeltaCon 首先识别出最异常的节点集合，然后定义边的异常性为与其邻接的节点的异常性相关的函数；而 CAD 首先识别最异常的边的集合，然后定义它们邻接的所有节点为异常节点，且不对它们的异常性进行排序。DeltaCon 不仅可以查找图中的异常节点和边，而且还可以①按照异常程度对它们进行降序排列（对于指导发现重要的变化非常有用）；②量化两个图之间的差异（也可用于图的分类、聚类和其他任务）。

第6章 图的对齐

能否识别不同社交网络（例如 LinkedIn 和 Facebook）中的同一人？如何通过不同的图找出相似的人？如何有效地将信息网络与社交网络联系起来以支持跨网搜索？所有这些场景的关键一环是对齐㊀两个图以揭示两个网络节点之间的相似性。第5章着重介绍了计算两个对齐网络之间的相似性，本章将重点解决两个图在节点对齐信息缺失的情况下，如何对齐两个图的节点。此问题的非形式化定义如下：

问题 6.1 图的对齐或匹配——非形式化定义 给定两个图 $G_1(\mathcal{V}_\infty, \mathcal{E}_\infty)$ 和 $G_2(\mathcal{V}_\in, \mathcal{E}_\in)$，其中 $\mathcal{V}$ 和 $\mathcal{E}$ 分别是它们的节点集合和边集合。寻找节点置换方式使图之间具有尽可能相似的结构㊁。

图对齐是许多学科的核心构建模块，它能够帮助人们链接不同网络以便在它们之间搜索和/或迁移有价值的信息。图的相似性和对齐概念出现在许多学科中，如蛋白质-蛋白质网络的对齐[22,34]、化合物的比较[197]、同一语言中同义词信息的提取、不同语言之间的互译[23]、问答数据库中的相似性查询[151]以及模式识别[49,232]。

本章主要关注**二分图**（bipartite graphs，即连边连接了两个互不相交的节点集合的图，或者说是两个节点集合内部没有连边的图）的对齐。二分图代表一类出现在不同场景中的真实网络，如作者-会议论文发表图，用户-群组成员关系图和用户-电影评分图。尽管它们无处不在，但大部分现有的图对齐工作都针对单分图（unipartite graphs），对于二分图而言这些方法效果并不是最好的。表6.1给出了本章中使用的主要符号和定义。

表 6.1 主要符号描述

符号	描述
$\boldsymbol{P}$	用户水平（节点水平）的对应关系矩阵
$\boldsymbol{Q}$	群组水平（社团水平）的对应关系矩阵
$\boldsymbol{P}^{(v)}$	矩阵 $\boldsymbol{P}$ 的行向量或列向量
$\mathbf{1}$	值全为1的向量
$\lVert \boldsymbol{A} \rVert_F$	$=\sqrt{\mathrm{Tr}(\boldsymbol{A}^T\boldsymbol{A})}$，矩阵 $\boldsymbol{A}$ 的 Frobenius 范数
λ，μ	分别为针对矩阵 $\boldsymbol{P}$ 和 $\boldsymbol{Q}$ 的稀疏性惩罚参数（等价于套索正则化中的惩罚参数）
η_P，η_Q	矩阵 $\boldsymbol{P}$ 和 $\boldsymbol{Q}$ 在梯度下降迭代更新过程中的步长
ϵ	针对梯度下降收敛性控制的一个微小常量（>0）

㊀ 通篇工作交替使用“对齐”和“匹配”两个词汇。

㊁ 此处所指的节点置换是指，针对需要对齐的两个目标图，保持其中一个对应矩阵不变，对另外一个对应矩阵的行（列）进行换行（列）操作，这个过程节点连边关系并未发生改变，改变的只是节点编号。相应的，定义中所描述的“使图之间具有尽可能相似的结构”，作者原意应是指图中编号对齐的两个节点周围的局部结构尽量相似。——译者注

6.1 问题的形式化描述

过去的30年，由于图对齐问题具有广泛的应用场景，许多团队针对该问题进行了大量研究。然而大多数研究集中在单分图上，即只包含一类节点的图。过去已解决的问题可形式化定义[56,212,216,232]如下：给定两个具有邻接矩阵 $\boldsymbol{A}_1$ 和 $\boldsymbol{A}_2$ 的单分图 G_1 和 G_2，寻找一个置换矩阵 $\boldsymbol{P}$，使成本函数 f_{uni} 最小：

$$\min_{\boldsymbol{P}} f_{\text{uni}}(\boldsymbol{P}) = \min_{\boldsymbol{P}} \| \boldsymbol{P}\boldsymbol{A}_1\boldsymbol{P}^{\mathrm{T}} - \boldsymbol{A}_2 \|_{\mathrm{F}}^2$$

式中，$\|\cdot\|_{\mathrm{F}}$ 是相应矩阵的 Frobenius 范数。

表6.1列出了常用符号。置换矩阵 $\boldsymbol{P}$ 是一个二值方阵，每行和每列只有一个元素值为1，其他元素为0。它的作用是对邻接矩阵 $\boldsymbol{A}_1$ 的行进行重排序，而其转置矩阵是对矩阵列进行重排序，从而使得重新排序后的矩阵与 $\boldsymbol{A}_2$ 尽可能“接近”。

本章将引入二分图对齐问题。用户－群组图就是二分图的一个例子，第一组节点由用户构成，第二组由各个群组构成，边代表用户与群组的从属关系。本章将考虑 LinkedIn 的“用户－群组”图（$\boldsymbol{A}_1$）与 Facebook 的“用户－群组”图（$\boldsymbol{A}_2$）的对齐问题。更广义的，读者可以认为第一组集合由节点构成，而第二个集合由社区构成。首先将传统的单分图对齐问题的定义扩展到二分图。

问题 6.2 传统定义的扩展 给定两个具有邻接矩阵 $\boldsymbol{A}_1$ 和 $\boldsymbol{A}_2$ 的二分图 G_1 和 G_2，寻找置换矩阵 $\boldsymbol{P}$ 和 $\boldsymbol{Q}$ 使成本函数 f_0 最小：

$$\min_{\boldsymbol{P},\boldsymbol{Q}} f_0(\boldsymbol{P},\ \boldsymbol{Q}) = \min_{\boldsymbol{P},\boldsymbol{Q}} \| \boldsymbol{P}\boldsymbol{A}_1\boldsymbol{Q} - \boldsymbol{A}_2 \|_{\mathrm{F}}^2$$

式中，$\|\cdot\|_{\mathrm{F}}$ 是相应矩阵的 Frobenius 范数。

以上公式使用两个不同的置换矩阵对 $\boldsymbol{A}_1$ 的行和列分别进行置换，这种处理有两个主要缺点：

[缺点1] 该组合问题很难求解。

[缺点2] 置换矩阵意味着将要寻找输入图的节点之间的硬对齐（hard assignments）。然而找到这种硬对齐既不可能也不现实。例如当输入图是完美的“星形”结构时，将它们的外围节点对齐不现实，因为从结构上看它们是等价的。换句话说，任何对齐这些外围节点的方式等概率。类似（可能更复杂）情况下，软对齐比硬对齐更有效。

为解决这类问题，对问题6.2中研究单分图对齐[56,212,216,232]所用的方式进行放宽，以一种更符合实际的方式描述它。

问题 6.3 软、稀疏性的二分图对齐 给定两个具有邻接矩阵 $\boldsymbol{A}_1$ 和 $\boldsymbol{A}_2$ 的二分图 G_1 和 G_2，寻找对应的置换矩阵 $\boldsymbol{P}$ 和 $\boldsymbol{Q}$ 使成本函数 f 最小：

$$\min_{\boldsymbol{P},\boldsymbol{Q}} f(\boldsymbol{P},\ \boldsymbol{Q}) = \min_{\boldsymbol{P},\boldsymbol{Q}} \| \boldsymbol{P}\boldsymbol{A}_1\boldsymbol{Q} - \boldsymbol{A}_2 \|_{\mathrm{F}}^2$$

约束如下：

1）[概率性] 矩阵每个元素值都是一个概率，即 $0 \leqslant \boldsymbol{P}_{ij} \leqslant 1$，$0 \leqslant \boldsymbol{Q}_{ij} \leqslant 1$。

2）[稀疏性] 矩阵稀疏，即对于很小的变量 $t > 0$，$\| \boldsymbol{P}^{(v)} \|_0 \leqslant t$，$\| \boldsymbol{Q}^{(v)} \|_0 \leqslant t$。$\|\cdot\|_0$

表示 l_0范数，即非零元素的个数。

概率性约束有两个优点：

[优点1] 它解决了传统问题的两个缺点：使优化问题易于求解并具有符合实际的、概率上的解释；它不仅提供节点之间1对1的对应关系，而且还揭示跨网节点之间的相似性。其中对应关系矩阵 $\boldsymbol{P}$（或 $\boldsymbol{Q}$）的元素值描述了 LinkedIn 用户（或群组）与 Facebook 用户（或群组）对应的概率。值得注意的是，当要求成本函数中的对应关系矩阵是置换矩阵或双重随机矩阵（具有非负实数元素的方阵，行和与列和值都为1）时（这是很多文献中常见的处理方式），对应问题不具有此处提到的优势。

[优点2] 矩阵 $\boldsymbol{P}$ 和 $\boldsymbol{Q}$ 不必要求是方阵，这意味着矩阵 $\boldsymbol{A}_1$ 和 $\boldsymbol{A}_2$可以有不同规模。该特性更符合实际需求，因为两个网络很少有相同数量的节点。因此，本章模型不仅能够解决图对齐问题，还可以解决子图对齐问题。

第二个约束在服从第一个约束的前提下同时适应社交网络和其他类型网络的大规模特性。人们希望对应关系矩阵尽可能稀疏以便它们对每个节点只编码少量潜在对应关系。让 LinkedIn 的每个用户/群组与 Facebook 的每个用户/群组进行匹配并不现实，实际上，这也是大规模图面临的问题，因为它具有与输入图规模相关的二次方级空间的成本消耗。

总之，现有方法不能区分节点类型（例如用户和群组），它们仅仅通过将图处理为单分图，并找到置换矩阵 $\boldsymbol{P}$ 为输入图的节点找到硬对齐。相比之下，本章中的方法将节点按类别区分对待，并且可一次性找到不同粒度的对应关系（例如在用户 - 群组图中给出个体层面和群组层面的对应关系）。

6.2 BiG - Align：二分图的对齐

在形式化描述的基础上，进一步探索解决二分图对齐问题所需技术。主要包括两方面目标：①有效性，鉴于问题6.3的非凸性旨在找到一个“好”的局部最小点；②效率，本章专注于精心设计搜索过程。BiG - Align 的两个关键想法如下：

- 用一种交替投影梯度下降法寻找新定义的优化问题（见问题6.3）的局部最小点。
- 系列优化：①基于网络 - 启发式方法初始化对应关系矩阵（Net - Init）以找到一个好的初始点；②自动选择梯度下降步长；③处理节点多重性问题，即节点结构完全相同的情况（例如星形结构的外围节点），以提升所处理问题的效率和有效性。

接下来，构建本章方法的核心、描述三类优化方法并总结整理所有算法的伪代码。

6.2.1 数学形式化表示

为解决优化问题（见问题6.3），按照文献中的标准方法首先放宽稀疏性约束，该约束在数学上由矩阵列的 l_0范数表示，此处可用 l_1范数替换它，其中，$\sum_i \left| \boldsymbol{P}_i^{(v)} \right| = \sum_i \boldsymbol{P}_i^{(v)}$，因为这里使用概率约束，元素值大于0。因此稀疏性约束的表示形式变为 $\sum_{i,j} \boldsymbol{P}_{ij} \leqslant t$ 和 $\sum_{i,j} \boldsymbol{Q}_{ij} \leqslant t$。通过放宽操作及线性代数操作，二分图对齐问题形式化为如下形式：

定理 6.4 ［增广成本函数］ 在概率和稀疏性约束的条件下（见问题6.3），对齐具有邻接矩阵 $\boldsymbol{A}_1$ 和 $\boldsymbol{A}_2$的二分图 G_1 和 G_2的优化问题等价于：

$$\min_{P,Q} f_{\text{aug}}(\boldsymbol{P},\boldsymbol{Q}) = \min_{P,Q}\{\|\boldsymbol{P}\boldsymbol{A}_1\boldsymbol{Q}-\boldsymbol{A}_2\|_{\text{F}}^2+\lambda\sum_{i,j}\boldsymbol{P}_{ij}+\mu\sum_{i,j}\boldsymbol{Q}_{ij}\}$$
$$= \min_{P,Q}\{\|\boldsymbol{P}\boldsymbol{A}_1\boldsymbol{Q}\|_{\text{F}}^2-2\text{Tr}(\boldsymbol{P}\boldsymbol{A}_1\boldsymbol{Q}\boldsymbol{A}_2^{\text{T}})+\lambda\mathbf{1}^{\text{T}}\boldsymbol{P}\mathbf{1}+\mu\mathbf{1}^{\text{T}}\boldsymbol{Q}\mathbf{1}\} \tag{6.1}$$

式中，$\|\cdot\|_{\text{F}}$是闭合矩阵的 Frobenius 范数；$\boldsymbol{P}$ 和 $\boldsymbol{Q}$ 分别是用户层面和群组层面的对应关系矩阵；λ 和 μ 分别是 $\boldsymbol{P}$ 和 $\boldsymbol{Q}$ 的稀疏性惩罚参数。

证明：最小化函数（见问题6.3）：

$$\min_{P,Q}\|\boldsymbol{P}\boldsymbol{A}_1\boldsymbol{Q}-\boldsymbol{A}_2\|_{\text{F}}^2$$

可归约为

$$\min_{P,Q}\{\|\boldsymbol{P}\boldsymbol{A}_1\boldsymbol{Q}\|_{\text{F}}^2-2\text{Tr}(\boldsymbol{P}\boldsymbol{A}_1\boldsymbol{Q}\boldsymbol{A}_2^{\text{T}})\}$$

由 $\boldsymbol{P}\boldsymbol{A}_1\boldsymbol{Q}-\boldsymbol{A}_2$的 Frobenius 范数的定义（见表6.1）可知：

$$\{\|\boldsymbol{P}\boldsymbol{A}_1\boldsymbol{Q}-\boldsymbol{A}_2\|_{\text{F}}^2 = \text{Tr}((\boldsymbol{P}\boldsymbol{A}_1\boldsymbol{Q}-\boldsymbol{A}_2)(\boldsymbol{P}\boldsymbol{A}_1\boldsymbol{Q}-\boldsymbol{A}_2)^{\text{T}})$$
$$= \text{Tr}(\boldsymbol{P}\boldsymbol{A}_1\boldsymbol{Q}(\boldsymbol{P}\boldsymbol{A}_1\boldsymbol{Q})^{\text{T}}-2\boldsymbol{P}\boldsymbol{A}_1\boldsymbol{Q}\boldsymbol{A}_2^{\text{T}})+\text{Tr}(\boldsymbol{A}_2\boldsymbol{A}_2^{\text{T}})$$
$$= \{\|\boldsymbol{P}\boldsymbol{A}_1\boldsymbol{Q}\|_{\text{F}}^2-2\text{Tr}(\boldsymbol{P}\boldsymbol{A}_1\boldsymbol{Q}\boldsymbol{A}_2^{\text{T}})+\text{Tr}(\boldsymbol{A}_2\boldsymbol{A}_2^{\text{T}})$$

其中应用性质 $\text{Tr}(\boldsymbol{P}\boldsymbol{A}_1\boldsymbol{Q}\boldsymbol{A}_2^{\text{T}})=\text{Tr}(\boldsymbol{P}\boldsymbol{A}_1\boldsymbol{Q}\boldsymbol{A}_2^{\text{T}})^{\text{T}}$，由于上式最后一项 $\text{Tr}(\boldsymbol{A}_2\boldsymbol{A}_2^{\text{T}})$不依赖于 $\boldsymbol{P}$ 和 $\boldsymbol{Q}$，因此它不会影响上述优化问题。

本章使用梯度下降算法的变体解决上述最小化问题。鉴于式（6.1）中的成本函数是二元的，此处使用交替过程使其最小化。固定 $\boldsymbol{Q}$ 最小化与 $\boldsymbol{P}$ 相关的f_{aug}，反之亦然。如果在两个交替最小化迭代步骤中对应关系矩阵的元素暂时失效，则使用投影技术保证概率约束：若 $\boldsymbol{P}_{ij}<0$ 或 $\boldsymbol{Q}_{ij}<0$，投影元素值为0。若 $\boldsymbol{P}_{ij}>1$ 或 $\boldsymbol{Q}_{ij}>1$，对应元素值被映射为1。交替投影梯度下降法（Alternating, Projected Gradient Descent approach, APGD）的更新过程由以下定理给出。

定理6.5［更新步骤］ APGD 的用户层面对应关系矩阵 $\boldsymbol{P}$ 和群组层面对应关系矩阵 $\boldsymbol{Q}$ 的更新步骤为

$$\boldsymbol{P}^{(k+1)}=\boldsymbol{P}^{(k)}-\eta_{\boldsymbol{P}}\cdot(2(\boldsymbol{P}^{(k)}\boldsymbol{A}_1\boldsymbol{Q}^{(k)}-\boldsymbol{A}_2)\boldsymbol{Q}^{\text{T}(k)}\boldsymbol{A}_1^{\text{T}}+\lambda\,\mathbf{1}\mathbf{1}^{\text{T}})$$
$$\boldsymbol{Q}^{(k+1)}=\boldsymbol{Q}^{(k)}-\eta_{\boldsymbol{Q}}\cdot(2\boldsymbol{A}_1^{\text{T}}\boldsymbol{P}^{\text{T}(k+1)}(\boldsymbol{P}^{(k+1)}\boldsymbol{A}_1\boldsymbol{Q}^{(k)}-\boldsymbol{A}_2)+\mu\,\mathbf{1}\mathbf{1}^{\text{T}})$$

式中，$\boldsymbol{P}^{(k)}$和 $\boldsymbol{Q}^{(k)}$是在第 k 次迭代中得到的对应关系矩阵；$\eta_{\boldsymbol{P}}$和 $\eta_{\boldsymbol{Q}}$是 APGD 两个阶段的更新步长；$\mathbf{1}$ 是全1列向量。

证明：梯度下降的更新步骤：

$$\boldsymbol{P}^{(k+1)}=\boldsymbol{P}^{(k)}-\eta_{\boldsymbol{P}}\cdot\frac{\partial f_{\text{aug}}(\boldsymbol{P},\boldsymbol{Q})}{\partial\boldsymbol{P}} \tag{6.2}$$

$$\boldsymbol{Q}^{(k+1)}=\boldsymbol{Q}^{(k)}-\eta_{\boldsymbol{Q}}\cdot\frac{\partial f_{\text{aug}}(\boldsymbol{P},\boldsymbol{Q})}{\partial\boldsymbol{Q}} \tag{16.3}$$

式中，$f_{\text{aug}}(\boldsymbol{P},\ \boldsymbol{Q})=f(\boldsymbol{P},\ \boldsymbol{Q})+s(\boldsymbol{P},\ \boldsymbol{Q})$；$f=\|\boldsymbol{P}\boldsymbol{A}_1\boldsymbol{Q}-\boldsymbol{A}_2\|_{\text{F}}^2$；$s(\boldsymbol{P},\ \boldsymbol{Q})=\lambda\sum_{i,j}\boldsymbol{P}_{ij}+\mu\sum_{i,j}\boldsymbol{Q}_{ij}$。

首先，使用矩阵求导的性质计算f 相对于 $\boldsymbol{P}$ 的导数：

$$\frac{\partial f(\boldsymbol{P},\boldsymbol{Q})}{\partial\boldsymbol{P}}=\frac{\partial(\|\boldsymbol{P}\boldsymbol{A}_1\boldsymbol{Q}\|_{\text{F}}^2-2\text{Tr}(\boldsymbol{P}\boldsymbol{A}_1\boldsymbol{Q}\boldsymbol{A}_2^{\text{T}}))}{\partial\boldsymbol{P}}$$
$$=\frac{\partial\text{Tr}(\boldsymbol{P}\boldsymbol{A}_1\boldsymbol{Q}\boldsymbol{Q}^{\text{T}}\boldsymbol{A}_1^{\text{T}}\boldsymbol{P}^{\text{T}})}{\partial\boldsymbol{P}}-2\frac{\partial\text{Tr}(\boldsymbol{P}\boldsymbol{A}_1\boldsymbol{Q}\boldsymbol{A}_2^{\text{T}})}{\partial\boldsymbol{P}}$$
$$=2(\boldsymbol{P}\boldsymbol{A}_1\boldsymbol{Q}-\boldsymbol{A}_2)\boldsymbol{Q}^{\text{T}}\boldsymbol{A}_1^{\text{T}} \tag{6.4}$$

然后利用矩阵导数的性质和循环置换下迹的不变性 $\mathrm{Tr}(\boldsymbol{P}\boldsymbol{A}_1\boldsymbol{Q}\boldsymbol{Q}^{\mathrm{T}}\boldsymbol{A}_1^{\mathrm{T}}\boldsymbol{P}) = \mathrm{Tr}(\boldsymbol{A}_1^{\mathrm{T}}\boldsymbol{P}^{\mathrm{T}}\boldsymbol{P}\boldsymbol{A}_1\boldsymbol{Q}\boldsymbol{Q}^{\mathrm{T}})$，可得到 $f(\boldsymbol{P},\boldsymbol{Q})$ 相对于 $\boldsymbol{Q}$ 的导数：

$$
\begin{aligned}
\frac{\partial f(\boldsymbol{P},\boldsymbol{Q})}{\partial \boldsymbol{Q}} &= \frac{\partial(\|\boldsymbol{P}\boldsymbol{A}_1\boldsymbol{Q}\|_{\mathrm{F}}^2 - 2\mathrm{Tr}(\boldsymbol{P}\boldsymbol{A}_1\boldsymbol{Q}\boldsymbol{A}_2^{\mathrm{T}}))}{\partial \boldsymbol{Q}} \\
&= \frac{\partial \mathrm{Tr}(\boldsymbol{P}\boldsymbol{A}_1\boldsymbol{Q}\boldsymbol{Q}^{\mathrm{T}}\boldsymbol{A}_1^{\mathrm{T}}\boldsymbol{P}^{\mathrm{T}}) - 2\mathrm{Tr}(\boldsymbol{P}\boldsymbol{A}_1\boldsymbol{Q}\boldsymbol{A}_2^{\mathrm{T}})}{\partial \boldsymbol{Q}} \\
&= \frac{\partial \mathrm{Tr}(\boldsymbol{A}_1^{\mathrm{T}}\boldsymbol{P}^{\mathrm{T}}\boldsymbol{P}\boldsymbol{A}_1\boldsymbol{Q}\boldsymbol{Q}^{\mathrm{T}})}{\partial \boldsymbol{Q}} - 2\frac{\partial \mathrm{Tr}(\boldsymbol{P}\boldsymbol{A}_1\boldsymbol{Q}\boldsymbol{A}_2^{\mathrm{T}})}{\partial \boldsymbol{Q}} \\
&= (\boldsymbol{A}_1^{\mathrm{T}}\boldsymbol{P}^{\mathrm{T}}\boldsymbol{P}\boldsymbol{A}_1 + (\boldsymbol{A}_1^{\mathrm{T}}\boldsymbol{P}^{\mathrm{T}}\boldsymbol{P}\boldsymbol{A}_1)^{\mathrm{T}})\boldsymbol{Q} - 2(\boldsymbol{P}\boldsymbol{A}_1)^{\mathrm{T}}(\boldsymbol{A}_2^{\mathrm{T}})^{\mathrm{T}} \\
&= 2\boldsymbol{A}_1^{\mathrm{T}}\boldsymbol{P}^{\mathrm{T}}(\boldsymbol{P}\boldsymbol{A}_1\boldsymbol{Q} - \boldsymbol{A}_2)
\end{aligned} \tag{6.5}
$$

最后计算 $s(\boldsymbol{P},\boldsymbol{Q})$ 相对于 $\boldsymbol{P}$ 和 $\boldsymbol{Q}$ 的偏导：

$$\frac{\partial s(\boldsymbol{P},\boldsymbol{Q})}{\partial \boldsymbol{P}} = \frac{\partial(\boldsymbol{1}^{\mathrm{T}}\boldsymbol{P}\boldsymbol{1} + \boldsymbol{1}^{\mathrm{T}}\boldsymbol{Q}\boldsymbol{1})}{\partial \boldsymbol{P}} = \boldsymbol{1}\boldsymbol{1}^{\mathrm{T}} \tag{6.6}$$

$$\frac{\partial s(\boldsymbol{P},\boldsymbol{Q})}{\partial \boldsymbol{Q}} = \frac{\partial(\boldsymbol{1}^{\mathrm{T}}\boldsymbol{P}\boldsymbol{1} + \boldsymbol{1}^{\mathrm{T}}\boldsymbol{Q}\boldsymbol{1})}{\partial \boldsymbol{Q}} = \boldsymbol{1}\boldsymbol{1}^{\mathrm{T}} \tag{6.7}$$

通过把式（6.4）和式（6.6）代入式（6.2），可获得 $\boldsymbol{P}$ 的更新过程。类似地，通过将式（6.5）和式（6.7）代入式（6.3），可得到 $\boldsymbol{Q}$ 的更新过程。

注意到，上述公式假设二分图的邻接矩阵 $\boldsymbol{A}_1$ 和 $\boldsymbol{A}_2$ 是矩形的。事实证明，如果将输入二分图作为单分图（即对称的方阵），此公式与单分图对齐的标准形式有着很优美的联系。以下命题将总结其等价性。

命题 6.6 ［与单分图对齐的等价性］ 如果二分图的矩形邻接矩阵被转换为方阵，那么其最小化可通过耦合矩阵 $\boldsymbol{P}^*$ 完成：

$$\boldsymbol{P}^* = \begin{pmatrix} \boldsymbol{P} & \boldsymbol{0} \\ \boldsymbol{0} & \boldsymbol{Q} \end{pmatrix}$$

也就是说，问题 6.3 变成 $\min_{\boldsymbol{P}^*} \|\boldsymbol{P}^*\boldsymbol{A}_1\boldsymbol{P}^{*\mathrm{T}} - \boldsymbol{A}_2\|_{\mathrm{F}}^2$，该形式等价于 6.1 节开头介绍的单分图问题。

6.2.2 具体问题的优化

以上为构建本章算法 BiG－Align 所需的数学基础。接下来为提出的算法制定 3 个设计步骤：

（设计步骤 1）如何初始化对应关系矩阵？

（设计步骤 2）如何选择 APGD 的更新步长？

（设计步骤 3）如何处理结构等效节点？

本章将基准算法称为 BiG－Align－Basic，它包含这些问题答案的简化版本：（设计步骤 1）对应关系矩阵均匀初始化；（设计步骤 2）以恒定步长、“小”梯度下降；（设计步骤 3）对结构等效节点不做特别处理。下面将详细阐述使本章算法更高效的初始化选择方案和步长优化方案。此外，本节同时引入“节点－多重性”问题，即结构等效节点的问题，并提出相应处理方法。

（设计步骤1）如何初始化对应关系矩阵？

该优化问题非凸（甚至不是双凸的），梯度下降法是否会陷入局部最小值很大程度上依赖于该优化问题初始值的选择。初始化对应关系矩阵 $\boldsymbol{P}$ 和 $\boldsymbol{Q}$ 有几种不同的策略，例如随机、基于度和基于特征[56,212]。虽然每种初始化方法都有其自身的合理性，但它们都针对单分图设计，而忽略了真实的大规模二分图的偏态性。为解决该问题，本章基于对大规模真实二分图的下述发现提出一种网络启发式方法（NET－INIT）：

观测6.7　大规模、真实网络具有偏态或类似幂律形式的度分布[9,36,64]。尤其在二分图上，通常情况下其中一个节点集合明显小于另一个节点集合，并且它们都具有偏态的度分布。

NET－INIT 的隐含假设㊀是一个人在不同社交网络中几乎同样受欢迎，或更一般地说，一个实体在所有输入图中具有相似“行为”。本章的工作表明这种行为用节点度可以得到很好地描述。但下述方法也适用其他能够更好描述节点行为的特征（例如权重、排序、聚类系数等）。

具体初始化方法由4个步骤组成。该方法基于 LinkedIn 和 Facebook 二分图进行描述，其中第一类集合由用户构成，第二类集合由群组构成。这里假设群组集合规模远小于用户集合规模。

步骤1　逐一匹配　LinkedIn 和 Facebook 图中度处于前 k 大的群组。

为找到合适的 k，本章借用主成分分析（PCA）中的碎石图（scree plot）思想，即对每个图中互不重复的度按从大到小顺序排列，并创建度与度对应排名的二维图（见图6.1a）。该图检测“拐点”并且“安全地”将这两个图的群组逐一匹配直到群组的度等于“拐点”处对应的度时停止匹配，即首先将 LinkedIn 中最受欢迎的群组与 Facebook 中最受欢迎的群组对齐。为自动检测“拐点”位置，此处考虑分段绘图法，并假设当线段斜率小于前一段斜率的5% 时，“拐点”位置产生。

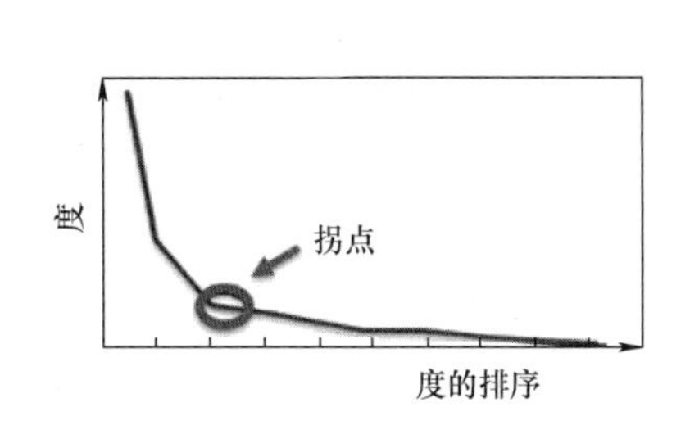

a) NET－INIT上的类碎石图

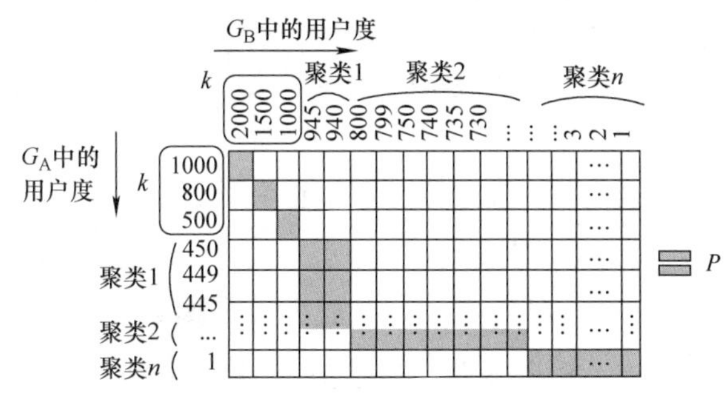

b) 对应关系矩阵P的初始化

图6.1　a）NET－INIT 方法中步骤1 的 k 值选择思路；b）NET－INIT 初始化节点/用户层面的对应关系矩阵

步骤2　针对每个匹配过的群组，本章基于节点之间的相对度差（Relative Degree Difference，RDD）对两个群组对应邻居节点进行对齐。

定义6.8　RDD 图 $\boldsymbol{A}_1$ 的节点 i 与图 $\boldsymbol{A}_2$ 的节点 j 对齐所需的 RDD 函数为

$$\operatorname{rdd}(i,j)=\left(1+\frac{|\deg(i)-\deg(j)|}{(\deg(i)+\deg(j))/2}\right)^{-1} \tag{6.8}$$

㊀　如果假设不成立，则没有方法可以保证仅基于图的结构对图对齐，但仍然有办法揭示节点之间的相似性。

式中，deg（·）是相应节点的度。

该方法背后思想为，一个图中的节点更可能与另一个图中具有相似的度的节点匹配，而不是具有不同度的节点。上述函数将较高的对齐概率分配给相似节点，并降低度不相关节点的对齐概率。

注意到，RDD 函数 $\text{rdd}(i, j)$ 对应于节点 i 和节点 j 之间的度相似性。但它可以推广到不同图中节点共享的其他属性上[⊖]。式（6.8）捕获了一个意外属性：它能够根据度的相对差异对节点对的对齐进行适当惩罚。例如度分别为 1 和 20 的两个节点比度分别为 1001 和 1020 的两个节点的相似性更小。

步骤 3 基于两个网络中剩余群组的度，创建 c_g 个团簇。并根据这些团簇的度（例如是“高”还是“低”）进行逐一对齐，然后使用 RDD 初始化对齐的团簇内部节点的对应关系。

步骤 4 基于两个网络剩余用户的度，创建 c_u 个团簇。然后使用 RDD 方法对齐对应团簇内部的用户。

（设计步骤 2）如何选择 APGD 的更新步长？

APGD 方法最重要的参数之一是 η（接近最小点的步长），它决定算法的收敛速度。在尝试自适应确定步长时，使用一维搜索（line search）方法[33]，算法 6.2 描述了该方法的具体细节。一维搜索是寻找局部最优步长的策略。具体而言，在 APGD 第一阶段，一维搜索将目标函数 f_{aug} 视为与 $\eta_{\boldsymbol{P}}$ 有关的函数（而不是与 $\boldsymbol{P}$ 或 $\boldsymbol{Q}$ 相关的函数），并最小化该函数，从而确定 $\eta_{\boldsymbol{P}}$。在 APGD 第二阶段，用类似方法确定 $\eta_{\boldsymbol{Q}}$。接下来介绍本章方法相关的 3 种变体，它们在最优步长计算上有所不同。

变体 1：BIG－ALIGN－Points。第一种方法是近似最小化增广成本函数：在某个“合理”范围随机选择一组值 $\eta_{\boldsymbol{P}}$，并计算相应成本函数值，选择使成本函数最小时对应的步长 $\eta_{\boldsymbol{P}}$。用同样的方法选择 $\eta_{\boldsymbol{Q}}$。6.4 节说明了该方法在计算上比较耗时。

变体 2：BIG－ALIGN－Exact。通过仔细处理优化问题的目标函数可以找到 $\eta_{\boldsymbol{P}}$ 和 $\eta_{\boldsymbol{Q}}$ 的闭合（精确）解，具体表示见如下定理。

定理 6.9 ［**$\boldsymbol{P}$ 的最佳步长**］ 在 APGD 第一阶段，增广函数 $f_{\text{aug}}(\eta_{\boldsymbol{P}})$ 精确最小化所需步长值 $\eta_{\boldsymbol{P}}$ 为

$$\eta_{\boldsymbol{P}} = \frac{2\text{Tr}\{(\boldsymbol{P}^{(k)}\boldsymbol{A}_1\boldsymbol{Q})(\boldsymbol{\Delta_P}\boldsymbol{A}_1\boldsymbol{Q})^{\text{T}} - (\boldsymbol{\Delta_P}\boldsymbol{A}_1\boldsymbol{Q})\boldsymbol{A}_2^{\text{T}}\} + \lambda\sum_{i,j}\boldsymbol{\Delta}_{\boldsymbol{P}_{ij}}}{2\|\boldsymbol{\Delta_P}\boldsymbol{A}_1\boldsymbol{Q}\|_{\text{F}}^2} \tag{6.9}$$

式中，$\boldsymbol{P}^{(k+1)} = \boldsymbol{P}^{(k)} - \eta_{\boldsymbol{P}}\boldsymbol{\Delta_P}$；$\boldsymbol{\Delta_P} = \nabla_{\boldsymbol{P}} f_{\text{aug}}|_{\boldsymbol{P}=\boldsymbol{P}^{(k)}}$；$\boldsymbol{Q} = \boldsymbol{Q}^{(k)}$。

证明：为寻找最小化 $f_{\text{aug}}(\eta_{\boldsymbol{P}})$ 所需的步长 $\eta_{\boldsymbol{P}}$，对该函数求导并令其等于 0，可得

$$\frac{\mathrm{d}f_{\text{aug}}}{\mathrm{d}\eta_{\boldsymbol{P}}} = \frac{\mathrm{d}(\text{Tr}\{\boldsymbol{P}^{(k+1)}\boldsymbol{A}_1\boldsymbol{Q}(\boldsymbol{P}^{(k+1)}\boldsymbol{A}_1\boldsymbol{Q})^{\text{T}} - 2\boldsymbol{P}^{(k+1)}\boldsymbol{A}_1\boldsymbol{Q}\boldsymbol{A}_2^{\text{T}}\} + \lambda\sum_{i,j}\boldsymbol{P}_{ij}^{(k+1)})}{\mathrm{d}\eta_{\boldsymbol{P}}} = 0 \tag{6.10}$$

式中，$\boldsymbol{P}^{(k+1)} = \boldsymbol{P}^{(k)} - \eta_{\boldsymbol{P}}\boldsymbol{\Delta_P}$；$\boldsymbol{\Delta_P} = \nabla_{\boldsymbol{P}} f_{\text{aug}}|_{\boldsymbol{P}=\boldsymbol{P}^{(k)}}$。

同时

$$\text{Tr}(\boldsymbol{P}^{(k+1)}\boldsymbol{A}_1\boldsymbol{Q}(\boldsymbol{P}^{(k+1)}\boldsymbol{A}_1\boldsymbol{Q})^{\text{T}}) - 2\boldsymbol{P}^{(k+1)}\boldsymbol{A}_1\boldsymbol{Q}\boldsymbol{A}_2^{\text{T}}) =$$

⊖ 类似思路可参考度相关性和同配性方面的文献，详见［NEWMAN M E J. Assortative mixing in networks［J］. Physical Review Letters，2002（89）.；NEWMAN M E J. Mixing patterns in networks［J］. Physical Review E，2003（67）.］。——译者注

$$\| \boldsymbol{P}^{(k)}\boldsymbol{A}_1\boldsymbol{Q} \|_F^2 - 2\mathrm{Tr}(\boldsymbol{P}^{(k)}\boldsymbol{A}_1\boldsymbol{Q}\boldsymbol{A}_2^{\mathrm{T}}) + \eta_{\boldsymbol{P}}^2 \| \Delta_{\boldsymbol{P}}\boldsymbol{A}_1\boldsymbol{Q} \|_F^2 + 2\eta_{\boldsymbol{P}}\mathrm{Tr}(\Delta_{\boldsymbol{P}}\boldsymbol{A}_1\boldsymbol{Q}\boldsymbol{A}_2^{\mathrm{T}}) - 2\eta_{\boldsymbol{P}}\mathrm{Tr}((\boldsymbol{P}^{(k)}\boldsymbol{A}_1\boldsymbol{Q})(\Delta_{\boldsymbol{P}}\boldsymbol{A}_1\boldsymbol{Q})) \tag{6.11}$$

将式（6.11）代入式（6.10）中，求解得到一维搜索所定义的 $\eta_{\boldsymbol{P}}$的“最佳值”。用同样方法找到 APGD 第二阶段所需最佳步长 $\eta_{\boldsymbol{Q}}$。

定理 6.10 ［$\boldsymbol{Q}$ 的最优步长］ 在 APGD 第二阶段中，增广函数 $f_{\mathrm{aug}}(\eta_{\boldsymbol{Q}})$ 精确最小化所需步长值 $\eta_{\boldsymbol{Q}}$为

$$\eta_{\boldsymbol{Q}} = \frac{2\mathrm{Tr}\{(\boldsymbol{P}\boldsymbol{A}_1\boldsymbol{Q}^{(k)})(\boldsymbol{P}\boldsymbol{A}_1\Delta_{\boldsymbol{Q}})^{\mathrm{T}} - (\boldsymbol{P}\boldsymbol{A}_1\Delta_{\boldsymbol{Q}})\boldsymbol{A}_2^{\mathrm{T}}\} + \mu\sum_{i,j}\Delta_{\boldsymbol{Q}_{ij}}}{2\| \boldsymbol{P}\boldsymbol{A}_1\Delta_{\boldsymbol{Q}} \|_F^2} \tag{6.12}$$

式中，$\Delta_{\boldsymbol{Q}} = \nabla_{\boldsymbol{Q}} f_{\mathrm{aug}} |_{\boldsymbol{Q}=\boldsymbol{Q}^{(k)}}$；$\boldsymbol{P} = \boldsymbol{P}^{(k)}$；$\boldsymbol{Q}^{(k+1)} = \boldsymbol{Q}^{(k)} - \eta_{\boldsymbol{Q}}\Delta_{\boldsymbol{Q}}$。

证明：$\eta_{\boldsymbol{Q}}$的计算过程和 $\eta_{\boldsymbol{P}}$的计算过程对称（见定理 6.9），此处不再赘述。

BiG - Align - Exact 比 BiG - Align - Points 快得多。事实证明，可进一步提高算法效率，因为在实际数据上的实验表明，每次迭代中最小化目标函数所需的梯度下降步长值不会发生急剧变化（见图 6.2）。为此提出了本章算法的第三种变体。

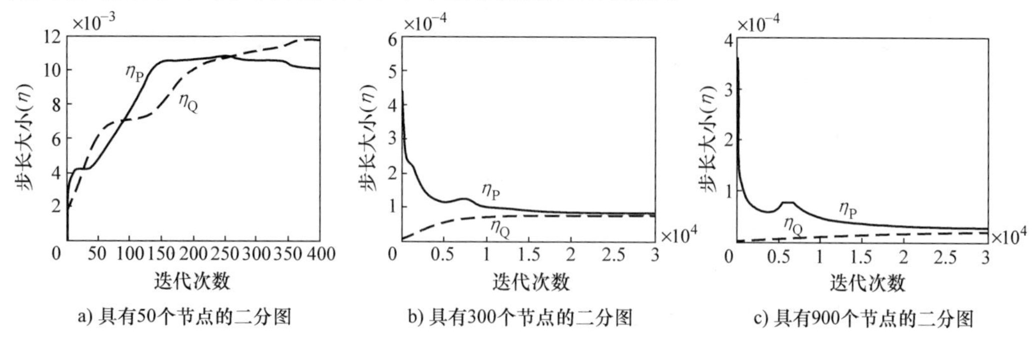

图 6.2　加速线索：$\boldsymbol{P}$（粗实线）和 $\boldsymbol{Q}$（虚线）的最佳步长与迭代次数的关系。观察到，最佳步长在连续迭代中不会发生显著变化，因此跳过一些计算过程几乎不会影响算法精度

变体 3：BiG - Align - Skip。该变体前几次（例如 100 次）迭代过程采用精确一维搜索，然后每隔几次（例如 500 次）迭代再更新步长值。这显著降低了确定最佳步长所需的计算量。

（设计步骤 3）如何处理结构等效节点？

最后一个让 BiG - Align 效率更高的观测现象如下：

观测 6.11 大多数图由于包含大量具有相同结构特征的节点，从而难以区分这些节点。

例如在许多真实网络中，一种常见的结构就是星形结构[103]，很难区分它们的外围节点。派系和全二分核中的节点也很难区分（见第 2 章、参考文献［124］）。

为解决该问题，引入了预处理阶段，通过将具有相同结构的节点聚合到超级节点中消除具有相同结构的节点。例如一个星形结构的图，存在 100 个外围节点通过权重为 1 的边连接到中心节点，这 100 个外围节点将会被一个以权重为 100 的边连接到中心节点的超级节点代替。这个微妙的步骤不仅可以产生更好的优化解，而且可以通过降低输入 BiG - Align 算法中图的规模提高算法效率。

6.2.3 算法描述

上述各节对算法 BIG－ALIGN 进行了描述，该算法的伪代码在算法 6.1 和算法 6.2 中给出。

算法 6.1 BIG－ALIGN－Exact：二分图对齐

输入：$\boldsymbol{A}_1$ 和 $\boldsymbol{A}_2$、λ、MAXITER、$\epsilon=10^{-6}$、cost(0) = 0、$k=1$

输出：对应关系矩阵 $\boldsymbol{P}$ 和 $\boldsymbol{Q}$

1： /＊步骤 1：结构等价节点的预处理＊/
2： 聚合结构等价节点
3： /＊步骤 2：初始化 ＊/
4： $[\boldsymbol{P}_0, \boldsymbol{Q}_0]$ = NET－INIT
5： cost(1) $=f_{\text{aug}}(\boldsymbol{P}_0, \boldsymbol{Q}_0)$
6： /＊步骤 3：基于交替投影的梯度下降法 APGD ＊/
7： **while** $|\text{cost}(k-1)-\text{cost}(k)|/\text{cost}(k-1)>\epsilon$ 且 $k<$ MAXITER **do**
8： $k++$
9： /＊阶段 1：固定 $\boldsymbol{Q}$，最小化与 $\boldsymbol{P}$ 相关的函数＊/
10： $\eta_{\boldsymbol{P}_k}$ = LINESEARCH_P $(\boldsymbol{P}^{(k)}, \boldsymbol{Q}^{(k)}, \nabla_{\boldsymbol{P}} f_{\text{aug}}|_{\boldsymbol{P}=\boldsymbol{P}^{(k)}})$
11： $\boldsymbol{P}^{(k+1)}=\boldsymbol{P}^{(k)}-\eta_{\boldsymbol{P}_k}\nabla_{\boldsymbol{P}} f_{\text{aug}}(\boldsymbol{P}^{(k)}, \boldsymbol{Q}^{(k)})$
12： VALIDPROJECTION $(\boldsymbol{P}^{(k+1)})$
13： /＊阶段 2：固定 $\boldsymbol{P}$，最小化与 $\boldsymbol{Q}$ 相关的函数＊/
14： $\eta_{\boldsymbol{Q}_k}$ = LINESEARCH_Q $(\boldsymbol{P}^{(k+1)}, \boldsymbol{Q}^{(k)}, \nabla_{\boldsymbol{Q}} f_{\text{aug}}|_{\boldsymbol{Q}=\boldsymbol{Q}^{(k)}})$
15： $\boldsymbol{Q}^{(k+1)}=\boldsymbol{Q}^{(k)}-\eta_{\boldsymbol{Q}_k}\nabla_{\boldsymbol{Q}} f_{\text{aug}}(\boldsymbol{P}^{(k+1)}, \boldsymbol{Q}^{(k)})$
16： VALIDPROJECTION $(\boldsymbol{Q}^{(k+1)})$
17： cost(k) $=f_{\text{aug}}(\boldsymbol{P}, \boldsymbol{Q})$
18： **end while**
19：
20： **return** $\boldsymbol{P}^{(k+1)}, \boldsymbol{Q}^{(k+1)}$
21： /＊投影步骤＊/
22： **function** VALIDPROJECTION $\boldsymbol{P}$
23： **for** $\boldsymbol{P}_{ij}$ in $\boldsymbol{P}$ **do**
24： **if** $\boldsymbol{P}_{ij}<0$ **then**
25： $\boldsymbol{P}_{ij}=0$
26： **else if** $\boldsymbol{P}_{ij}>1$ **then**
27： $\boldsymbol{P}_{ij}=1$
28： **end if**
29： **end for**
30： **end function**

算法 6.2 针对 η_P 和 η_Q 进行一组搜索

输入：$\boldsymbol{P}$，$\boldsymbol{Q}$，Δ_P，Δ_Q

输出：η_P，η_Q

1：**function** LINESEARCH_ P($\boldsymbol{P}$，$\boldsymbol{Q}$，Δ_P)

2：**return**

$$\eta_P = \frac{2\mathrm{Tr}\{(\boldsymbol{P}^{(k)}\boldsymbol{A}_1\boldsymbol{Q})(\Delta_P\boldsymbol{A}_1\boldsymbol{Q})^{\mathrm{T}} - (\Delta_P\boldsymbol{A}_1\boldsymbol{Q})\boldsymbol{A}_2^{\mathrm{T}}\} + \lambda\sum_{i,j}\Delta_{P_{ij}}}{2\|\Delta_P\boldsymbol{A}_1\boldsymbol{Q}\|_{\mathrm{F}}^2}$$

3：**end function**

4：**function** LINESEARCH_ Q($\boldsymbol{P}$，$\boldsymbol{Q}$，Δ_Q)

5：**return**

$$\eta_Q = \frac{2\mathrm{Tr}\{(\boldsymbol{P}\boldsymbol{A}_1\boldsymbol{Q}^{(k)})(\boldsymbol{P}\boldsymbol{A}_1\Delta_Q)^{\mathrm{T}} - (\boldsymbol{P}\boldsymbol{A}_1\Delta_Q)\boldsymbol{A}_2^{\mathrm{T}}\} + \mu\sum_{i,j}\Delta_{Q_{ij}}}{2\|\boldsymbol{P}\boldsymbol{A}_1\Delta_Q\|_{\mathrm{F}}^2}$$

6：**end function**

针对算法的实现过程，用户需要输入的唯一参数是稀疏性惩罚参数 λ。该参数越大，越多的矩阵元素会被赋值为 0。此处设置另一个稀疏性惩罚参数 $\mu = \frac{\lambda * (\boldsymbol{Q}\text{ 中的元素个数})}{\boldsymbol{P}\text{ 中的元素个数}}$，这样使得对 $\boldsymbol{P}$ 和 $\boldsymbol{Q}$ 中每个非零元素的惩罚等价。

值得一提的是，与文献中常用的方法相比，本章方法未使用经典的匈牙利算法寻找二分图集合中节点之间的硬对齐关系，而是依赖于一个快速近似算法：将 $\boldsymbol{P}$ 的每一行（节点/用户）与具有最大概率的列 j（节点/用户）对齐。很明显，该对齐非常快。由于每个节点的对齐都可以独立处理，因而可做并行化。此外，它允许将一个图的多个节点与另一个图的同一节点对齐，该特性特别适用于结构等效节点。

图 6.3 描述了图对齐的成本和准确度随梯度下降算法的迭代次数的变化趋势。

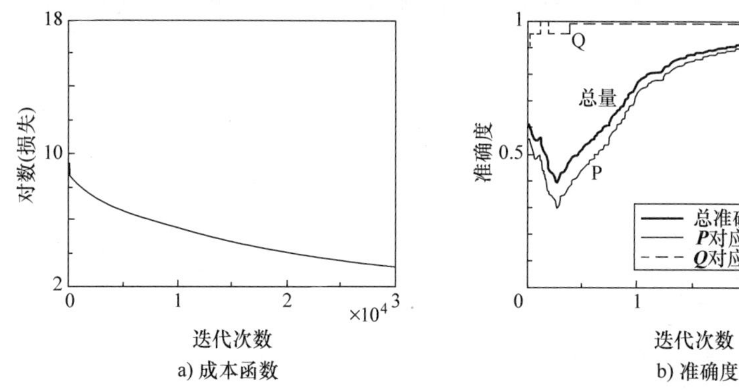

图 6.3 BIG – ALIGN（900 个节点，λ = 0.1）：正如预期，目标函数的成本随迭代次数的增加而下降，而节点（细实线）和社团（虚线）的对齐准确度随之增加。准确度的精确定义见 6.4.1 节

6.3 UNI – ALIGN：二分图对齐算法在单分图上的推广

虽然 BIG – ALIGN 主要针对二分图（真实世界中常见的一类图），但作为副产品，BIG –

ALIGN 也为单分图对齐问题提供另一种快速的解决方案。其主要包括两个步骤。

步骤 1：将单分图转化为二分图 第一步首先将 $n \times n$ 维单分图转化为二分图。具体来说可以先提取 d 个节点特征，如度、节点的自我中心网络（节点及其最近邻的导出子图）中的边及聚类系数。在此基础上形成 $n \times d$ 维节点 - 特征二分图，其中 $n >> d$。此步骤的运行时间取决于提取选定特征的时间复杂度。

步骤 2：获取 P 基于上述描述可知，从图中提取的特征具有相同类型，所以二分图的特征集合的对齐关系已知，即 $\boldsymbol{Q}$ 是单位矩阵。因此只需对齐 n 个节点，即计算 $\boldsymbol{P}$。重新回顾式（6.1）中涉及的最小化问题，现在只需最小化与 $\boldsymbol{P}$ 相关的函数。令函数对 $\boldsymbol{P}$ 的求导为 0，于是有

$$\boldsymbol{P} \cdot (\boldsymbol{A}_1\boldsymbol{A}_1^{\mathrm{T}}) = \boldsymbol{A}_2\boldsymbol{A}_1^{\mathrm{T}} - \frac{\lambda}{2} \cdot \mathbf{1}\mathbf{1}^{\mathrm{T}}$$

式中，$\boldsymbol{A}_1$ 是一个 $n \times d$ 维矩阵。如果在该矩阵上做奇异值分解（Singular Value Decomposition, SVD），即 $\boldsymbol{A}_1 = \boldsymbol{USV}$，$\boldsymbol{A}_1\boldsymbol{A}_1^{\mathrm{T}}$的 Moore - Penrose 伪逆为 $(\boldsymbol{A}_1\boldsymbol{A}_1^{\mathrm{T}})^{\dagger} = \boldsymbol{US}^{-2}\boldsymbol{U}^{\mathrm{T}}$。便可得到

$$\begin{aligned}
\boldsymbol{P} &= (\boldsymbol{A}_2\boldsymbol{A}_1^{\mathrm{T}} - \frac{\lambda}{2} \cdot \mathbf{1}\mathbf{1}^{\mathrm{T}})(\boldsymbol{A}_1\boldsymbol{A}_1^{\mathrm{T}})^{\dagger} \\
&= (\boldsymbol{A}_2\boldsymbol{A}_1^{\mathrm{T}} - \frac{\lambda}{2} \cdot \mathbf{1}\mathbf{1}^{\mathrm{T}})(\boldsymbol{US}^{-2}\boldsymbol{U}^{\mathrm{T}}) \\
&= \boldsymbol{A}_2 \cdot (\boldsymbol{A}_1^{\mathrm{T}}\boldsymbol{US}^{-2}\boldsymbol{U}^{\mathrm{T}}) - \mathbf{1} \cdot (\frac{\lambda}{2} \cdot \mathbf{1}^{\mathrm{T}}\boldsymbol{US}^{-2}\boldsymbol{U}^{\mathrm{T}}) \\
&= \boldsymbol{A}_2 \cdot \boldsymbol{X} - \mathbf{1} \cdot \boldsymbol{Y}
\end{aligned} \tag{6.13}$$

式中，$\boldsymbol{X} = \boldsymbol{A}_1^{\mathrm{T}}\boldsymbol{US}^{-2}\boldsymbol{U}^{\mathrm{T}}$；$\boldsymbol{Y} = \lambda/2 \cdot \mathbf{1}^{\mathrm{T}}\boldsymbol{US}^{-2}\boldsymbol{U}^{\mathrm{T}}$。

因此可以精确地（非迭代地）从式（6.13）中得到 $\boldsymbol{P}$。获取 $\boldsymbol{P}$ 的时间复杂度为 $\boldsymbol{O}(nd^2)$（省略简单的项之后），与输入图的节点数量呈线性关系。

从式（6.13）可看出，$\boldsymbol{P}$ 本身具有低秩结构。换句话说，不需要以 $n \times n$ 维矩阵的形式存储 $\boldsymbol{P}$，而是将 $\boldsymbol{P}$ 表示（压缩）为两个低秩矩阵 $\boldsymbol{X}$ 和 $\boldsymbol{Y}$ 的乘积，其额外的空间成本仅为 $\boldsymbol{O}(nd + n) = \boldsymbol{O}(nd)$。

6.4 实证结果

本节将通过实验评价 BIG - ALIGN 和 UNI - ALIGN 方法并回答下述问题：

问题 1. BIG - ALIGN 及其变体在对齐准确度和运行时间方面表现如何？它们与最前沿的方法比较表现如何？

问题 2. BIG - ALIGN 针对单分图的扩展算法——UNI - ALIGN 在对齐准确度和运行时间上表现如何？

问题 3. 这些方法如何扩展到具有不同规模边数的图上？

本实验代码用 MATLAB 编写，运行在 Intel（R）Xeon® CPU 5160@3.00 GHz，16GB RAM 内存的计算机上。

基准方法 据人们所知，没有专门针对二分图的图对齐算法。本节将本章算法与 3 种最前沿的方法进行比较，表 6.2 简要描述了这些方法：①Umeyama，由 Umeyama[212] 提出的基

于关键特征值分解的方法；②基于 NMF 的方法，即基于非负矩阵分解的最新方法[56]；③NetAlign－full 及 NetAlign－deg，它们是快速、可扩展的基于信念传播算法[23]的两个变体。有关部分方法的细节在相关工作（见6.6节）中提供。

表6.2　图对齐算法：命名规范、简单描述及算法适用的图的类型
（“uni－”表示单分图，“bi－”表示二分图）及引用

名称	描述	图类型	来源
Umeyama	基于特征值	uni－	参考文献［221］
NMF－based	基于非负矩阵分解	uni－	参考文献［59］
NetAlign－full	基于均匀初始化的信念传播	uni－	修正算法
NetAlign－deg	基于相同度初始化的信念传播	uni－	参考文献［24］
BIG－ALIGN－Basic	APGD（无优化）	bi－	当前算法
BIG－ALIGN－Points	APGD＋近似一维搜索	bi－	当前算法
BIG－ALIGN－Exact	APGD＋精确一维搜索	bi－	当前算法
BIG－ALIGN－Skip	APGD＋跳跃式一维搜索	bi－	当前算法
UNI－ALIGN	基于 BIG－ALIGN 的启发式方法（SVD）	uni－	当前算法

为将这些方法应用于二分图的场景比较，使用命题6.6将二分图转化为单分图。此外，由于基于 BP 的方法不仅需要两个输入图，而且还需要一个二分图编码每个节点可能的匹配关系，此处使用两个启发式方法获取所需的二分“匹配”图：①满二分图，表明没有关于节点对齐所需的领域信息，且第一个图的每个节点可与第二个图的任意节点对齐（NetAlign－full）；②基于度的二分图，表示只有当两个图中的节点具有相同度时才可能匹配（NetAlign－deg）。

6.4.1　BIG－ALIGN 的准确度和运行时间

此处二分图实验使用 MovieLens 网络㊀的电影流派图。1027部电影中的每一部至少与23种流派中的一种（例如喜剧、浪漫、戏剧）相关联。具体来讲，从该网络中抽取不同规模的子图。然后依据参考文献［56］中的传统方法，对每个子图使用公式 $\boldsymbol{A}_{2ij}=(\boldsymbol{P}\boldsymbol{A}_1\boldsymbol{Q})_{ij}\cdot(1+\text{noise}*r_{ij})$ 生成噪声比例在0%～20%的矩阵 $\boldsymbol{A}_2$，其中 r_{ij} 是［0，1］之间的随机数㊁。针对每一个噪声水平和图的规模对初始子网生成10个不同的矩阵。在所有原始子图和新生成的子图上执行对齐算法，并给出平均准确度和运行时间。针对 BIG－ALIGN 的所有变体稀疏性惩罚参数统一设置为 $\lambda=0.1$。

如何评价以上方法的准确性？针对在节点之间找“硬”对齐的最前沿方法，其准确性评价标准为只有找到真正对应关系，相应匹配才被视为正确。在此沿用现成的评价方法。有所改变的是，针对本章方法 BIG－ALIGN，它的优点是找到“软”的、概率对齐的结果，考虑两种情况评估其准确性：①正确的对齐，如果真正对应关系与最可能的匹配一致，则将该节点对齐计为正确；②部分正确的对齐，如果真实对应关系是最可能匹配（连接）的子集，则其对齐被认为部分正确且用（正确匹配中的节点个数）/（节点总数）加权量化其准确度。

准确度　图6.4a 和图6.4b 给出了不同的生成矩阵中各种方法在处理不同噪声水平和两种

㊀ http：//www.Movielens.org。

㊁ 生成矩阵 $\boldsymbol{A}_2$ 的公式中，noise 确定噪声水平，即书中提到的0%～20%之类，而 r_{ij} 是用于确定相应节点对连接关系的强度，对应的是噪声边。——译者注

不同规模的图时的准确度。大多数情况下，BIG－ALIGN 的表现大幅度优于其他方法。图 6.4b 中的唯一例外是 900 个节点，噪声水平为 20% 的图，其中 NetAlign－deg 和 NetAlign－full 的性能比本章算法 BIG－ALIGN－Exact 略好。其他规模图上的结果情况相同，此处不再赘述。

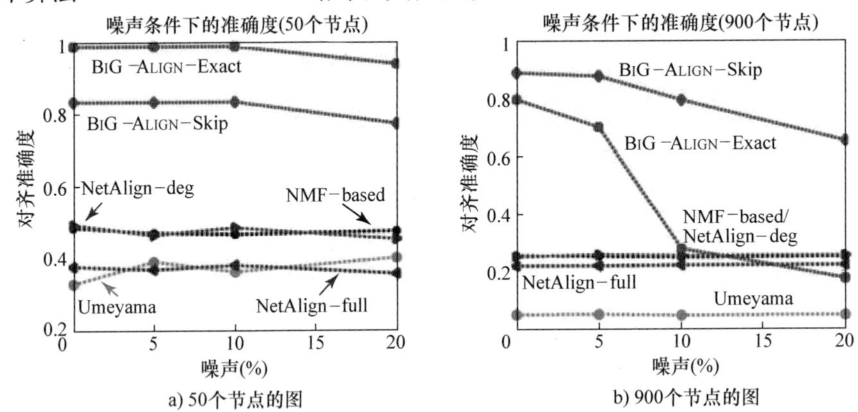

图 6.4 ［越高越好］二分图对齐准确度与噪声水平（0%～20%）的关系。BIG－ALIGN－Exact（方块红色线条）几乎总优于基准方法

图 6.5a 描绘了不同规模的图上各种对齐方法的准确度。针对不同规模的图，本章方法变体的准确度（70%～98%）要比基准算法的准确度（10%～58%）高得多。此外，令人惊讶的是，尽管 BIG－ALIGN－Skip 会跳过几次梯度下降步长的更新，但它仍比 BIG－ALIGN－Exact 略胜一筹。唯一例外是处理最小规模的图，由于该图上连续的最优步长会发生显著变化（见图 6.2a），因此跳过几次最优步长更新会影响算法的最终性能。

NetAlign－full 和 Umeyama 算法是准确度最低的方法，基于 NMF 的算法和 NetAlign－deg 算法的准确度处于中等水平。最后，图 6.5c 中准确度与运行时间的关系曲线显示出了本章算法的两个特性，即它们比基准方法具有更好的效果和更快的计算速度。

运行时间 图 6.5b 将运行时间表示为与图中边数相关的函数。整体来看 Umeyama 算法和 NetAlign－deg 算法运行速度最快，但以牺牲准确度为代价；与两者准确度相比，BIG－ALIGN 在执行速度较慢的情况下，准确度可提高 10 倍。第三快的方法是 BIG－ALIGN－Skip，紧随其后的是 BIG－ALIGN－Exact。BIG－ALIGN－Skip 的运行速度比 NMF 方法快约 174 倍，比 NetAlign－full 方法快约 19 倍。然而使用一维搜索获取的最简单方法 BIG－ALIGN－Points 是最慢的方法，且对于边数超过 1.5K 的图该算法因运行时间太长而无法终止，因而图中省略了其对应的部分数据点。

BIG－ALIGN 是单机实现版本，有进一步加速的潜力。例如可将对应优化问题分解为更小的子问题（通过矩阵分解并进行简单的列行相乘），从而并行化。此外，可以取代基本梯度下降算法使用其对应变体——基于采样的随机梯度下降法。

BIG－ALIGN 的变体 在进一步评价 UNI－ALING 之前，表 6.3 列出了所有 BIG－ALIGN 变体，对齐具有不同规模的原始电影－流派矩阵和对应生成的带有噪声的电影－流派矩阵的运行时间和准确度，这些新生成的矩阵噪声水平统一为 10%。该实验使用的参数为 $\epsilon=10^{-5}$ 和 $\lambda=0.1$。针对 BIG－ALIGN－BASIC，η 是常数且等于10^{-4}，对应关系矩阵均匀初始化。这不是对齐图对的最优设置，该设置会导致非常低的准确度。从表 6.3 可知，BIG－ALIGN－Skip 运行速度比 BIG－ALIGN－Points 快约 350 倍，且准确度更高。此外，它比 BIG－ALIGN－

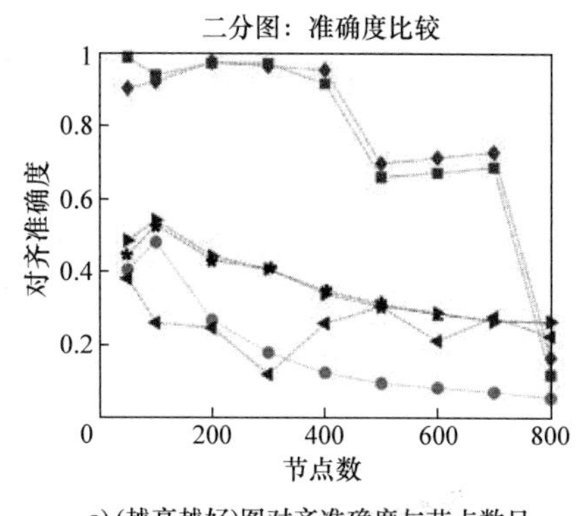

a) (越高越好)图对齐准确度与节点数目

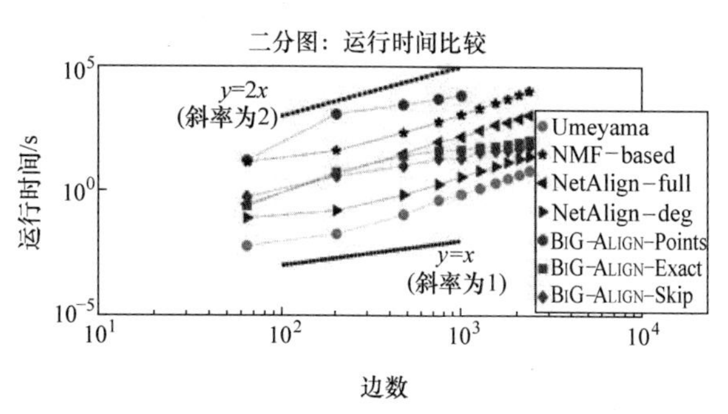

b) (越低越好)以s为单位的运行时间与双对数坐标下图的边数

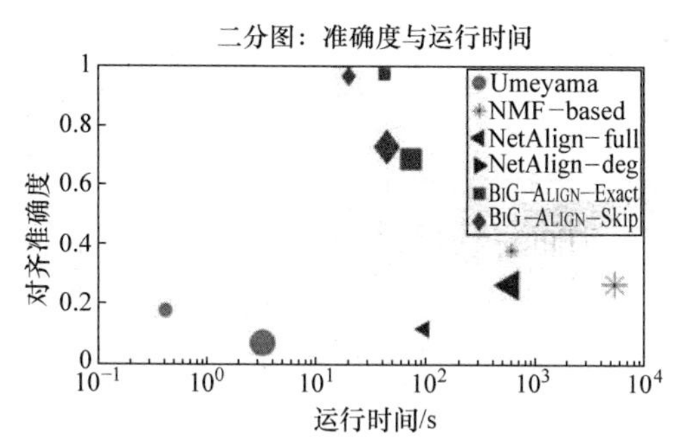

c) (越靠左、越高越好)图对齐准确度与以s为单位的运行时间，实验包括两个图：300个节点的图(小的符号)和700个节点图(大的符号)

图 6.5 二分图对齐的准确度与运行时间。a）准确度，BIG－ALIGN－Exact（正方形）在几乎所有规模的图上的性能显著优于其他所有对齐方法；b）除 Umeyama 算法，BIG－ALIGN 变体比所有基准方法具有更快的计算速度；c）BIG－ALIGN－Exact 和 BIG－ALIGN－Skip（正方形/菱形）在两个不同规模的图上，都比基准算法具有更高的准确度和更快的计算速度

Exact 运行时间快约 2 倍，后者准确度与前者相同或略微高于前者。通过跳过更多的梯度下降步长优化过程，可进一步提高计算速度。

总体而言，实验结果表明对于优化问题（如 BIG－ALIGN－Basic），一个朴素简单的解决方案不够，6.2 节提出的优化方法非常关键，且可以提高本章算法的性能。

表 6.3 BIG－ALIGN 变体的运行时间（顶部）和准确度（底部）比较：BIG－ALIGN－Basic、BIG－ALIGN－Points、BIG－ALIGN－Exact 和 BIG－ALIGN－Skip。BIG－ALIGN－Skip 不仅更快，且与 BIG－ALIGN－Exact 相比具有更高或可以匹敌的准确度

节点数	BIG－ALIGN－Basic		BIG－ALIGN－Points		BIG－ALIGN－Exact		BIG－ALIGN－Skip	
	平均值	方差	平均值	方差	平均值	方差	平均值	方差
运行时间/s								
50	0.07	0.00	17.3	0.05	0.24	0.08	0.56	0.01
100	0.023	0.00	1245.7	394.55	5.6	2.93	3.9	0.05
200	31.01	16.58	2982.1	224.81	25.5	0.39	10.1	0.10
300	0.032	0.00	5240.9	30.89	42.1	1.61	20.1	1.62
400	0.027	0.01	7034.5	167.08	45.8	2.058	21.3	0.83

（续）

节点数	BIG - ALIGN - Basic		BIG - ALIGN - Points		BIG - ALIGN - Exact		BIG - ALIGN - Skip	
	平均值	方差	平均值	方差	平均值	方差	平均值	方差
运行时间/s								
500	0.023	0.01	—	—	57.2	2.22	36.6	0.60
600	0.028	0.01	—	—	64.5	2.67	40.8	1.26
700	0.029	0.01	—	—	73.6	2.78	44.6	1.23
800	166.7	1.94	—	—	86.9	3.63	49.9	1.06
900	211.9	5.30	—	—	111.9	2.96	61.8	1.28
准确度								
50	0.071	0.00	0.982	0.02	0.988	0	0.904	0.03
100	0.034	0.00	0.922	0.07	0.939	0.06	0.922	0.07
200	0.722	0.37	0.794	0.01	0.973	0.01	0.975	0.00
300	0.014	0.00	0.839	0.02	0.972	0.01	0.964	0.01
400	0.011	0.00	0.662	0.02	0.916	0.03	0.954	0.01
500	0.011	0.00	—	—	0.66	0.20	0.697	0.24
600	0.005	0.00	—	—	0.67	0.20	0.713	0.23
700	0.004	0.00	—	—	0.69	0.20	0.728	0.19
800	0.013	0.00	—	—	0.12	0.02	0.165	0.03
900	0.015	0.00	—	—	0.17	0.20	0.195	0.22

6.4.2 UNI - ALIGN 的准确度和运行时间

本节用 Facebook 关注关系图（who - links - to - whom）测试本章提出的单分图对齐算法 UNI - ALIGN[215]，该图包含大约 64K 个节点。在单分图情况下，基准方法易于应用，而本书的方法首先将给定的单分图转换为二分图。为实现这种转换，针对每个节点，基于其对应的未加权自我中心网络㊀提取相应特征（节点度、自我中心网络的度㊁，自我中心网络内的边数、中心节点邻居的平均度）实现。如前所述，从初始图中抽取节点规模 100 ~ 800 不等的子图（或等价为 264K ~ 266K 条边），并像以前那样为每个子图创建各个噪声水平下的 10 个矩阵。

准确度 图 6.6a 中的准确度与运行时间的关系曲线表明 UNI - ALIGN 算法在所描述的所有规模的图上，准确度和运行时间都优于其他方法。尽管 NMF 在 200 个节点规模的图上获得较高的准确度，但需要很长的运行时间；由于执行时间过长，在更大规模的图上不再执行该算法。其余方法速度足够快，但准确度不佳。

运行时间 图 6.6b 比较了图对齐算法的运行时间（以对数表示）。UNI - ALIGN 方法最快，Umeyama 算法紧随其后。NetAlign - deg 比前面提到的方法慢了几个数量级。NetAlign - full 在处理边的数目超过 2.8K 的图时非常耗内存；而基于 NMF 的方法，由于其即使在具有 300 个节点和 1.5K 条边的小规模图上也耗费大量时间，此处不再执行该方法。在其他规模的图上得到的结果类似，此处不再赘述。具有 200 个节点和 1.1K 条边的图（这是所有方法都能够处理的最大规模的图），UNI - ALIGN 运行速度比 Umeyama 方法快约 1.75 倍，比 NetAlign - deg 方法快约 2 倍，比 NetAlign - full 方法快约 2927 倍，比 NMF 方法快约 31709 倍。

㊀ 提示，节点的自我中心网络是包含自身与其邻居的导出子图。

㊁ 自我中心网络的度定义为对应导出子图的出边和入边的数目，此时该导出子图可被视为一个超级节点。

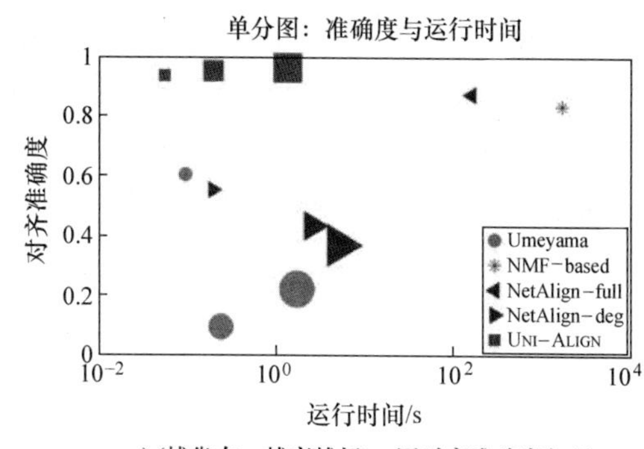

a)(越靠左、越高越好)，图对齐准确度与以s为单位的运行时间，实验包括Facebook朋友关系网络的3个子图：规模为200的子图(小的符号)、规模为400的子图(中等规模的符号)和规模为800的子图(大的符号)

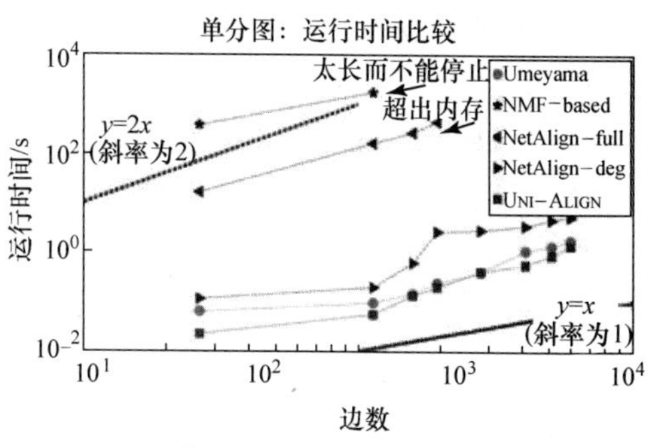

b)(越低越好)，以s为单位的运行时间与双对数坐标下的边数

图 6.6 单分图的对齐准确度和运行时间。a）针对所有规模的图，UNI-ALIGN（正方形）比所有基准算法具有更高的准确度和更快的运行速度。NetAlign-full 算法和基于 NMF 的算法要么非常耗内存，要么针对 1.5K～2.8K 条边的中等规模的图需要很长的运行时间。b）UNI-ALIGN（正方形）比所有基准方法更快，紧随其后的是 Umeyama 方法（圆形）

6.5 讨论

实验表明，BIG-ALIGN 有效地解决了过去文献中忽略的问题，即二分图的对齐。当前大部分研究都是针对单分图的对齐，二分图的对齐问题为什么值得单独拿出来研究？首先，二分网络无处不在：用户喜欢特定网页、属于某些在线社区、访问公司中的共享文件、在博客中发布博文、共同撰写论文、参加会议等，所有这些场景都可建模为二分图。其次，虽然可将它们变成单分图并直接使用现成算法，但正如实验所示，具体结构特征可用于实现更高质量的对齐。最后，该问题能解决一些新兴应用。例如人们可通过应用软聚类连接不同网络的聚类结果，并继续应用本章方法到节点-聚类成员关系图中。

尽管本章工作重点是二分图对齐，但通过将单分图转化为二分图，也激发产生了另外一种对齐单分图的方式。从而展示了本章算法框架如何在对输入图的结构不加限制的情况下处理任何类型的输入图。此外，它甚至可以用来对齐仅有点构成的集合，可以从这些点提取特征，创建一个点到特征的图，并在该图上应用 BIG-ALIGN。

最后，本章方法是否是简单的梯度下降？答案是否定的；梯度下降是本章算法的核心，但投影技术、合适的初始化和下降步长的选择以及对已知图属性的细节处理都是使本章算法成功的关键（如6.4节所述，将本章方法与简单的梯度下降方法 BIG-ALIGN-BASIC 进行了比较）。

6.6 相关工作

图对齐问题引起了研究人员极大的兴趣，目前有超过 150 种出版物提供不同的解决方案，涵盖大量相关领域：从数据挖掘到安全性和重识别（security and re-identification）[94,157]、生物信息学[24,116,196]、数据库[151]、化学[197]、视觉和模式识别[49]。在所提出的方法中包含遗传算法、谱方法、聚类算法[20,177]、决策树、期望最大化[143]、图编辑距

离[182]、单纯形方法[11]、非线性优化[81]、迭代 HITS 启发方法[27,231]和概率方法[187]。对于大规模图更有效的一些方法包括针对蛋白质网络对齐问题而提出的基于信念传播（Belief Propagation - based）的分布式算法[34]，针对稀疏网络部分匹配已知，对齐剩余网络而提出的消息传递算法[23]。注意，所有这些方法都针对单分图设计，而本章则关注二分图。

众所周知的一个方法是 Umeyama 针对近似同构图提出的方法，它给出了近似最优解[212]。其中图匹配或对齐问题被形式化为以下优化问题：

$$\min_{\boldsymbol{P}} \| \boldsymbol{P}\boldsymbol{A}_1\boldsymbol{P}^{\mathrm{T}} - \boldsymbol{A}_2 \|$$

式中，$\boldsymbol{P}$ 是一个置换矩阵。

该方法基于矩阵的特征分解进行求解。对于 $n \times n$ 维对称矩阵 $\boldsymbol{A}_1$ 和 $\boldsymbol{A}_2$，它们的特征值分解形式为 $\boldsymbol{A}_1 = \boldsymbol{U}_A\boldsymbol{\Lambda}_A\boldsymbol{U}_A^{\mathrm{T}}$ 和 $\boldsymbol{A}_2 = \boldsymbol{U}_B\boldsymbol{\Lambda}_B\boldsymbol{U}_B^{\mathrm{T}}$，其中 $\boldsymbol{U}_A$（$\boldsymbol{U}_B$）是一个正交矩阵㊀，它的第 i 列为 $\boldsymbol{A}_1(\boldsymbol{A}_2)$ 的特征向量 $\boldsymbol{v}_i$。$\boldsymbol{\Lambda}_A(\boldsymbol{\Lambda}_B)$ 是一个对角矩阵，对角元素为相应特征值。当 $\boldsymbol{A}_1(\boldsymbol{A}_2)$ 同构时，通过将匈牙利算法[166]应用到矩阵 $\boldsymbol{U}_B\boldsymbol{U}_A^{\mathrm{T}}$ 获得最优置换矩阵。只有矩阵同构或近似同构时，这个解才是好的。Umeyama 的方法主要应用于具有相同节点数的单分、加权图上。后续有对矩阵 $\boldsymbol{P}$ 使用不同约束的工作，例如参考文献［216］和参考文献［232］约束 $\boldsymbol{P}$ 为一个双重随机矩阵，并提出了基于凸凹松弛的算法——PATH。

Ding 等人[56]提出了一个非负矩阵分解（Non - Negative Matrix Factorization，NMF）算法，该算法从 Umeyama 的解开始，然后应用迭代算法找到满足节点对应关系的正交矩阵 $\boldsymbol{P}$。针对加权无向图，对应的乘性更新法则为

$$\boldsymbol{P}_{ij} \leftarrow \boldsymbol{P}_{ij}\sqrt{\frac{(\boldsymbol{A}_1\boldsymbol{P}\boldsymbol{A}_2)_{ij}}{(\boldsymbol{P}\alpha)_{ij}}}$$

和

$$\alpha = \frac{\boldsymbol{P}^{\mathrm{T}}\boldsymbol{A}_1\boldsymbol{P}\boldsymbol{A}_2 + (\boldsymbol{P}^{\mathrm{T}}\boldsymbol{A}_1\boldsymbol{P}\boldsymbol{A}_2)^{\mathrm{T}}}{2}$$

当算法达到收敛，算法终止。此时 $\boldsymbol{P}$ 通常含有值不在 $\{0,1\}$ 集合中的元素，所以作者提出将匈牙利算法应用于二分图匹配（这里的“图匹配”是图论中的一个问题，它是网络流问题的一个特例，不是图的对齐）。基于 NMF 算法的时间复杂度是节点数量的三次方。

Bradde 等人[34]基于信念传播算法[228]提出了一个分布式启发式消息传递算法，用于蛋白质对齐和蛋白质之间相互作用关系的预测。Bayati 等人[23]独立将图匹配定义为一个整数二次规划问题（integer quadratic problem），且提出了用于对齐稀疏网络的消息传递算法。除输入矩阵 $\boldsymbol{A}_1$ 和 $\boldsymbol{A}_2$，还需要 $\boldsymbol{A}_1$ 和 $\boldsymbol{A}_2$ 顶点之间对应关系的稀疏、加权二分图 $\boldsymbol{L}$。图 $\boldsymbol{L}$ 的边代表两个图中的节点可能存在的匹配关系，且它们的权重为其连接的节点之间的相似性。Singh 等人[196]曾较早提出应用完全二分图。但正如实验中所示，该变体具有较高的内存需求而不能很好地推广到大规模图中。Klau[116]研究了与之相关的问题，提出了一种结合分支定界的拉格朗日松弛方法，用于对齐蛋白质 - 蛋白质相互作用网络并对代谢子网络进行分类。

上述所有工作研究对象都为单分图，而本章则将重点放在二分图上，并将 BiG - Align 算法推广到单分图上。

㊀ 如果矩阵 $\boldsymbol{R}$ 是一个方阵，且其元素值满足 $\boldsymbol{R}^{\mathrm{T}}\boldsymbol{R} = \boldsymbol{R}\boldsymbol{R}^{\mathrm{T}} = \boldsymbol{I}$，$\boldsymbol{R}$ 为正交矩阵。

第 7 章　结论与进一步的研究问题

图是数据及数据间关系强有力的表达模式。万维网、朋友关系和通信图、合作图及电话通信图、交通流图或脑功能图仅仅是少数几个通过图表示的例子，这些图通常涉及数亿或数十亿的节点和边。针对这些海量交互连接的数据，一项极具挑战的任务是用可扩展的方式抽取其中有用的知识。

本书中，关注针对单图和群图进行研究和分析的快速方法，以对潜在的数据和其中蕴含的现象增加理解。本书通过以下可扩展的方式探索大规模数据：① 概要抽取技术，主要目标是对静态或动态图及节点行为提供一种可解释的压缩表达；② 基于相似性或亲和度的技术（如关联推断、节点层面或图层面的相似性计算以及对齐）。这些方法非常有效，可应用于将数据表示为图的各种场景，包括静态或动态图中的异常检测（如电子邮件通信和计算机网络监控）、聚类和分类、跨网重识别以及可视化。

接下来，总结一些阻碍自动感知大规模真实网络的极具挑战性的研究方向。

复杂数据概要抽取和全新定义　在本书中，总结了针对无向、无权图的一种新的、可选的概要抽取方法。尽管许多方法都能够处理简单的静态图，但很多真实图，如社交网络、通信网络随时间会快速变化。例如 Twitter 网络可建模为一个时变网络，其中的边表示关注、转推和发送消息的行为。针对复杂数据，如流式图数据、多层网络或时空网络、具有边信息的时变网络，其概要抽取新方法对众多领域都有极其重要的潜在影响。而且层次的、交互的或领域感知的概要抽取方法是一个极有价值的研究方向，它将转变分析家和科学家与数据进行交互的方式。

大规模图中概要抽取和可视化的统一　不断产生的互通互联的数据创造了大量需求，这要求人们能够抽取其中的概要以描述这些数据中有用的信息。本书认为可视化是该问题的另一面，而概要抽取则是指将表征数据的位以及可视化图中像素点的位最小化。当前，对大规模图进行可视化几乎不可能。它主要基于全局结构，产生节点和边构成的杂乱无章的“毛团”，不带有任何有用信息。将可视化与信息论统一起来对可视化进行形式化将有助于人们理解大量的大规模网络数据。

评价技术　概要抽取问题面临的主要挑战之一是缺乏标准的评价技术。当前，概要抽取方法可基于它们的应用领域进行评价：例如基于压缩的方法根据位最小化原则进行评价（虽然最可能的压缩不是唯一目标），而查询方法则是根据查询速度和进度进行评价。除去这些具体的应用场景，还有一些通用的评价指标，它们对比较新的方法和已有方法非常有用。

表示学习　节点表示学习是数据挖掘中一个新颖而流行的领域[84,86,175,202,218]，它更多的是关注一些具体的任务，如一个网络中的链路预测和分类问题。一种新的、有意义的方向超越了基于隐式表达的分解技术，它主要探索基于深度节点表示对图的概要进行抽取的方法，深度节点的表示可从图的上下文编码中自动学习。此外，扩展节点表示学习技术到群图还没有被研究，但是它可以对网络相似度计算、对齐和其他超越一个网络的复杂任务产生重大影响。

多源图挖掘 本书第Ⅱ部分涵盖了群图挖掘的可扩展算法，主要包括对时序网络进行概要抽取、对图对进行相似度计算和图对的对齐。一个自然而然的扩展是在从多个源头收集的群图上开展更广泛、更复杂的问题研究，这些问题的挑战性在于：①结构异质性，观察到的图或导出的图具有大量不相关的实体，它们之间几乎不重叠或只有少量重叠，或者图对之间的对齐关系缺失，或只有部分可观测，或充满噪声；②时序异质性，时序图可能是在不同粒度下观测到的（如计算机网络每分钟都在更新，而这些网络上用户的交互却集中以小时或天的频率发生）；③噪声，尽管通过组合不同数据源获得数据的合成图，可以弥补单独分析各孤立图所丢失的信息，但这些多源数据累积的噪声将降低图挖掘任务的性能。研究鲁棒的可扩展方法有可能改变多源图分析的方式，并引发产生新的问题定义。

可扩展的大数据系统 可扩展性将继续成为实际应用的组成部分。Hadoop 适合于多任务，但在需要实时分析、迭代应用和特定结构的场景下，它将遭遇瓶颈。进一步研究其他大数据系统（如 Spark、GraphLab、Cloudera Impala），将现有数据的内在本质和方法的特殊需求匹配是极有益处的。此外，研究如何利用大数据系统的性能，为分析师提供快速、近似的解决方案（这些解决方案可基于时间约束进一步精炼），将有助于更具扩展性的方法筛选，理解日益增长、互通互联的数据。

其他领域的应用 将图挖掘技术和数据类型相结合，并自然地扩展到现有应用中。图挖掘技术历来被应用于许多领域，包括社会学和行为科学、基因学、语言理解等。本书中呈现了对脑图的分析及一些科学发现，这仅仅是分析大脑网络并理解其运行机制的第一步。尽管在神经性系统疾病研究领域已投入巨量资金，但脑功能和精神疾病的研究仍然还有许多问题没有解决。可扩展和准确的基于图的计算方法有助于脑研究，该研究由美国政府通过创新性神经技术大脑研究计划（BRAIN）支持。此外，需要用到概要抽取技术的 IOT（物联网）和交通工程中车辆自主连接的应用也只是未来探索的全新前沿领域中的一小部分。

总的来说，理解、挖掘和管理大规模图有大量的高影响力应用场景，同时也存在巨大挑战。

参考文献

[1] B. Adhikari, Y. Zhang, A. Bharadwaj, and A. Prakash. Condensing temporal networks using propagation. In *Proc. of the 17th SIAM International Conference on Data Mining (SDM)*, Houston, TX, 2017. DOI: 10.1137/1.9781611974973.47. 95

[2] C. Aggarwal and K. Subbian. Evolutionary network analysis: A survey. *ACM Computing Surveys*, 47(1):10:1–10:36, May 2014. DOI: 10.1145/2601412. 75

[3] C. C. Aggarwal and S. Y. Philip. Online analysis of community evolution in data streams. In *Proc. of the 5th SIAM International Conference on Data Mining (SDM)*, Newport Beach, CA, 2005. DOI: 10.1137/1.9781611972757.6. 93

[4] E. M. Airoldi, D. M. Blei, S. E. Fienberg, and E. P. Xing. Mixed membership stochastic blockmodels. *Journal of Machine Learning Research*, 9:1981–2014, 2008. 22, 47

[5] L. Akoglu*, D. H. Chau*, U. Kang*, D. Koutra*, and C. Faloutsos. OPAvion: Mining and visualization in large graphs. In *Proc. of the ACM International Conference on Management of Data (SIGMOD)*, pages 717–720, Scottsdale, AZ, 2012. DOI: 10.1145/2213836.2213941. 47

[6] L. Akoglu and C. Faloutsos. Event detection in time series of mobile communication graphs. In *27th Army Science Conference*, 2010. 141

[7] L. Akoglu, M. McGlohon, and C. Faloutsos. OddBall: Spotting anomalies in weighted graphs. In *Proc. of the 14th Pacific-Asia Conference on Knowledge Discovery and Data Mining (PAKDD)*, Hyderabad, India, 2010. DOI: 10.1007/978-3-642-13672-6_40. 47

[8] L. Akoglu, H. Tong, and D. Koutra. Graph-based anomaly detection and description: A survey. *Data Mining and Knowledge Discovery (DAMI)*, April 2014. DOI: 10.1007/s10618-014-0365-y. 141

[9] R. Albert and A.-L. Barabási. Statistical mechanics of complex networks. *CoRR*, cond-mat/0106096, 2001. DOI: 10.1103/revmodphys.74.47. 150

[10] D. Aldous and J. A. Fill. Reversible Markov chains and random walks on graphs, 2002. Unfinished monograph, recompiled 2014. `http://www.stat.berkeley.edu/$\sim$aldous/RWG/book.html` 99

[11] H. A. Almohamad and S. O. Duffuaa. A linear programming approach for the weighted graph matching problem. *IEEE Transactions on Pattern Analysis and Machine Intelligence*, 15(5):522–525, 1993. DOI: 10.1109/34.211474. 163

[12] B. Alper, B. Bach, N. Henry Riche, T. Isenberg, and J.-D. Fekete. Weighted graph

comparison techniques for brain connectivity analysis. In *Proc. of the SIGCHI Conference on Human Factors in Computing Systems, (CHI'13)*, pages 483–492, New York, ACM, 2013. DOI: 10.1145/2470654.2470724. 139

[13] C. J. Alpert, A. B. Kahng, and S.-Z. Yao. Spectral partitioning with multiple eigenvectors. *Discrete Applied Mathematics*, 90(1):3–26, 1999. DOI: 10.1016/s0166-218x(98)00083-3. 83, 93

[14] R. Andersen, F. Chung, and K. Lang. Local graph partitioning using PageRank vectors. In *Proc. of the 47th Annual IEEE Symposium on Foundations of Computer Science*, pages 475–486, IEEE Computer Society, 2006. DOI: 10.1109/focs.2006.44. 50

[15] K. Andrews, M. Wohlfahrt, and G. Wurzinger. Visual graph comparison. In *13th International Conference on Information Visualization—Showcase (IV)*, pages 62–67, July 2009. DOI: 10.1109/iv.2009.108. 139

[16] A. Apostolico and G. Drovandi. Graph compression by BFS. *Algorithms*, 2(3):1031–1044, 2009. DOI: 10.3390/a2031031. 46

[17] M. Araujo, S. Günnemann, G. Mateos, and C. Faloutsos. Beyond blocks: Hyperbolic community detection. In *Proc. of the European Conference on Machine Learning and Principles and Practice of Knowledge Discovery in Databases (ECML PKDD)*, pages 50–65, Nancy, France, Springer, 2014. DOI: 10.1007/978-3-662-44848-9_4. 45

[18] M. Araujo, S. Papadimitriou, S. Günnemann, C. Faloutsos, P. Basu, A. Swami, E. E. Papalexakis, and D. Koutra. Com2: Fast automatic discovery of temporal ("Comet") communities. In *Proc. of the 18th Pacific-Asia Conference on Knowledge Discovery and Data Mining (PAKDD)*, pages 271–283, Springer, 2014. DOI: 10.1007/978-3-319-06605-9_23. 77, 93

[19] AS-Oregon dataset. `http://topology.eecs.umich.edu/data.html`

[20] X. Bai, H. Yu, and E. R. Hancock. Graph matching using spectral embedding and alignment. In *Proc. of the 17th International Conference on Pattern Recognition*, volume 3, pages 398–401, August 2004. DOI: 10.1109/icpr.2004.1334550. 163

[21] N. Barbieri, F. Bonchi, and G. Manco. Cascade-based community detection. In *WSDM*, pages 33–42, 2013. DOI: 10.1145/2433396.2433403. 75, 93

[22] M. Bayati, M. Gerritsen, D. Gleich, A. Saberi, and Y. Wang. Algorithms for large, sparse network alignment problems. In *Proc. of the 9th IEEE International Conference on Data Mining (ICDM)*, pages 705–710, Miami, FL, 2009. DOI: 10.1109/icdm.2009.135. 143

[23] M. Bayati, D. F. Gleich, A. Saberi, and Y. Wang. Message-passing algorithms for sparse network alignment. *ACM Transactions on Knowledge Discovery from Data*, 7(1):3:1–3:31, Helen Martin, 2013. DOI: 10.1145/2435209.2435212. 140, 143, 157, 163, 164

[24] J. Berg and M. Lässig. Local graph alignment and motif search in biological networks.

Proc. of the National Academy of Sciences, 101(41):14689–14694, October 2004. DOI: 10.1073/pnas.0305199101. 163

[25] M. Berlingerio, D. Koutra, T. Eliassi-Rad, and C. Faloutsos. Network similarity via multiple social theories. *IEEE/ACM Conference on Advances in Social Networks Analysis and Mining (ASONAM'13)*, 2013. DOI: 10.1145/2492517.2492582. 140

[26] E. Bertini and G. Santucci. By chance is not enough: Preserving relative density through non uniform sampling. In *Proc. of the Information Visualisation*, 2004. DOI: 10.1109/iv.2004.1320207. 48

[27] V. D. Blondel, A. Gajardo, M. Heymans, P. Senellart, and P. V. Dooren. A measure of similarity between graph vertices: Applications to synonym extraction and Web searching. *SIAM Review*, 46(4):647–666, April 2004. DOI: 10.1137/s0036144502415960. 163

[28] V. D. Blondel, J.-L. Guillaume, R. Lambiotte, and E. Lefebvre. Fast unfolding of communities in large networks. *Journal of Statistical Mechanics: Theory and Experiment*, 2008(10):P10008, 2008. DOI: 10.1088/1742-5468/2008/10/p10008. 93

[29] A. Blum and S. Chawla. Learning from labeled and unlabeled data using graph mincuts. In *Proc. of the 18th International Conference on Machine Learning*, pages 19–26, Morgan Kaufmann, San Francisco, CA, 2001. 51

[30] S. Boccaletti, G. Bianconi, R. Criado, C. I. Del Genio, J. Gómez-Gardenes, M. Romance, I. Sendina-Nadal, Z. Wang, and M. Zanin. The structure and dynamics of multilayer networks. *Physics Reports*, 544(1):1–122, 2014. DOI: 10.1016/j.physrep.2014.07.001. 93

[31] P. Boldi and S. Vigna. The webgraph framework I: Compression techniques. In *Proc. of the 13th International Conference on World Wide Web (WWW)*, New York, 2004. DOI: 10.1145/988672.988752. 46

[32] K. M. Borgwardt and H.-P. Kriegel. Shortest-path Kernels on graphs. In *Proc. of the 5th IEEE International Conference on Data Mining (ICDM'05)*, pages 74–81, IEEE Computer Society, Washington, DC, 2005. DOI: 10.1109/icdm.2005.132. 140

[33] S. Boyd and L. Vandenberghe. *Convex Optimization*. Cambridge University Press, New York, 2004. DOI: 10.1017/cbo9780511804441. 151

[34] S. Bradde, A. Braunstein, H. Mahmoudi, F. Tria, M. Weigt, and R. Zecchina. Aligning graphs and finding substructures by a cavity approach. *Europhysics Letters*, 89, 2010. DOI: 10.1209/0295-5075/89/37009. 140, 143, 163, 164

[35] S. Brin and L. Page. The anatomy of a large-scale hypertextual web search engine. *Computer Networks and ISDN Systems*, 30(1-7):107–117, 1998. DOI: 10.1016/s0169-7552(98)00110-x. 11, 50, 53, 99, 140

[36] A. Broder, R. Kumar, F. Maghoul, P. Raghavan, S. Rajagopalan, R. Stata, A. Tomkins, and J. Wiener. Graph structure in the Web. *Computer Network*, 33(1-6):309–320, June 2000. DOI: 10.1016/s1389-1286(00)00083-9. 150

[37] C. Budak, D. Agrawal, and A. El Abbadi. Diffusion of information in social networks: Is it all local? In *ICDM*, pages 121–130, 2012. DOI: 10.1109/icdm.2012.74. 75

[38] H. Bunke, P. J. Dickinson, M. Kraetzl, and W. D. Wallis. *A Graph-theoretic Approach to Enterprise Network Dynamics (PCS)*. Birkhauser, 2006. DOI: 10.1007/978-0-8176-4519-9. 117, 138, 139

[39] R. S. Caceres, T. Y. Berger-Wolf, and R. Grossman. Temporal scale of processes in dynamic networks. In *Proc. of the Data Mining Workshops (ICDMW) at the 11th IEEE International Conference on Data Mining (ICDM)*, pages 925–932, Vancouver, Canada, 2011. DOI: 10.1109/icdmw.2011.165. 97

[40] D. Chakrabarti, S. Papadimitriou, D. S. Modha, and C. Faloutsos. Fully automatic cross-associations. In *Proc. of the 10th ACM International Conference on Knowledge Discovery and Data Mining (SIGKDD)*, pages 79–88, Seattle, WA, 2004. DOI: 10.1145/1014052.1014064. 47, 83, 93

[41] D. Chakrabarti, Y. Zhan, D. Blandford, C. Faloutsos, and G. Blelloch. NetMine: New mining tools for large graphs. In *SIAM-data Mining Workshop on Link Analysis, Counter-terrorism and Privacy*, 2004. 17, 26

[42] D. H. Chau, A. Kittur, J. I. Hong, and C. Faloutsos. Apolo: Making sense of large network data by combining rich user interaction and machine learning. In *Proc. of the 17th ACM International Conference on Knowledge Discovery and Data Mining (SIGKDD)*, San Diego, CA, 2011. DOI: 10.1145/1978942.1978967. 47

[43] D. H. Chau, C. Nachenberg, J. Wilhelm, A. Wright, and C. Faloutsos. Large scale graph mining and inference for Malware detection. In *Proc. of the 11th SIAM International Conference on Data Mining (SDM)*, pages 131–142, Mesa, AZ, 2011. DOI: 10.1137/1.9781611972818.12. 52, 53, 141

[44] A. Chechetka and C. E. Guestrin. Focused belief propagation for query-specific inference. In *International Conference on Artificial Intelligence and Statistics (AISTATS)*, May 2010. 52

[45] Y. Chen, E. K. Garcia, M. R. Gupta, A. Rahimi, and L. Cazzanti. Similarity-based classification: Concepts and algorithms. *Journal of Machine Learning Research*, 10:747–776, June 2009. 97

[46] F. Chierichetti, R. Kumar, S. Lattanzi, M. Mitzenmacher, A. Panconesi, and P. Raghavan. On compressing social networks. In *Proc. of the 15th ACM International Conference on Knowledge Discovery and Data Mining (SIGKDD)*, pages 219–228, Paris, France, 2009. DOI: 10.1145/1557019.1557049. 46

[47] N. A. Christakis and J. H. Fowler. The spread of obesity in a large social network over 32 years. *New England Journal of Medicine*, 357(4):370–379, 2007. DOI: 10.1056/nejmsa066082. 49

[48] W. W. Cohen. Graph walks and graphical models. Technical Report CMU-ML-10-102, Carnegie Mellon University, March 2010. 55

[49] D. Conte, P. Foggia, C. Sansone, and M. Vento. Thirty years of graph matching in pattern recognition. *International Journal of Pattern Recognition and Artificial Intelligence*, 18(3):265–298, 2004. DOI: 10.1142/s0218001404003228. 140, 143, 163

[50] D. J. Cook and L. B. Holder. Substructure discovery using minimum description length and background knowledge. *Journal of Artificial Intelligence Research*, 1:231–255, 1994. 17, 26, 46, 93

[51] F. Costa and K. De Grave. Fast neighborhood subgraph pairwise distance Kernel. In *Proc. of the 26th International Conference on Machine Learning*, 2010. 140

[52] T. M. Cover and J. A. Thomas. *Elements of Information Theory*. Wiley-Interscience, New York, 2006. DOI: 10.1002/0471200611. 23, 80

[53] DBLP network dataset. `konect.uni-koblenz.de/networks/dblp_coauthor`, July 2014.

[54] I. Dhillon, Y. Guan, and B. Kulis. A fast Kernel-based multilevel algorithm for graph clustering. In *Proc. of the 11th ACM International Conference on Knowledge Discovery and Data Mining (SIGKDD)*, pages 629–634, Chicago, IL, ACM, 2005. DOI: 10.1145/1081870.1081948. 83, 93

[55] I. S. Dhillon, S. Mallela, and D. S. Modha. Information-theoretic co-clustering. In *Proc. of the 9th ACM International Conference on Knowledge Discovery and Data Mining (SIGKDD)*, pages 89–98, Washington, DC, 2003. DOI: 10.1145/956750.956764. 93

[56] C. H. Q. Ding, T. Li, and M. I. Jordan. Nonnegative matrix factorization for combinatorial optimization: spectral clustering, graph matching, and clique finding. In *Proc. of the 8th IEEE International Conference on Data Mining (ICDM)*, pages 183–192, Pisa, Italy, 2008. DOI: 10.1109/icdm.2008.130. 144, 145, 150, 157, 164

[57] P. Doyle and J. L. Snell. *Random Walks and Electric Networks*, volume 22. Mathematical Association America, New York, 1984. DOI: 10.5948/upo9781614440222. 50, 99, 140

[58] C. Dunne and B. Shneiderman. Motif simplification: Improving network visualization readability with fan, connector, and clique glyphs. In *Proc. of the SIGCHI Conference on Human Factors in Computing Systems (CHI)*, pages 3247–3256, ACM, 2013. DOI: 10.1145/2470654.2466444. 47

[59] H. Elghawalby and E. R. Hancock. Measuring graph similarity using spectral geometry. In *Proc. of the 5th International Conference on Image Analysis and Recognition (ICIAR)*, pages 517–526, 2008. DOI: 10.1007/978-3-540-69812-8_51. 140

[60] Enron dataset. `http://www.cs.cmu.edu/~enron`

[61] C. Erten, P. J. Harding, S. G. Kobourov, K. Wampler, and G. Yee. GraphAEL: Graph animations with evolving layouts. In *Proc. of the 11th International Symposium in Graph Drawing (GD)*, volume 2912, pages 98–110, Perugia, Italy, 2003. DOI: 10.1007/978-3-540-24595-7_9. 139

[62] D. Eswaran, S. Günnemann, C. Faloutsos, D. Makhija, and M. Kumar. Zoobp: Belief propagation for heterogeneous networks. *Proc. of the VLDB Endowment*, 10(5):625–636, January 2017. DOI: 10.14778/3055540.3055554. 67

[63] C. Faloutsos and V. Megalooikonomou. On data mining, compression and Kolmogorov complexity. In *Data Mining and Knowledge Discovery*, volume 15, pages 3–20, Springer-Verlag, 2007. DOI: 10.1007/s10618-006-0057-3. 46

[64] M. Faloutsos, P. Faloutsos, and C. Faloutsos. On power-law relationships of the internet topology. *ACM SIGCOMM Computer Communication Review*, 29(4):251–262, August 1999. DOI: 10.1145/316194.316229. 17, 150

[65] K. Faust and S. Wasserman. Blockmodels: Interpretation and evaluation. *Social Networks*, 14(1-2):5–61, 1992. DOI: 10.1016/0378-8733(92)90013-w. 47

[66] P. F. Felzenszwalb and D. P. Huttenlocher. Efficient belief propagation for early vision. *International Journal of Computer Vision*, 70(1):41–54, 2006. DOI: 10.1109/cvpr.2004.1315041. 52

[67] J. Feng, X. He, N. Hubig, C. Böhm, and C. Plant. Compression-based graph mining exploiting structure primitives. In *Proc. of the 14th IEEE International Conference on Data Mining (ICDM)*, pages 181–190, Dallas, TX, IEEE, 2013. DOI: 10.1109/icdm.2013.56. 46

[68] J. Ferlez, C. Faloutsos, J. Leskovec, D. Mladenic, and M. Grobelnik. Monitoring network evolution using MDL. *Proc. of the 24th International Conference on Data Engineering (ICDE)*, pages 1328–1330, Cancun, Mexico, 2008. DOI: 10.1109/icde.2008.4497545. 94

[69] M. Fiedler. Algebraic connectivity of graphs. *Czechoslovak Mathematical Journal*, 23(98):298–305, 1973. 139

[70] Flickr. `http://www.flickr.com`

[71] D. Fogaras and B. Rácz. Towards scaling fully personalized pagerank. In *Algorithms and Models for the Web-graph*, volume 3243 of *Lecture Notes in Computer Science*, pages 105–117, 2004. DOI: 10.1007/978-3-540-30216-2_9. 50

[72] J. H. Fowler and N. A. Christakis. Dynamic spread of happiness in a large social network: Longitudinal analysis over 20 years in the Framingham heart study. *British Medical Journal*, 2008. DOI: 10.1136/bmj.a2338. 49

[73] L. C. Freeman. A set of measures of centrality based on betweenness. *Sociometry*, pages 35–41, 1977. DOI: 10.2307/3033543. 141

[74] W. Fu, L. Song, and E. P. Xing. Dynamic mixed membership blockmodel for evolving networks. In *Proc. of the 26th Annual International Conference on Machine Learning*,

(ICML'09), pages 329–336, New York, ACM, 2009. DOI: 10.1145/1553374.1553416. 94

[75] K. Fukunaga. *Introduction to Statistical Pattern Recognition*. Access online via Elsevier, 1990. 114

[76] J. Gao, F. Liang, W. Fan, Y. Sun, and J. Han. Graph-based consensus maximization among multiple supervised and unsupervised models. In *Proc. of the 23rd Annual Conference on Neural Information Processing Systems (NIPS)*, Whistler, Canada, 2009. DOI: 10.1109/tkde.2011.206. 68

[77] T. Gärtner, P. A. Flach, and S. Wrobel. On graph Kernels: Hardness results and efficient alternatives. In *Proc. of the 16th Annual Conference on Computational Learning Theory and the 7th Kernel Workshop*, 2003. DOI: 10.1007/978-3-540-45167-9_11. 140

[78] W. Gatterbauer, S. Günnemann, D. Koutra, and C. Faloutsos. Linearized and single-pass belief propagation. *Proc. of the VLDB Endowment*, 8(5):581–592, 2015. DOI: 10.14778/2735479.2735490. 3, 65, 67

[79] D. F. Gleich and M. W. Mahoney. Using local spectral methods to robustify graph-based learning algorithms. In *Proc. of the 21th ACM SIGKDD International Conference on Knowledge Discovery and Data Mining*, pages 359–368, ACM, 2015. DOI: 10.1145/2783258.2783376. 57

[80] M. Gleicher, D. Albers Szafir, R. Walker, I. Jusufi, C. D. Hansen, and J. C. Roberts. Visual comparison for information visualization. *Information Visualization*, 10(4):289–309, October 2011. DOI: 10.1177/1473871611416549. 139

[81] S. Gold and A. Rangarajan. A graduated assignment algorithm for graph matching. *IEEE Transactions on Pattern Analysis and Machine Intelligence*, 18(4):377–388, 1996. DOI: 10.1109/34.491619. 163

[82] M. Gomez Rodriguez, J. Leskovec, and A. Krause. Inferring networks of diffusion and influence. In *Proc. of the 16th ACM International Conference on Knowledge Discovery and Data Mining (SIGKDD)*, pages 1019–1028, Washington, DC, ACM, 2010. DOI: 10.1145/1835804.1835933. 75

[83] J. Gonzalez, Y. Low, and C. Guestrin. Residual splash for optimally parallelizing belief propagation. *Journal of Machine Learning Research—Proceedings Track*, 5:177–184, 2009. 52

[84] P. Goyal and E. Ferrara. Graph embedding techniques, applications, and performance: A survey. *arXiv preprint arXiv:1705.02801*, 2017. 168

[85] W. R. Gray, J. A. Bogovic, J. T. Vogelstein, B. A. Landman, J. L. Prince, and R. J. Vogelstein. Magnetic resonance connectome automated pipeline: An overview. *Pulse, IEEE*, 3(2):42–48, 2012. DOI: 10.1109/mpul.2011.2181023. 134

[86] A. Grover and J. Leskovec. Node2vec: Scalable feature learning for networks. *ACM*,

2016. DOI: 10.1145/2939672.2939754. 168

[87] D. Gruhl, R. V. Guha, D. Liben-Nowell, and A. Tomkins. Information diffusion through blogspace. In *World Wide Web Conference*, pages 491–501, New York, May 2004. DOI: 10.1145/988672.988739. 75, 93

[88] P. Grünwald. *The Minimum Description Length Principle*. MIT Press, 2007. 20, 44, 46

[89] P. D. Grünwald. *The Minimum Description Length Principle (Adaptive Computation and Machine Learning)*. The MIT Press, 2007. 21

[90] R. Guha, R. Kumar, P. Raghavan, and A. Tomkins. Propagation of trust and distrust. In *Proc. of the 13th International Conference on World Wide Web (WWW)*, pages 403–412, New York, ACM, 2004. DOI: 10.1145/988672.988727.

[91] Hadoop information. `http://hadoop.apache.org/` 52

[92] M. Hascoët and P. Dragicevic. Interactive graph matching and visual comparison of graphs and clustered graphs. In *Proc. of the International Working Conference on Advanced Visual Interfaces, (AVI'12)*, pages 522–529, New York, ACM, 2012. DOI: 10.1145/2254556.2254654. 139

[93] T. H. Haveliwala. Topic-sensitive PageRank: A context-sensitive ranking algorithm for Web search. *IEEE Transactions on Knowledge and Data Engineering*, 15(4):784–796, 2003. DOI: 10.1109/tkde.2003.1208999. 50, 55, 99, 140

[94] K. Henderson, B. Gallagher, L. Li, L. Akoglu, T. Eliassi-Rad, H. Tong, and C. Faloutsos. It's who you know: Graph mining using recursive structural features. In *Proc. of the 17th ACM International Conference on Knowledge Discovery and Data Mining (SIGKDD)*, pages 663–671, San Diego, CA, 2011. DOI: 10.1145/2020408.2020512. 163

[95] T. Horváth, T. Gärtner, and S. Wrobel. Cyclic pattern Kernels for predictive graph mining. In *Proc. of the 10th ACM International Conference on Knowledge Discovery and Data Mining (SIGKDD)*, pages 158–167, Seattle, WA, ACM, 2004. DOI: 10.1145/1014052.1014072. 140

[96] C. Hübler, H.-P. Kriegel, K. Borgwardt, and Z. Ghahramani. Metropolis algorithms for representative subgraph sampling. In *Proc. of the 8th IEEE International Conference on Data Mining, (ICDM'08)*, pages 283–292, Washington, DC, IEEE Computer Society, 2008. DOI: 10.1109/icdm.2008.124. 46

[97] Y. Hulovatyy, H. Chen, and T. Milenković. Exploring the structure and function of temporal networks with dynamic graphlets. *Bioinformatics*, 31(12):i171–i180, 2015. DOI: 10.1093/bioinformatics/btv227. 94

[98] G. Jeh and J. Widom. SimRank: A measure of structural-context similarity. In *Proc. of the 8th ACM International Conference on Knowledge Discovery and Data Mining (SIGKDD)*, pages 538–543, Edmonton, Alberta, Canada, ACM, 2002. DOI: 10.1145/775107.775126. 50, 140

[99] M. Ji, Y. Sun, M. Danilevsky, J. Han, and J. Gao. Graph regularized transductive classification on heterogeneous information networks. In *Proc. of the European Conference on Machine Learning and Principles and Practice of Knowledge Discovery in Databases (ECML PKDD)*, pages 570–586, Barcelona, Spain, 2010. DOI: 10.1007/978-3-642-15880-3_42. 51, 53

[100] R. Jin, C. Wang, D. Polshakov, S. Parthasarathy, and G. Agrawal. Discovering frequent topological structures from graph datasets. In *Proc. of the 11th ACM International Conference on Knowledge Discovery and Data Mining (SIGKDD)*, pages 606–611, Chicago, IL, 2005. DOI: 10.1145/1081870.1081944. 93

[101] T. Kamada and S. Kawai. An algorithm for drawing general undirected graphs. *Information Processing Letters*, 31:7–15, 1989. DOI: 10.1016/0020-0190(89)90102-6. 1, 19

[102] U. Kang, D. H. Chau, and C. Faloutsos. Mining large graphs: Algorithms, inference, and discoveries. In *Proc. of the 27th International Conference on Data Engineering (ICDE)*, pages 243–254, Hannover, Germany, 2011. DOI: 10.1109/icde.2011.5767883. 71

[103] U. Kang and C. Faloutsos. Beyond "Caveman Communities": Hubs and spokes for graph compression and mining. In *Proc. of the 11th IEEE International Conference on Data Mining (ICDM)*, Vancouver, Canada, 2011. DOI: 10.1109/icdm.2011.26. 83, 88, 94, 153

[104] U. Kang, J.-Y. Lee, D. Koutra, and C. Faloutsos. Net-Ray: Visualizing and mining web-scale graphs. In *Proc. of the 18th Pacific-Asia Conference on Knowledge Discovery and Data Mining (PAKDD)*, 2014. DOI: 10.1007/978-3-319-06608-0_29. 48

[105] U. Kang, H. Tong, and J. Sun. Fast random walk graph Kernel. In *Proc. of the 12th SIAM International Conference on Data Mining (SDM)*, Anaheim, CA, 2012. DOI: 10.1137/1.9781611972825.71. 140

[106] U. Kang, C. E. Tsourakakis, and C. Faloutsos. PEGASUS: A peta-scale graph mining system—implementation and observations. *Proc. of the 9th IEEE International Conference on Data Mining (ICDM)*, Miami, FL, 2009. DOI: 10.1109/icdm.2009.14. 70

[107] B. Karrer and M. E. J. Newman. Stochastic blockmodels and community structure in networks. *Physics Review*, E 83, 2011. DOI: 10.1103/physreve.83.016107. 22, 47

[108] G. Karypis and V. Kumar. METIS: Unstructured graph partitioning and sparse matrix ordering system. The University of Minnesota, 2, 1995. 83, 104

[109] G. Karypis and V. Kumar. Multilevel k-way hypergraph partitioning. In *Proc. of the IEEE 36th Conference on Design Automation Conference (DAC)*, pages 343–348, New Orleans, LA, 1999. DOI: 10.1145/309847.309954. 17, 26, 93

[110] H. Kashima, K. Tsuda, and A. Inokuchi. Marginalized Kernels between labeled graphs. In *Proc. of the 20th International Conference on Machine Learning*, pages 321–328, AAAI Press, 2003. 140

[110] H. Kashima, K. Tsuda, and A. Inokuchi. Marginalized Kernels between labeled graphs. In *Proc. of the 20th International Conference on Machine Learning*, pages 321–328, AAAI Press, 2003. 140

[111] L. Katz. A new status index derived from sociometric analysis. *Psychometrika*, 18(1):39–43, March 1953. DOI: 10.1007/bf02289026. 101

[112] A. K. Kelmans. Comparison of graphs by their number of spanning trees. *Discrete Mathematics*, 16(3):241–261, 1976. DOI: 10.1016/0012-365x(76)90102-3. 140

[113] N. S. Ketkar, L. B. Holder, and D. J. Cook. SUBDUE: Compression-based frequent pattern discovery in graph data. *Proc. of the 1st International Workshop on Open Source Data Mining: Frequent Pattern Mining Implementations in Conjunction with the 11th ACM International Conference on Knowledge Discovery and Data Mining (SIGKDD)*, Chicago, IL, August 2005. DOI: 10.1145/1133905.1133915. 83

[114] H.-N. Kim and A. El Saddik. Personalized PageRank vectors for tag recommendations: Inside FolkRank. In *Proc. of the 5th ACM Conference on Recommender Systems*, pages 45–52, 2011. DOI: 10.1145/2043932.2043945. 53, 141

[115] M. Kivelä, A. Arenas, M. Barthelemy, J. P. Gleeson, Y. Moreno, and M. A. Porter. Multilayer networks. *Journal of Complex Networks*, 2(3):203–271, 2014. DOI: 10.1093/comnet/cnu016. 93

[116] G. W. Klau. A new graph-based method for pairwise global network alignment. *BMC Bioinformatics*, 10(S-1), 2009. DOI: 10.1186/1471-2105-10-s1-s59. 163, 165

[117] J. Kleinberg, R. Kumar, P. Raghavan, S. Rajagopalan, and A. Tomkins. The Web as a graph: Measurements, models and methods. In *International Computing and Combinatorics Conference*, Berlin, Germany, Springer, 1999. DOI: 10.1007/3-540-48686-0_1. 17, 21

[118] J. M. Kleinberg. Authoritative sources in a hyperlinked environment. *Journal of the ACM (JACM)*, 46(5):604–632, 1999. DOI: 10.1145/324133.324140. 141

[119] B. Klimt and Y. Yang. Introducing the Enron corpus. In *Proc. of the 1st Conference on E-mail and Anti-spam*, Mountain View, CA, 2004.

[120] A. Koopman and A. Siebes. Discovering relational items sets efficiently. In *Proc. of the 8th SIAM International Conference on Data Mining (SDM)*, pages 108–119, Atlanta, GA, 2008. DOI: 10.1137/1.9781611972788.10. 46

[121] A. Koopman and A. Siebes. Characteristic relational patterns. In *Proc. of the 15th ACM International Conference on Knowledge Discovery and Data Mining (SIGKDD)*, pages 437–446, Paris, France, 2009. DOI: 10.1145/1557019.1557071. 45, 46

[122] Y. Koren, S. C. North, and C. Volinsky. Measuring and extracting proximity in networks.

In *Proc. of the 12th ACM International Conference on Knowledge Discovery and Data Mining (SIGKDD)*, Philadelphia, PA, 2006. DOI: 10.1145/1150402.1150432. 50

[123] D. Koutra, U. Kang, J. Vreeken, and C. Faloutsos. VoG: Summarizing and understanding large graphs. In *Proc. of the 14th SIAM International Conference on Data Mining (SDM)*, pages 91–99, Philadelphia, PA, 2014. DOI: 10.1137/1.9781611973440.11. 3, 94

[124] D. Koutra, U. Kang, J. Vreeken, and C. Faloutsos. Summarizing and understanding large graphs. In *Statistical Analysis and Data Mining*. John Wiley & Sons, Inc., 2015. DOI: 10.1002/sam.11267. 3, 94, 153

[125] D. Koutra, T.-Y. Ke, U. Kang, D. H. Chau, H.-K. K. Pao, and C. Faloutsos. Unifying guilt-by-association approaches: Theorems and fast algorithms. In *Proc. of the European Conference on Machine Learning and Principles and Practice of Knowledge Discovery in Databases (ECML PKDD)*, pages 245–260, Athens, Greece, 2011. DOI: 10.1007/978-3-642-23783-6_16. 3, 4, 27, 99, 128, 141

[126] D. Koutra, N. Shah, J. Vogelstein, B. Gallagher, and C. Faloutsos. DeltaCon: A principled massive-graph similarity function with attribution. *ACM Transactions on Knowledge Discovery from Data*, 2016. DOI: 10.1145/2824443. 4

[127] D. Koutra, H. Tong, and D. Lubensky. Big-align: Fast bipartite graph alignment. In *Proc. of the 14th IEEE International Conference on Data Mining (ICDM)*, Dallas, TX, 2013. DOI: 10.1109/icdm.2013.152. 5, 140

[128] D. Koutra, J. Vogelstein, and C. Faloutsos. DeltaCon: A principled massive-graph similarity function. In *Proc. of the 13th SIAM International Conference on Data Mining (SDM)*, pages 162–170, Austin, TX, 2013. DOI: 10.1137/1.9781611972832.18. 4, 139

[129] L. Kovanen, K. Kaski, J. Kertész, and J. Saramäki. Temporal motifs reveal homophily, gender-specific patterns, and group talk in call sequences. *Proc. of the National Academy of Sciences*, 110(45):18070–18075, 2013. DOI: 10.1073/pnas.1307941110. 94

[130] F. R. Kschischang, B. J. Frey, and H.-A. Loeliger. Factor graphs and the sum-product algorithm. *IEEE Transactions on Information Theory*, 47(2):498–519, 2001. DOI: 10.1109/18.910572. 52

[131] J. Leskovec, D. Chakrabarti, J. M. Kleinberg, and C. Faloutsos. Realistic, mathematically tractable graph generation and evolution, using Kronecker multiplication. In *Proc. of the 9th European Conference on Principles and Practice of Knowledge Discovery in Databases (PKDD)*, pages 133–145, Porto, Portugal, 2005. DOI: 10.1007/11564126_17. 68, 130

[132] J. Leskovec and C. Faloutsos. Sampling from large graphs. In *Proc. of the 12th ACM SIGKDD International Conference on Knowledge Discovery and Data Mining, (KDD'06)*, pages 631–636, New York, ACM, 2006. DOI: 10.1145/1150402.1150479. 46

[133] J. Leskovec, J. Kleinberg, and C. Faloutsos. Graph evolution: Densification and shrinking diameters. *IEEE Transactions on Knowledge and Data Engineering*, vol. 1, March 2007. DOI: 10.1145/1217299.1217301.

[134] J. Leskovec, K. J. Lang, A. Dasgupta, and M. W. Mahoney. Statistical properties of community structure in large social and information networks. In *World Wide Web*, pages 695–704, 2008. DOI: 10.1145/1367497.1367591. 17, 104

[135] J. Leskovec, M. McGlohon, C. Faloutsos, N. S. Glance, and M. Hurst. Patterns of cascading behavior in large blog graphs. In *Proc. of the 7th SIAM International Conference on Data Mining*, Minneapolis, MN, April 26–28, 2007. DOI: 10.1137/1.9781611972771.60. 75

[136] C. Li, J. Han, G. He, X. Jin, Y. Sun, Y. Yu, and T. Wu. Fast computation of SimRank for static and dynamic information networks. In *Proc. of the 13th International Conference on Extending Database Technology, (EDBT'10)*, pages 465–476, New York, ACM, 2010. DOI: 10.1145/1739041.1739098. 50, 140

[137] G. Li, M. Semerci, B. Yener, and M. J. Zaki. Graph classification via topological and label attributes . In *Proc. of the 9th International Workshop on Mining and Learning with Graphs (MLG)*, San Diego, CA, August 2011. 139

[138] M. Li and P. Vitanyi. *An Introduction to Kolmogorov Complexity and its Applications*. Springer, 1993. DOI: 10.1007/978-1-4757-2606-0. 20, 46, 77

[139] Y. Lim, U. Kang, and C. Faloutsos. SlashBurn: Graph compression and mining beyond caveman communities. *IEEE Transactions on Knowledge and Data Engineering*, 26(12):3077–3089, 2014. DOI: 10.1109/tkde.2014.2320716. 17, 26, 29, 30, 46

[140] F. Lin and W. W. Cohen. Semi-supervised classification of network data using very few labels. In *International Conference on Advances in Social Networks Analysis and Mining (ASONAM'10)*, pages 192–199, Odense, Denmark, 2010. DOI: 10.1109/asonam.2010.19. 50

[141] Y. Liu, A. Dighe, T. Safavi, and D. Koutra. A graph summarization: A survey. *CoRR*, abs/1612.04883, 2016. 46, 94

[142] Y. Liu, N. Shah, and D. Koutra. An empirical comparison of the summarization power of graph clustering methods. *arXiv preprint arXiv:1511.06820*, 2015. 47

[143] B. Luo and E. R. Hancock. Iterative procrustes alignment with the EM algorithm. *Image Vision Computing*, 20(5-6):377–396, 2002. DOI: 10.1016/s0262-8856(02)00010-0. 163

[144] A. Maccioni and D. J. Abadi. Scalable pattern matching over compressed graphs via dedensification. pages 1755–1764, ACM, 2016. DOI: 10.1145/2939672.2939856. 46

[145] O. Macindoe and W. Richards. Graph comparison using fine structure analysis. In *International Conference on Privacy, Security, Risk and Trust (SocialCom/PASSAT)*, pages 193–200, 2010. DOI: 10.1109/socialcom.2010.35. 139

[146] P. Mahé and J.-P. Vert. Graph Kernels based on tree patterns for molecules. *Machine Learning*, 75(1):3–35, April 2009. DOI: 10.1007/s10994-008-5086-2. 140

[147] A. S. Maiya and T. Y. Berger-Wolf. Sampling community structure. In *Proc. of the 19th International Conference on World Wide Web (WWW)*, pages 701–710, Raleigh, NC, ACM, 2010. DOI: 10.1145/1772690.1772762. 47

[148] D. M. Malioutov, J. K. Johnson, and A. S. Willsky. Walk-sums and belief propagation in Gaussian graphical models. *Journal of Machine Learning Research*, 7:2031–2064, 2006. 54

[149] H. Maserrat and J. Pei. Neighbor query friendly compression of social networks. In *Proc. of the 16th ACM International Conference on Knowledge Discovery and Data Mining (SIGKDD)*, Washington, DC, 2010. DOI: 10.1145/1835804.1835873. 46

[150] M. McGlohon, S. Bay, M. G. Anderle, D. M. Steier, and C. Faloutsos. SNARE: A link analytic system for graph labeling and risk detection. In *Proc. of the 15th ACM International Conference on Knowledge Discovery and Data Mining (SIGKDD)*, pages 1265–1274, Paris, France, 2009. DOI: 10.1145/1557019.1557155. 52, 53, 141

[151] S. Melnik, H. Garcia-Molina, and E. Rahm. Similarity flooding: A versatile graph matching algorithm and its application to schema matching. In *Proc. of the 18th International Conference on Data Engineering (ICDE)*, San Jose, CA, 2002. DOI: 10.1109/icde.2002.994702. 143, 163

[152] P. Miettinen and J. Vreeken. Model order selection for Boolean matrix factorization. In *Proc. of the 17th ACM International Conference on Knowledge Discovery and Data Mining (SIGKDD)*, pages 51–59, San Diego, CA, 2011. DOI: 10.1145/2020408.2020424. 25

[153] P. Miettinen and J. Vreeken. MDL4BMF: Minimum description length for Boolean matrix factorization. *ACM Transactions on Knowledge Discovery from Data*, 8(4):1–30, 2014. DOI: 10.1145/2601437. 25, 46

[154] R. Milo, S. Itzkovitz, N. Kashtan, R. Levitt, S. Shen-Orr, I. Ayzenshtat, M. Sheffer, and U. Alon. Superfamilies of evolved and designed networks. *Science*, 303(5663):1538–1542, 2004. DOI: 10.1126/science.1089167. 46

[155] R. Milo, S. Shen-Orr, S. Itzkovitz, N. Kashtan, D. Chklovskii, and U. Alon. Network motifs: Simple building blocks of complex networks. *Science*, 298(5594):824–827, 2002. DOI: 10.1126/science.298.5594.824. 46

[156] E. Minkov and W. W. Cohen. Learning to rank typed graph walks: Local and global approaches. In *WebKDD Workshop on Web Mining and Social Network Analysis*, pages 1–8, 2007. DOI: 10.1145/1348549.1348550. 50

[157] A. Narayanan and V. Shmatikov. De-anonymizing social networks. In *Proc. of the 30th IEEE Symposium on Security and Privacy*, pages 173–187, May 2009. DOI: 10.1109/sp.2009.22. 163

[158] S. Navlakha, R. Rastogi, and N. Shrivastava. Graph summarization with bounded error. In *Proc. of the ACM International Conference on Management of Data (SIGMOD)*, pages 419–432, Vancouver, BC, 2008. DOI: 10.1145/1376616.1376661. 46

[159] M. E. Newman. A measure of betweenness centrality based on random walks. *Social Networks*, 27(1):39–54, 2005. DOI: 10.1016/j.socnet.2004.11.009. 141

[160] M. E. J. Newman and M. Girvan. Finding and evaluating community structure in networks. *Physical Review E*, 69(2):026113+, February 2004. DOI: 10.1103/physreve.69.026113. 93

[161] C. C. Noble and D. J. Cook. Graph-based anomaly detection. In *Proc. of the 9th ACM International Conference on Knowledge Discovery and Data Mining (SIGKDD)*, pages 631–636, Washington, DC, ACM, 2003. DOI: 10.1145/956750.956831. 97

[162] OCP. Open connectome project. `http://www.openconnectomeproject.org`, 2014. 135

[163] J.-P. Onnela, J. Saramäki, J. Hyvönen, G. Szabó, D. Lazer, K. Kaski, J. Kertész, and A.-L. Barabási. Structure and tie strengths in mobile communication networks. *Proc. of the National Academy of Sciences of the USA*, 104(18):7332–6, 2007. DOI: 10.1073/pnas.0610245104. 75

[164] J.-Y. Pan, H.-J. Yang, C. Faloutsos, and P. Duygulu. GCap: Graph-based automatic image captioning. In *4th International Workshop on Multimedia Data and Document Engineering (MDDE)*, page 146, Washington, DC, 2004. DOI: 10.1109/cvpr.2004.353. 50

[165] S. Pandit, D. H. Chau, S. Wang, and C. Faloutsos. NetProbe: A fast and scalable system for fraud detection in online auction networks. In *Proc. of the 16th International Conference on World Wide Web (WWW)*, pages 201–210, Alberta, Canada, 2007. DOI: 10.1145/1242572.1242600. 52, 65

[166] C. H. Papadimitriou and K. Steiglitz. *Combinatorial Optimization: Algorithms and Complexity*. Prentice-Hall, Inc., Upper Saddle River, NJ, 1982. 164

[167] P. Papadimitriou, A. Dasdan, and H. Garcia-Molina. Web graph similarity for anomaly detection. *Journal of Internet Services and Applications*, 1(1):1167, 2008. DOI: 10.1007/s13174-010-0003-x. 116, 117, 138

[168] S. Papadimitriou, J. Sun, C. Faloutsos, and P. S. Yu. Hierarchical, parameter-free community discovery. In *Proc. of the European Conference on Machine Learning and Principles and Practice of Knowledge Discovery in Databases (ECML PKDD)*, Antwerp, Belgium, 2008. DOI: 10.1007/978-3-540-87481-2_12. 47

[169] E. E. Papalexakis, N. D. Sidiropoulos, and R. Bro. From k-means to higher-way coclustering: Multilinear decomposition with sparse latent factors. *IEEE Transactions on Signal Processing*, 61(2):493–506, 2013. DOI: 10.1109/TSP.2012.2225052. 86

[170] A. Paranjape, A. R. Benson, and J. Leskovec. Motifs in temporal networks. In *Proc. of the 10th ACM International Conference on Web Search and Data Mining, (WSDM'17)*, pages 601–610, New York, ACM, 2017. DOI: 10.1145/3018661.3018731. 94

[171] M. Peabody. Finding groups of graphs in databases. Master's thesis, Drexel University, 2003. 117, 139

[172] J. Pearl. Reverend Bayes on inference engines: A distributed hierarchical approach. In *Proc. of the AAAI National Conference on AI*, pages 133–136, 1982. 50

[173] J. Pearl. *Probabilistic Reasoning in Intelligent Systems: Networks of Plausible Inference*. Morgan Kaufmann, 1988. 51, 52

[174] J. Pei, D. Jiang, and A. Zhang. On mining cross-graph quasi-cliques. In *Proc. of the 11th ACM International Conference on Knowledge Discovery and Data Mining (SIGKDD)*, pages 228–238, Chicago, IL, 2005. DOI: 10.1145/1081870.1081898. 94

[175] B. Perozzi, R. Al-Rfou, and S. Skiena. Deepwalk: Online learning of social representations. In *Proc. of the 20th ACM International Conference on Knowledge Discovery and Data Mining (SIGKDD)*, pages 701–710, New York, ACM, 2014. DOI: 10.1145/2623330.2623732. 168

[176] B. A. Prakash, A. Sridharan, M. Seshadri, S. Machiraju, and C. Faloutsos. Eigen-Spokes: Surprising patterns and scalable community chipping in large graphs. In *Advances in Knowledge Discovery and Data Mining*, pages 435–448, Springer, 2010. DOI: 10.1109/icdmw.2009.103. 17, 21, 26, 83

[177] H. Qiu and E. R. Hancock. Graph matching and clustering using spectral partitions. *IEEE Transactions on Pattern Analysis and Machine Intelligence*, 39(1):22–34, 2006. DOI: 10.1016/j.patcog.2005.06.014. 163

[178] Q. Qu, S. Liu, C. S. Jensen, F. Zhu, and C. Faloutsos. Interestingness-driven diffusion process summarization in dynamic networks. In *Proc. of the European Conference on Machine Learning and Principles and Practice of Knowledge Discovery in Databases (ECML PKDD)*, pages 597–613, Nancy, France, 2014. DOI: 10.1007/978-3-662-44851-9_38. 95

[179] D. Rafiei and S. Curial. Effectively visualizing large networks through sampling. In *16th IEEE Visualization Conference (VIS)*, page 48, Minneapolis, MN, 2005. DOI: 10.1109/visual.2005.1532819. 47

[180] J. Ramon and T. Gärtner. Expressivity vs. efficiency of graph Kernels. In *Proc. of the 1st International Workshop on Mining Graphs, Trees and Sequences*, pages 65–74, 2003. 140

[181] S. Ranshous, S. Shen, D. Koutra, S. Harenberg, C. Faloutsos, and N. F. Samatova. Graph-based anomaly detection and description: A survey. *WIREs Computational Statistics*, January (accepted) 2015. 141

[182] K. Riesen and H. Bunke. Approximate graph edit distance computation by means of bipartite graph matching. *Image and Vision Computing*, 27(7):950–959, 2009. DOI: 10.1016/j.imavis.2008.04.004. 163

[183] J. Rissanen. Modeling by shortest data description. *Automatica*, 14(1):465–471, 1978. DOI: 10.1016/0005-1098(78)90005-5. 18, 46

[184] J. Rissanen. A universal prior for integers and estimation by minimum description length. *The Annals of Statistics*, 11(2):416–431, 1983. DOI: 10.1214/aos/1176346150. 20, 23, 80

[185] W. G. Roncal, Z. H. Koterba, D. Mhembere, D. Kleissas, J. T. Vogelstein, R. C. Burns, A. R. Bowles, D. K. Donavos, S. Ryman, R. E. Jung, L. Wu, V. D. Calhoun, and R. J. Vogelstein. MIGRAINE: MRI graph reliability analysis and inference for connectomics. *IEEE Global Conference on Signal and Information Processing (GlobalSIP)*, 2013. DOI: 10.1109/globalsip.2013.6736878. 135

[186] M. Rosvall and C. T. Bergstrom. An information-theoretic framework for resolving community structure in complex networks. *Proc. of the National Academy of Sciences*, 104(18):7327–7331, 2007. DOI: 10.1073/pnas.0611034104. 47

[187] C. Schellewald and C. Schnörr. Probabilistic subgraph matching based on convex relaxation. In *Energy Minimization Methods in Computer Vision and Pattern Recognition*, pages 171–186, Springer, 2005. DOI: 10.1007/11585978_12. 163

[188] N. Shah, A. Beutel, B. Gallagher, and C. Faloutsos. Spotting suspicious link behavior with fBox: An adversarial perspective. In *Proc. of the 14th IEEE International Conference on Data Mining (ICDM)*, Shenzhen, China, IEEE, 2014. DOI: 10.1109/icdm.2014.36. 93

[189] N. Shah, D. Koutra, T. Zou, B. Gallagher, and C. Faloutsos. TimeCrunch: Interpretable dynamic graph summarization. In *Proc. of the 21st ACM International Conference on Knowledge Discovery and Data Mining (SIGKDD)*, Sydney, Australia, 2015. DOI: 10.1145/2783258.2783321. 4, 75

[190] N. Shervashidze and K. Borgwardt. Fast subtree Kernels on graphs. In *23rd Annual Conference on Neural Information Processing Systems (NIPS)*, pages 1660–1668, Vancouver, British Columbia, 2009. 140

[191] N. Shervashidze, P. Schweitzer, E. J. van Leeuwen, K. Mehlhorn, and K. M. Borgwardt. Weisfeiler-Lehman graph Kernels. *Journal of Machine Learning Research*, 12:2539–2561, November 2011. 140

[192] N. Shervashidze, S. V. N. Vishwanathan, T. Petri, K. Mehlhorn, and K. Borgwardt. Efficient graphlet Kernels for large graph comparison. In *Proc. of the 12th International Conference on Artificial Intelligence and Statistics (AISTATS)*, volume 5, pages 488–495, Journal of Machine Learning Research, 2009. 140

[193] J. Shetty and J. Adibi. The Enron e-mail dataset database schema and brief statistical report. *Information Sciences Institute Technical Report*, University of Southern California, 2004.

[194] L. Shi, H. Tong, J. Tang, and C. Lin. Vegas: Visual influence graph summarization on citation networks. *IEEE Transactions on Knowledge and Data Engineering*, 27(12):3417–3431, 2015. DOI: 10.1109/tkde.2015.2453957. 95

[195] B. Shneiderman. Extreme visualization: Squeezing a billion records into a million pixels. In *Proc. of the ACM International Conference on Management of Data (SIGMOD)*, Vancouver, BC, 2008. DOI: 10.1145/1376616.1376618. 47

[196] R. Singh, J. Xu, and B. Berger. Pairwise global alignment of protein interaction networks by matching neighborhood topology. In *Proc. of the 11th Annual International Conference on Computational Molecular Biology (RECOMB)*, pages 16–31, San Francisco, CA, 2007. DOI: 10.1007/978-3-540-71681-5_2. 163, 165

[197] A. Smalter, J. Huan, and G. Lushington. GPM: A graph pattern matching Kernel with diffusion for chemical compound classification. In *Proc. of the IEEE International Symposium on Bioinformatics and Bioengineering (BIBE)*, 2008. DOI: 10.1109/bibe.2008.4696654. 143, 163

[198] SNAP. `http://snap.stanford.edu/data/index.html#web`

[199] S. Soundarajan, T. Eliassi-Rad, and B. Gallagher. A guide to selecting a network similarity method. In *Proc. of the 14th SIAM International Conference on Data Mining (SDM)*, pages 1037–1045, Philadelphia, PA, 2014. DOI: 10.1137/1.9781611973440.118. 140

[200] K. Sricharan and K. Das. Localizing anomalous changes in time-evolving graphs. In *Proc. of the ACM International Conference on Management of Data (SIGMOD)*, pages 1347–1358, Snowbird, UT, ACM, 2014. DOI: 10.1145/2588555.2612184. 123, 128, 141

[201] J. Sun, C. Faloutsos, S. Papadimitriou, and P. S. Yu. GraphScope: Parameter-free mining of large time-evolving graphs. In *Proc. of the 13th ACM International Conference on Knowledge Discovery and Data Mining (SIGKDD)*, pages 687–696, San Jose, CA, ACM, 2007. DOI: 10.1145/1281192.1281266. 93

[202] J. Tang, M. Qu, M. Wang, M. Zhang, J. Yan, and Q. Mei. Line: Large-scale information network embedding. In *Proc. of the 24th International Conference on World Wide Web (WWW)*, pages 1067–1077, Florence, Italy, 2015. DOI: 10.1145/2736277.2741093. 168

[203] J. Tang, J. Sun, C. Wang, and Z. Yang. Social influence analysis in large-scale networks. In *KDD*, pages 807–816, ACM, 2009. DOI: 10.1145/1557019.1557108. 75

[204] N. Tang, Q. Chen, and P. Mitra. Graph stream summarization: From big bang to big crunch, pages 1481–1496, 2016. DOI: 10.1145/2882903.2915223. 95

[205] N. Tatti and J. Vreeken. The long and the short of it: Summarizing event sequences with serial episodes. In *Proc. of the 18th ACM International Conference on Knowledge Discovery and Data Mining (SIGKDD)*, Beijing, China, ACM, 2012. DOI: 10.1145/2339530.2339606. 45

[206] S. L. Tauro, C. Palmer, G. Siganos, and M. Faloutsos. A simple conceptual model for the internet topology. *IEEE Global Telecommunications Conference (GLOBECOM'01)*, 2001.

DOI: 10.1109/glocom.2001.965863. 17, 21

[207] Y. Tian, R. A. Hankins, and J. M. Patel. Efficient aggregation for graph summarization. In *Proc. of the ACM International Conference on Management of Data (SIGMOD)*, pages 567–580, Vancouver, BC, 2008. DOI: 10.1145/1376616.1376675. 46

[208] H. Toivonen, F. Zhou, A. Hartikainen, and A. Hinkka. Compression of weighted graphs. In *Proc. of the 17th ACM International Conference on Knowledge Discovery and Data Mining (SIGKDD)*, pages 965–973, San Diego, CA, 2011. DOI: 10.1145/2020408.2020566. 46, 94

[209] H. Tong, C. Faloutsos, and J.-Y. Pan. Fast random walk with restart and its applications. In *Proc. of the 6th IEEE International Conference on Data Mining (ICDM)*, pages 613–622, Hong Kong, China, 2006. DOI: 10.1109/icdm.2006.70. 50, 55

[210] H. Tong, B. A. Prakash, T. Eliassi-Rad, M. Faloutsos, and C. Faloutsos. Gelling, and melting, large graphs by edge manipulation. In *Proc. of the 21st ACM Conference on Information and Knowledge Management (CIKM)*, pages 245–254, Maui, Hawaii, ACM, 2012. DOI: 10.1145/2396761.2396795. 141

[211] J. Ugander, L. Backstrom, and J. Kleinberg. Subgraph frequencies: Mapping the empirical and extremal geography of large graph collections. In *Proc. of the 22nd International Conference on World Wide Web*, pages 1307–1318, ACM, 2013. DOI: 10.1145/2488388.2488502. 46

[212] S. Umeyama. An Eigen decomposition approach to weighted graph matching problems. *IEEE Transactions on Pattern Analysis and Machine Intelligence*, 10(5):695–703, 1988. DOI: 10.1109/34.6778. 144, 145, 150, 157, 164

[213] F. van Ham, H.-J. Schulz, and J. M. Dimicco. Honeycomb: Visual analysis of large scale social networks. In *Human-Computer Interaction—INTERACT*, volume 5727 of *Lecture Notes in Computer Science*, pages 429–442, Springer Berlin Heidelberg, 2009. DOI: 10.1007/978-3-642-03658-3_47. 139

[214] S. V. N. Vishwanathan, N. N. Schraudolph, R. I. Kondor, and K. M. Borgwardt. Graph Kernels. *Journal of Machine Learning Research*, 11:1201–1242, 2010. 140

[215] B. Viswanath, A. Mislove, M. Cha, and K. P. Gummadi. On the evolution of user interaction in Facebook. In *Proc. of the 2nd ACM SIGCOMM Workshop on Social Networks (WOSN)*, Barcelona, Spain, August 2009. DOI: 10.1145/1592665.1592675. 161

[216] J. T. Vogelstein, J. M. Conroy, L. J. Podrazik, S. G. Kratzer, D. E. Fishkind, R. J. Vogelstein, and C. E. Priebe. Fast inexact graph matching with applications in statistical connectomics. *CoRR*, abs/1112.5507, 2011. 144, 145, 164

[217] J. Vreeken, M. van Leeuwen, and A. Siebes. Krimp: Mining itemsets that compress. *Data Mining and Knowledge Discovery*, 23(1):169–214, 2011. DOI: 10.1007/s10618-010-0202-x. 45

[218] D. Wang, P. Cui, and W. Zhu. Structural deep network embedding. *KDD*, 2016. DOI: 10.1145/2939672.2939753. 168

[219] Y. Wang, S. Parthasarathy, and S. Tatikonda. Locality sensitive outlier detection: A ranking driven approach. In *Proc. of the 27th International Conference on Data Engineering (ICDE)*, pages 410–421, Hannover, Germany, 2011. DOI: 10.1109/icde.2011.5767852. 97

[220] D. J. Watts. *Small Worlds: The Dynamics of Networks between Order and Randomness*. Princeton University Press, 1999. DOI: 10.1063/1.1333299. 17, 88

[221] Y. Weiss. Correctness of local probability propagation in graphical models with loops. *Neural Computation*, 12(1):1–41, 2000. DOI: 10.1162/089976600300015880. 54

[222] R. C. Wilson and P. Zhu. A study of graph spectra for comparing graphs and trees. *Journal of Pattern Recognition*, 41(9):2833–2841, 2008. DOI: 10.1016/j.patcog.2008.03.011. 117, 139

[223] K. S. Xu, M. Kliger, and A. O. Hero III. Tracking communities in dynamic social networks. In *Proc. of the 4th International Conference on Social Computing, Behavioral-Cultural Modeling, and Prediction (SBP'11)*, pages 219–226, Springer, 2011. DOI: 10.1007/978-3-642-19656-0_32. 94

[224] Yahoo! Webscope. `webscope.sandbox.yahoo.com`

[225] X. Yan and J. Han. gSpan: Graph-based substructure pattern mining. In *IEEE International Conference on Data Mining*, Los Alamitos, CA, IEEE Computer Society Press, 2002. DOI: 10.1109/icdm.2002.1184038. 45

[226] Ö. N. Yaveroğlu, N. Malod-Dognin, D. Davis, Z. Levnajic, V. Janjic, R. Karapandza, A. Stojmirovic, and N. Pržulj. Revealing the hidden language of complex networks. *Scientific Reports*, 4, 2014. DOI: 10.1038/srep04547. 46

[227] Ö. N. Yaveroğlu, N. Malod-Dognin, D. Davis, Z. Levnajić, V. Janjic, R. Karapandza, A. Stojmirovic, and N. Pržulj. Revealing the hidden language of complex networks. *Scientific Reports*, 4, 2014. DOI: 10.1038/srep04547. 140

[228] J. S. Yedidia, W. T. Freeman, and Y. Weiss. Understanding belief propagation and its generalizations. In *Exploring Artificial Intelligence in the New Millennium*, pages 239–269, 2003. 52, 140, 164

[229] J. S. Yedidia, W. T. Freeman, and Y. Weiss. Constructing free-energy approximations and generalized belief propagation algorithms. *IEEE Transactions on Information Theory*, 51(7):2282–2312, 2005. DOI: 10.1109/tit.2005.850085. 52

[230] W. Yu, X. Lin, W. Zhang, L. Chang, and J. Pei. More is simpler: Effectively and efficiently assessing node-pair similarities based on hyperlinks. *Proc. of the VLDB Endowment*, 7(1):13–24, 2013. DOI: 10.14778/2732219.2732221. 50, 140

[231] L. Zager and G. Verghese. Graph similarity scoring and matching. *Applied Mathematics Letters*, 21(1):86–94, 2008. DOI: 10.1016/j.aml.2007.01.006. 163

[232] M. Zaslavskiy, F. Bach, and J.-P. Vert. A path following algorithm for the graph matching problem. *IEEE Transactions on Pattern Analysis and Machine Intelligence*, 31(12):2227–2242, December 2009. DOI: 10.1109/tpami.2008.245. 143, 144, 145, 164

[233] N. Zhang, Y. Tian, and J. M. Patel. Discovery-driven graph summarization. In *Proc. of the 26th International Conference on Data Engineering (ICDE)*, pages 880–891, Long Beach, CA, 2010. DOI: 10.1109/icde.2010.5447830. 46

[234] Q. Zhao, Y. Tian, Q. He, N. Oliver, R. Jin, and W.-C. Lee. Communication motifs: A tool to characterize social communications. In *Proc. of the 19th ACM International Conference on Information and Knowledge Management*, pages 1645–1648, ACM, 2010. DOI: 10.1145/1871437.1871694. 94

[235] X. Zhu. Semi-supervised learning literature survey, 2006. 50, 51, 53, 56

[236] X. Zhu, Z. Ghahramani, and J. Lafferty. Semi-supervised learning using Gaussian fields and harmonic functions. In *Proc. of the 20th International Conference on Machine Learning (ICML)*, pages 912–919, Washington, DC, 2003. 56

图书在版编目（CIP）数据

单图及群图挖掘：原理、算法与应用/（美）达奈·库特拉（Danai Koutra），（美）赫里斯托斯·法鲁索斯（Christos Faloutsos）著；李艳丽等译. —北京：机械工业出版社，2019. 4

书名原文：Individual and Collective Graph Mining：Principles，Algorithms，and Applications

ISBN 978-7-111-62267-3

Ⅰ. ①单… Ⅱ. ①达… ②赫… ③李… Ⅲ. ①数据采集 Ⅳ. ①TP274

中国版本图书馆 CIP 数据核字（2019）第 049533 号

机械工业出版社（北京市百万庄大街 22 号 邮政编码 100037）

策划编辑：顾 谦 责任编辑：顾 谦

责任校对：李 杉 封面设计：马精明

责任印制：郜 敏

河北鑫兆源印刷有限公司印刷

2019 年 6 月第 1 版第 1 次印刷

184mm × 260mm · 9. 75 印张 · 5 插页 · 248 千字

0 001—3 000 册

标准书号：ISBN 978-7-111-62267-3

定价：59. 00 元

电话服务

客服电话：010 - 88361066

010 - 88379833

010 - 68326294

网络服务

机 工 官 网：www. cmpbook. com

机 工 官 博：weibo. com/cmp1952

金 书 网：www. golden - book. com

机工教育服务网：www. cmpedu. com

封底无防伪标均为盗版